电气自动化技能型人才实训系列

DIANQI ZIDONGHUAJINENGXING RENCAI SHIXUN XILIE

三菱PLC、变频器与触摸屏综合应用实训

张伟林 编著

中国电力出版社
CHINA ELECTRIC POWER PRESS

内 容 提 要

本书编写融入任务驱动、现实一体化的项目课程理念，以实训项目为载体，使任务项目具体化。全书共分为 8 个模块 45 个任务，介绍三菱 FX 系列 PLC、变频器和触摸屏应用技术，主要内容有：基本指令、步进指令和功能指令的应用，中断与高速计数器的应用，模拟量扩展模块的应用，变频器与触摸屏的使用，以及 PLC、变频器与触摸屏综合应用。其中带“*”号为选修内容。

本书可作为高等职业院校机电一体化、工业自动化专业的教材，也可供从事机电专业的工程技术人员培训使用。

图书在版编目(CIP)数据

三菱 PLC、变频器与触摸屏综合应用实训/张伟林编著．—北京：中国电力出版社，2011.7（2022.7 重印）

（电气自动化技能型人才实训系列）

ISBN 978-7-5123-1588-4

Ⅰ．①三…　Ⅱ．①张…　Ⅲ．①可编程序控制器 ②变频器 ③触摸屏　Ⅳ．①TM571.6 ②TN773 ③TP334.1

中国版本图书馆 CIP 数据核字(2011)第 064767 号

中国电力出版社出版、发行

（北京市东城区北京站西街 19 号　100005　http://www.cepp.sgcc.com.cn）

三河市百盛印装有限公司印刷

各地新华书店经售

*

2011 年 7 月第一版　　2022 年 7 月北京第十二次印刷

787 毫米×1092 毫米　16 开本　11.625 印张　310 千字

印数 23001—25000 册　　定价 **32.00** 元

前 言

近年来，以 PLC 为主体、变频器调速和以触摸屏作为“人机对话”窗口的新型电气控制系统逐渐取代传统的继电器电气控制系统，并广泛应用于各行业。为了适应现代企业对高级机电技术人员既有较新知识、又有较强能力的素质要求，特编本书。

本书按照“以能力为本位，以职业实践为主线”，融入任务驱动、理实一体化的项目课程理念，将学习内容分为 8 个模块 45 个任务。以工业典型电气控制实例为任务目标，在每个任务中有任务引入、相关知识、任务实施、知识拓展、练习题等环节，不仅实现操作技能和理论知识的有机整合，让学生在职业实践活动的基础上掌握知识，而且便于教师组织教学和读者自学。本书适合高职高专院校机电一体化、工业自动化等相关专业师生，以及从事机电、电气等行业的工程技术人员培训使用。

本书具有以下特点：

(1) 内容覆盖面大。书中内容包括 PLC 应用、中断应用、模拟量扩展模块应用、变频器和触摸屏的使用。

(2) 贯穿“在动手中学习”的方法。本书是理论与实习一体化的教材，所有电路、指令和程序都有相应的操作内容，经过编写程序→上机验证→修改→通过的实践过程，读者能较快掌握 PLC、变频器与触摸屏应用技术。

(3) 内容新颖。书中介绍的 PLC、变频器和触摸屏均是目前国内常用的较新型号。

由于编者水平所限，书中难免存在错误与不足之处，诚恳希望广大读者批评指正，以便修订时加以完善。

编 者

2011 年 3 月

目 录

模块一　基本指令的应用

可编程序控制器（简称 PLC）是目前工业设备中使用最广泛的控制器件，以 PLC 为核心的控制系统具有控制能力强大、接线简便、体积小、故障率低和维修方便等优点。

在继电器控制系统中是用不同的接线方式来决定控制功能，当控制功能改变时，必须改变接线方式或重新布线。而在 PLC 控制系统中则是用程序来决定控制功能，当控制功能改变时，只需要修改程序即可实现新的控制功能。为了方便具有继电器控制知识的技术人员看懂 PLC 控制程序，PLC 的程序梯形图在形式上沿用了继电器控制电路图的符号。

PLC 的指令有三大类，即基本指令、步进指令和功能指令。基本指令通常包括取指令、串联/并联指令、线圈输出指令、置位/复位指令、定时器/计数器应用指令等。

任务 1　认识 PLC 的外部端子与设置通信参数

任务引入

熟悉 PLC 的外部端子是正确连接控制线路的基础。在 PLC 面板上有状态指示灯、输入/输出指示灯，根据这些指示灯的亮或灭，可以了解 PLC 工作状态，有利于快速判断故障。在初次使用 PLC 时，需要设置 PLC 与计算机的通信参数。

相关知识

FX 系列 PLC 是日本三菱公司生产的微型机，包括 FX_0、FX_1 和 FX_2 等类别，其中 FX_{2N}-16MR 产品的外形和内部结构如图 1-1(a)、(b)所示。面板由电源端、工作方式选择开关（RUN/STOP，即程序运行/停止）、通信接口（RS-422）、输入/输出端口、输入/输出端口指示灯和工作状态指示灯等构成，如图 1-1(c)所示。

一、FX_{2N} 系列基本单元的端子排列

PLC 主机（包括电源、CPU、存储器、输入/输出端口）也称为 PLC 的基本单元。FX_{2N} 系列基本单元的端子排列如图 1-2～图 1-4 所示（继电器输出、晶体管输出和晶闸管输出的端子配置相同），输出采用分组方式的组间由粗实线分开。

对各基本单元端子的功能说明如下。

1. 电源端

(1) L、N、⏚。分别接交流电源的相线、中线和地线。通常 FX_{2N} 系列 PLC 电源的额定电压为交流 100～240V。

(2) 24＋、COM。PLC 内部 24V 直流电源，可以为外部传感器、扩展模块或触摸屏供电。COM 既是输入公共端，也是内部 24V 直流电源负极。应注意的是，外部其他 24V 直流电源不能

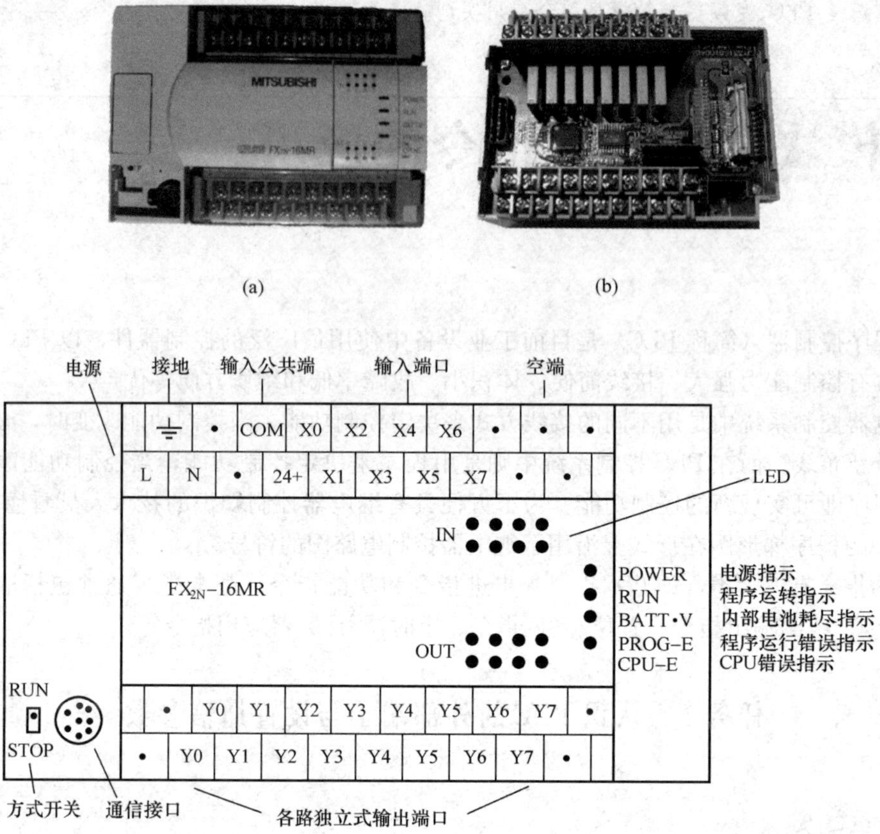

图 1-1　三菱 FX_{2N}-16MR 外形、内部结构和面板构成

（a）外形；（b）内部结构；（c）面板构成

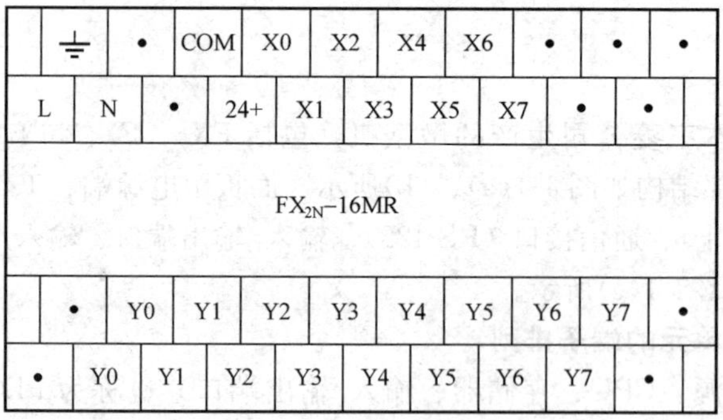

图 1-2　FX_{2N}-16MR 的端子排列

与这两个端子连接，否则会损坏 PLC。

（3）·。空端，带点的端子上不要外接导线，以免损坏 PLC。

2．输入端 X

输入端是 PLC 接受外部控制信号的窗口，输入器件（如按钮、行程开关、传感器等）接在 X 端和 COM 端之间。在 PLC 内部，与输入端子相连的是输入接口电路，输入接口用来完成输入信号的引入、滤波及电平转换。例如，输入端 X0 的接口电路如图 1-5 所示。

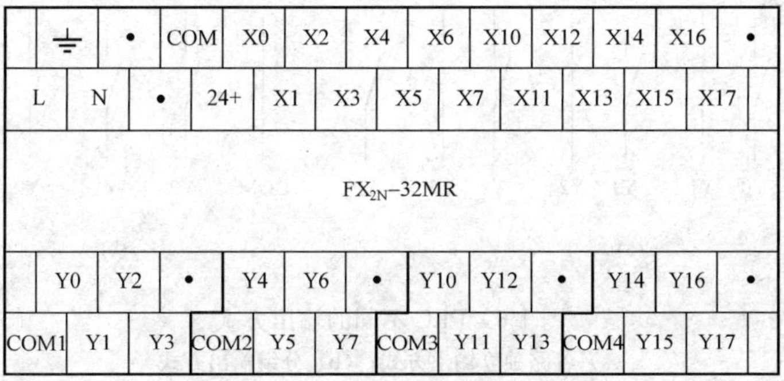

图 1-3　FX_{2N}-32MR 的端子排列

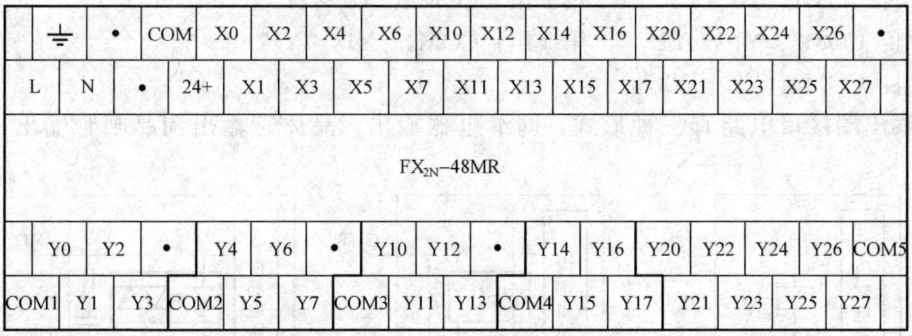

图 1-4　FX_{2N}-48MR 的端子排列

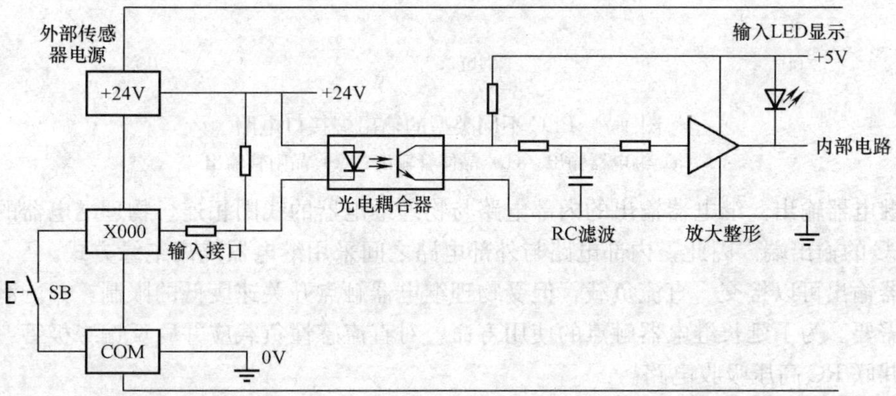

图 1-5　输入端 X0 的接口电路

输入接口电路的主要器件是光电耦合器。光电耦合器可以提高 PLC 的抗干扰能力和安全性能，进行高低电平（24V/5V）转换。输入接口电路的工作原理如下：当输入端按钮 SB 未闭合时，光电耦合器中发光二极管不导通，光敏三极管截止，放大器输出高电平信号到内部数据处理电路，输入端口 LED 指示灯灭；当输入端按钮 SB 闭合时，光电耦合器中发光二极管导通，光敏三极管导通，放大器输出低电平信号到内部数据处理电路，输入端口 LED 指示灯亮。

3. 输出端 Y

输出端是 PLC 向外部负载发送控制信号的唯一窗口。由图 1-2～图 1-4 可以看出，FX_{2N}-16MR 采用各路独立输出方式，FX_{2N}-32MR 和 FX_{2N}-48MR 采用分组输出方式。分组输出方式的各组公共端按 COM1、COM2、COM3…的顺序编号，各组之间互相隔离，以适应不同电压系列（例如 220V AC、12V DC）的负载。各路独立输出方式和分组输出方式如图 1-6 所示。

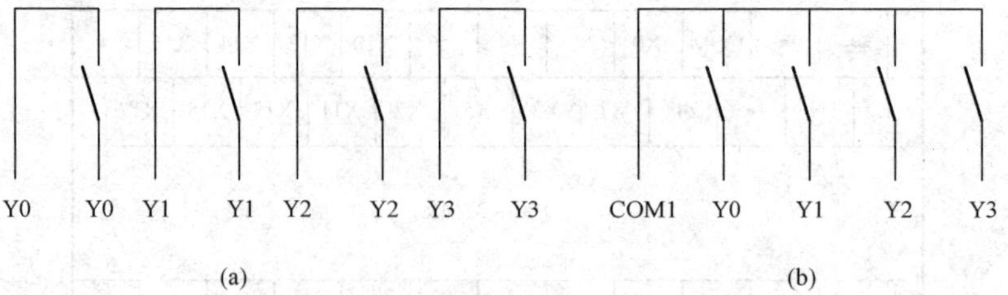

图 1-6　PLC 不同的输出方式
（a）各路独立输出方式；（b）分组输出方式

例如，FX_{2N}-48MR 的输出分为 5 组，各组端子编号分别为：

第 1 组：COM1、Y0～Y3　　第 2 组：COM2、Y4～Y7

第 3 组：COM3、Y10～Y13　　第 4 组：COM4、Y14～Y17

第 5 组：COM5、Y20～Y27

PLC 输出端接口电路有三种形式，即继电器输出、晶体管输出和晶闸管输出，如图 1-7 所示。

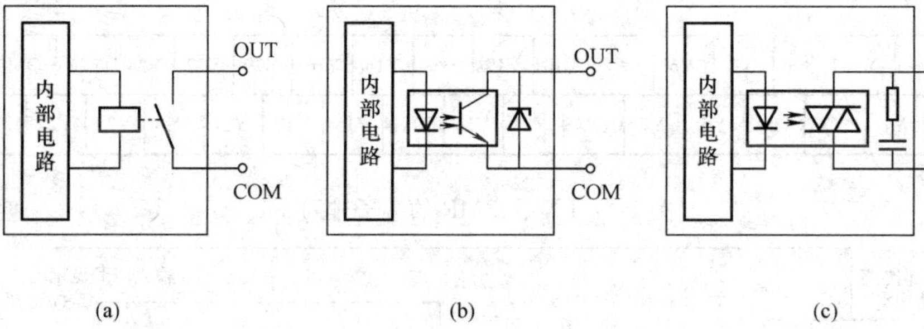

图 1-7　PLC 不同类型的输出端接口电路
（a）继电器输出；（b）晶体管输出；（c）晶闸管输出

（1）继电器输出。继电器输出的内部电路与物理继电器的线圈相连，物理继电器的动合触点连接到 PLC 的输出端。因此，内部电路与外部电路之间采用继电器隔离绝缘方式。

继电器输出可以接交、直流负载，但受物理继电器触点开关速度低的限制，只能满足一般的低速控制需要。为了延长继电器触点的使用寿命，对直流感性负载应并联反偏二极管，对交流感性负载应并联 RC 高压吸收电路。

（2）晶体管输出。其内部电路与外部电路之间采用光电耦合隔离绝缘方式。

晶体管输出只能接直流负载，适合高速控制的场合，如数码显示、输出脉冲信号控制步进电动机等。在输出端内部已并联反向击穿二极管，用以保护输出晶体管。

（3）晶闸管输出。其内部电路与外部电路之间采用光电耦合隔离绝缘方式。

晶闸管输出只能接交流负载，开关速度较高，适合高速控制的场合，输出端内部已并联 22Ω/0.015μF 的 RC 高压吸收电路。

输出接口电路规格如表 1-1 所示。

表 1-1　　**输出接口电路规格**

项　目	继电器输出	晶体管输出	晶闸管输出
负载电源	AC250V 以下、DC30V 以下	DC 5～30V	AC 85～242V
电路绝缘	机械绝缘	光电耦合绝缘	光电耦合绝缘

续表

项目		继电器输出	晶体管输出	晶闸管输出
负载电流		2A/1 点 8A/4 点公用	0.5A/1 点 0.8A/4 点	0.3A/1 点 0.8A/4 点
响应时间	断→通	约 10ms	0.2ms 以下	1ms 以下
	通→断	约 10ms	0.2ms 以下	10ms 以下

二、FX 系列基本单元、扩展单元、扩展模块的型号

FX 系列 PLC 基本单元、扩展单元、扩展模块的型号由字母和数字组成，其格式如图 1-8 所示。基本单元和扩展单元内部装有电源，可以对扩展模块供给 5V 和 24V DC 电源。

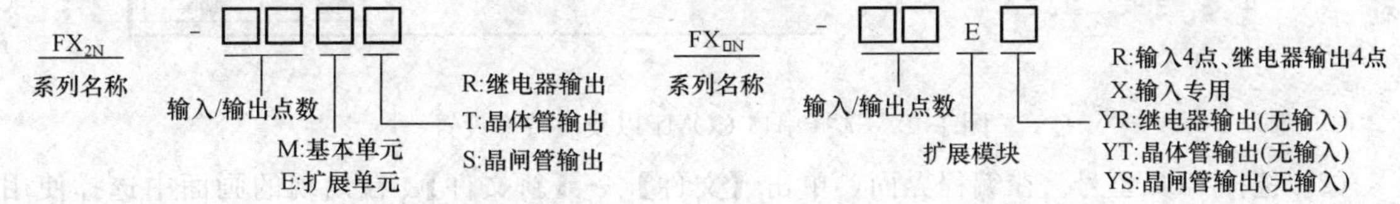

图 1-8 PLC 基本单元、扩展单元、扩展模块的型号

例如，FX_{2N}-48MR 表示 FX_{2N}系列 PLC 的基本单元，输入/输出点数共有 48 个（输入/输出点数各 24 个，采用继电器输出方式）。FX_{2N}-32ET 表示 FX_{2N}系列 PLC 的 I/O 扩展单元，输入/输出点数共有 32 个（输入/输出点数各 16 个，采用晶体管输出方式）。FX_{0N}-8ER 表示 FX_{0N}系列 PLC 的扩展模块，有 4 点输入，4 点继电器输出。FX_{2N}-16EYR 表示 FX_{2N}系列 PLC 的扩展模块，有 16 点继电器输出。

任务实施

一、FX 系列 PLC 与计算机通信连接

完成计算机与 PLC 通信连接所需器材如表 1-2 所示。

表 1-2　完成计算机与 PLC 通信连接所需器材

编号	器材	编号	器材
1	计算机	3	编程软件 SWOPC-FXGP/WIN-C
2	FX 系列 PLC	4	编程电缆 SC-09

目前，计算机多是 RS-232C 串行通信口，而 FX 系列 PLC 是 RS-422 通信口，所以 PLC 与计算机之间通信必须采用带有 RS-232C/RS-422 转换功能的 SC-09 专用通信电缆，连线如图 1-9 所示。

二、计算机通信参数的设置

图 1-9 PLC 与计算机通信电缆连接

在计算机 Windows 窗口下用右键单击【我的电脑】图标→用左键单击菜单【属性】→【硬件】→【设备管理器】→【端口】，选择【通信端口】COM1，在通信端口（COM1）属性对话栏【端口设置】中将波特率设置为 9600bit/s，并且检查该端口资源有无冲突，如图 1-10 所示。

三、PLC 通信参数的设置

(1) 打开编程软件。在 Windows 窗口下双击 SWOPC-FXGP/WIN-C 编程软件的快捷图标。

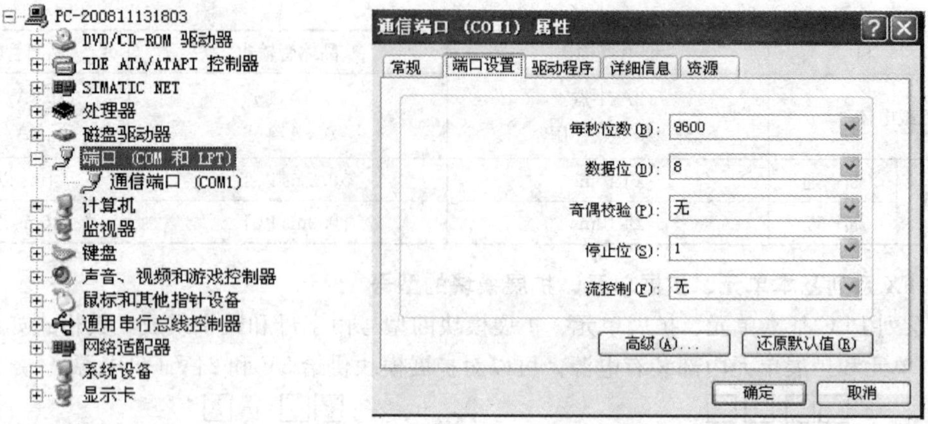

图 1-10　选择串口 COM1 以及波特率设置

（2）选择 PLC 型号。在编程界面，单击【文件】→【新文件】，在出现的画面中选择使用 PLC 的型号，如图 1-11 所示。

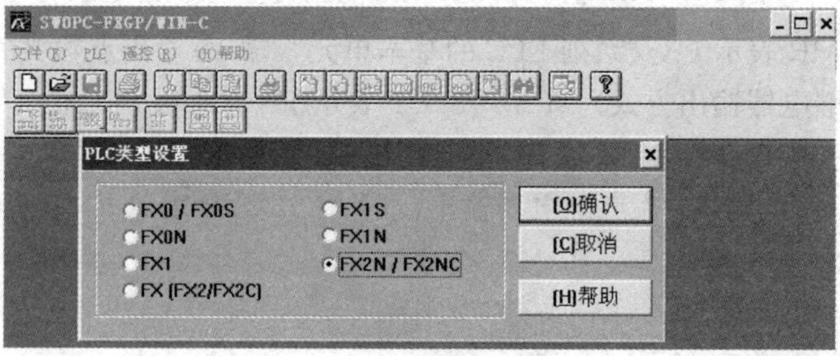

图 1-11　选择使用 PLC 的型号

（3）编程界面。在图 1-11 中单击【确认】按钮，出现编程软件的编程界面，如图 1-12 所示。

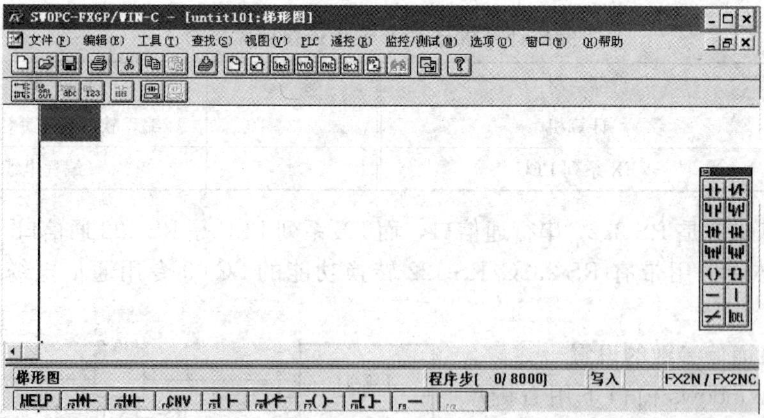

图 1-12　SWOPC-FXGP/WIN-C 软件的编程界面

（4）设置 PLC 端口及参数。在编程界面上单击【PLC】菜单，选择子菜单【端口设置】，如图 1-13 所示。在端口设置栏中选择串口 COM1，波特率 9600bit/s，如图 1-14 所示，然后单击【确认】按钮。

（5）PLC 诊断。在如图 1-13 所示的【PLC】菜单中选择子菜单【PLC 诊断】，如图 1-15 所

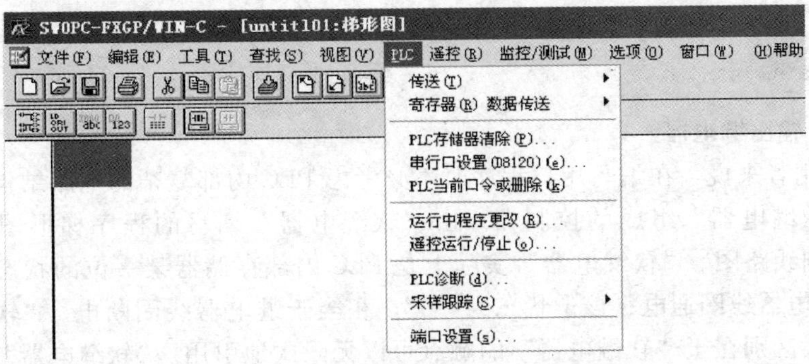

图 1-13　PLC 菜单

示，诊断结果无错表示 PLC 已与计算机正常通信。若诊断结果为“通信错误”，应检查通信电缆的连接和重新设置参数。

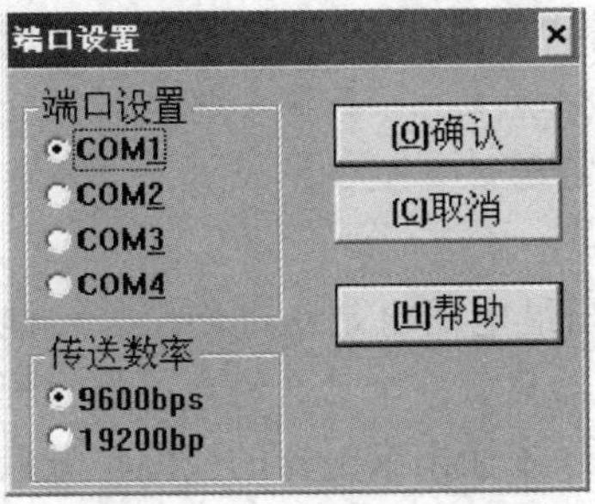

图 1-14　设置 PLC 端口及参数

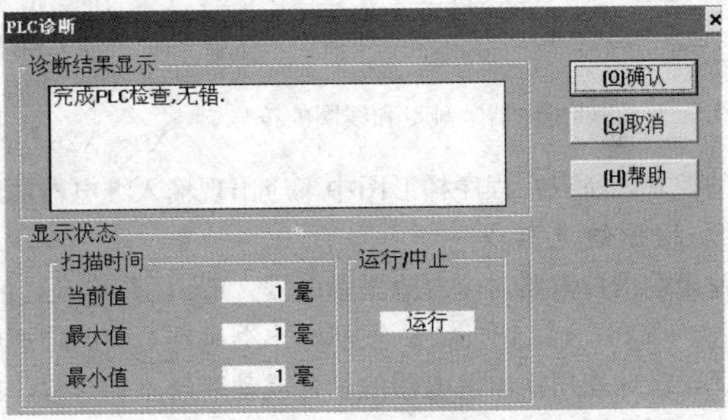

图 1-15　PLC 诊断

练习题

1. 通常 FX_{2N}系列 PLC 的额定工作电压是多少？
2. PLC 内部 24V 电源可以为哪些负载供电？
3. 输入器件（如按钮、行程开关、传感器）接在哪些端子之间？
4. 输出器件（如线圈、指示灯）接在哪些端子之间？
5. 为什么输入端口电路要用光电耦合器？
6. 为什么输出端口采用分组输出方式？
7. 输出端接口电路有哪几种类型？各适应什么类型的负载？

任务 2　电动机点动控制

任务引入

点动控制适合于短时间的启动操作，通常在起吊重物、调整生产设备工作状态时应用。本任务讲述点动控制线路的硬件接线、相关指令、程序的编写、下载与监控，以及 PLC 的操作步骤。

相关知识

一、输入、输出继电器

对 PLC 使用者来说，在编写用户程序时不必考虑 PLC 内部复杂的电路结构，只需将 PLC 看成由众多“软继电器”组成的控制器。由“软继电器”编写的程序梯形图，类似于继电器—接触器控制线路图。“软继电器”实际上是 PLC 内部存储器某一位的状态，该位状态为“1”，相当于继电器线圈通电；该位状态为“0”，相当于继电器线圈断电。“软继电器”与物理继电器的最大区别在于“软继电器”的触点可以无限次地引用。“软继电器”触点和线圈的符号如图 1-16 所示。“软继电器”的工作原理与物理继电器一样。当继电器线圈通电时，其动合触点闭合，动断触点分断；当继电器线圈断电时，其动合触点恢复断开状态，动断触点恢复闭合状态。

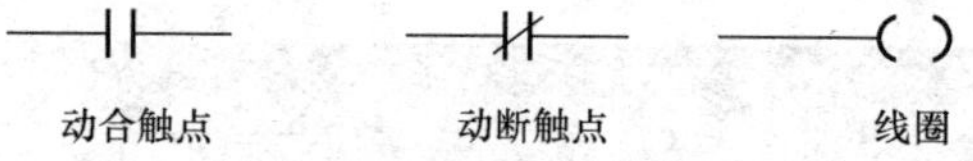

图 1-16 “软继电器”触点和线圈的符号

1. 输入继电器 X

输入端接口电路对应着输入继电器，FX_{2N}系列 PLC 的输入继电器用八进制编号，地址范围是 X0～X267（共 184 点）。由于输入继电器只受外部信号的控制，所以在程序梯形图中不应出现输入继电器的线圈符号。

2. 输出继电器 Y

输出端接口电路对应着输出继电器，FX_{2N}系列 PLC 的输出继电器也是八进制编号，地址范围是 Y0～Y267（共 184 点）。虽然输出继电器对应的物理继电器只有一个动合触点，但在程序中可以无限次地使用输出继电器的动合或动断触点。通常，在程序中输出继电器的线圈符号只能出现一次，即不要出现“双线圈”现象。

输入、输出继电器扩展单元、扩展模块的地址号，接在基本单元的后面，以八进制方式依次分别对 X、Y 连续编号。

二、触点“取”指令与线圈输出指令

触点取指令与线圈输出指令如表 1-3 所示。

表 1-3　LD、LDI、OUT、END 指令

助记符	逻辑功能	电路表示	操作元件	程序步
LD	取动合触点的状态	动合触点与左母线连接	X、Y、M、S、T、C	1
LDI	取动断触点的状态	动断触点与左母线连接	X、Y、M、S、T、C	1
OUT	驱动线圈输出	线圈与右母线连接	Y、M、S、T、C	不定
END	程序结束		无	1

应用触点取指令和线圈输出指令编写的程序梯形图和指令表如图 1-17 所示。编程规则要求程序梯形图的左母线连接触点，右母线连接线圈。该程序梯形图有 3 行，第 1 行表示 X0 的动合触点控制线圈 Y0，第 2 行表示 X1 的动断触点控制线圈 Y1，第 3 行表示程序结束。指令表由步序、指令和操作数构成。步序表示该条指令所占用的存储空间，FX_{2N}系列 PLC 的最大存储空间为 8000 步。

三、PLC 的循环周期扫描工作方式

当 PLC 的方式开关置于【RUN】位置时，PLC 即进入程序运转状态。在程序运转状态下，

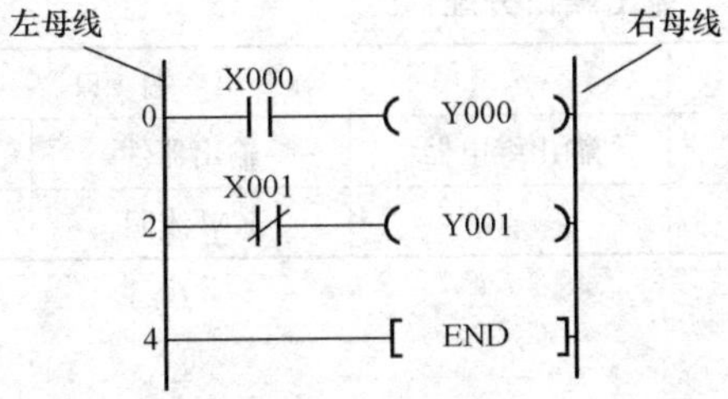

(a)

步序	指令	操作数
0	LD	X000
1	OUT	Y000
2	LDI	X001
3	OUT	Y001
4	END	

(b)

图 1-17　LD、LDI、OUT、END 指令的应用举例

(a) 梯形图；(b) 指令表

PLC 工作于循环周期扫描工作方式。每一个扫描周期分为输入采样、程序执行和输出刷新 3 个阶段，如图 1-18 所示。

1. 输入采样

在输入采样阶段，PLC 的 CPU 读取每个输入端口的状态，采样结束后，存入输入数据寄存器，作为程序执行的条件。

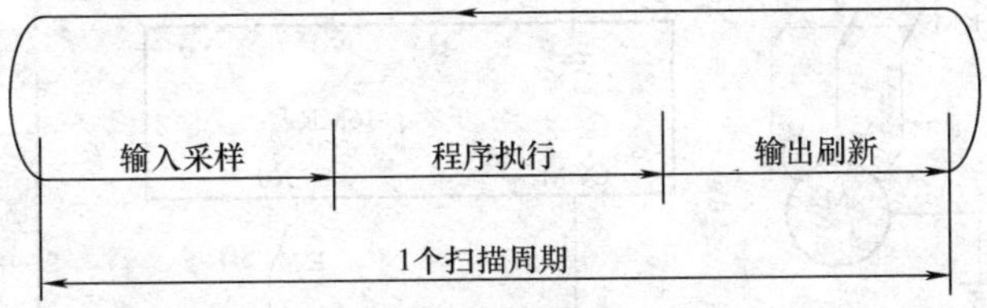

图 1-18　PLC 循环扫描工作方式

2. 程序执行

在程序执行阶段，CPU 从用户程序的第 0 步开始，到 END 步结束，顺序地逐条扫描用户程序，同时进行逻辑运算和处理，最终运算结果存入输出数据寄存器。

3. 输出刷新

在输出刷新阶段，CPU 将输出数据寄存器的数据写入输出锁存器，从而改变输出端口的状态。

通常，在程序执行和输出刷新阶段，即使输入状态发生变化，程序也不读入新的输入数据，这样做是为了增强 PLC 的抗干扰能力和程序执行的可靠性。

PLC 扫描周期时间与 PLC 的类型和程序指令语句的长短有关。通常，一个普通控制程序的扫描周期为几十个毫秒。由于 PLC 的扫描周期很短，所以从操作上感觉不出来 PLC 的延迟。

虽然程序梯形图与继电器线路图很近似，但是 PLC 的工作方式与继电器的工作方式有本质的不同。继电器属于并联工作方式，当控制线路通电时，所有的负载可以同时通电，与负载在控制线路中的位置无关。

PLC 属于逐条读取指令、逐条执行指令的顺序扫描工作方式，先被扫描的软继电器先动作，并且影响后被扫描的软继电器，即与软继电器线圈在程序中的位置有关，在编程时要掌握和利用这个特点。

任务实施

一、电动机点动控制线路

电动机点动控制要求是：按下按钮 SB，电动机运转；松开按钮 SB，电动机停止。PLC 输入/输出端口分配如表 1-4 所示。

表 1-4 PLC 输入/输出端口分配

输入端口			输出端口		
输入继电器	输入器件	作用	输出继电器	输出器件	控制对象
X0	SB	点动按钮	Y0	KM 线圈	电动机 M

PLC 点动控制线路如图 1-19 所示。

二、电动机点动控制程序梯形图

电动机点动控制程序梯形图如图 1-20 所示。

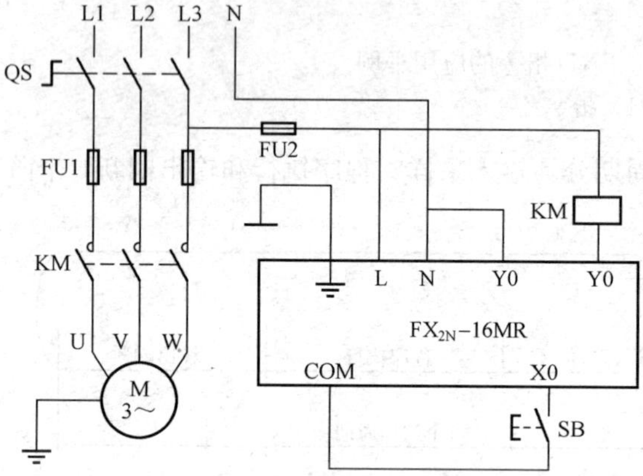

图 1-19 PLC 点动控制线路

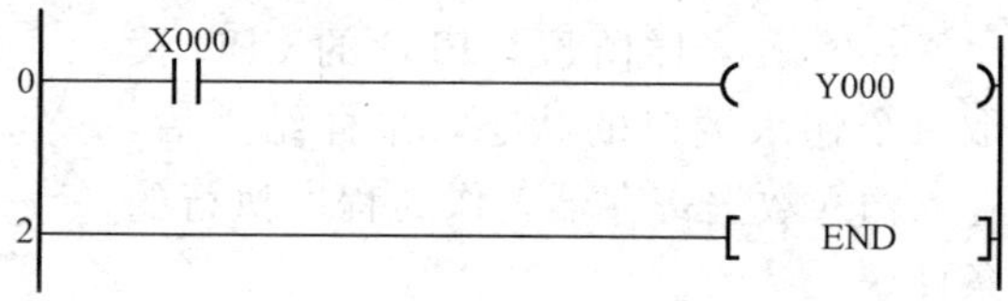

图 1-20 电动机点动控制程序梯形图

三、电动机点动控制工作原理

电动机点动控制工作原理如图 1-21 所示。

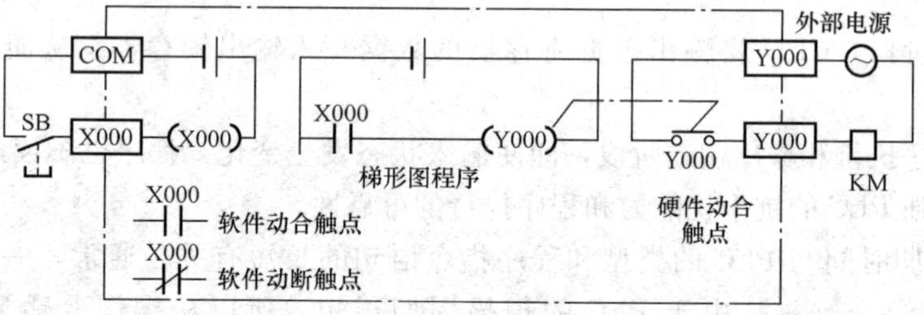

图 1-21 电动机点动控制工作原理

1. 启动

当按下按钮 SB 时，输入继电器 X0 线圈通电，X0 动合触点闭合，程序第 1 行中的输出继电器 Y0 线圈通电，PLC 内部相应的物理继电器 Y0 的动合触点闭合，使接触器 KM 线圈通电，KM 主触点闭合，电动机通电运转。

2. 停止

当松开按钮 SB 时，输入继电器 X0 线圈断电，X0 动合触点分断，程序第 1 行中的输出继电器 Y0 线圈断电，PLC 内部物理继电器 Y0 的动合触点分断，使接触器 KM 线圈断电，KM 主触点分断，电动机断电停止。

四、应用 PLC 编程软件编辑点动控制程序

1. 程序梯形图窗口

运行 PLC 编程软件 SWOPC-FXGP/WIN-C，选择 PLC 类型后，单击【视图】→【梯形图视图】菜单，窗口显示程序梯形图编辑区，如图 1-22 所示。

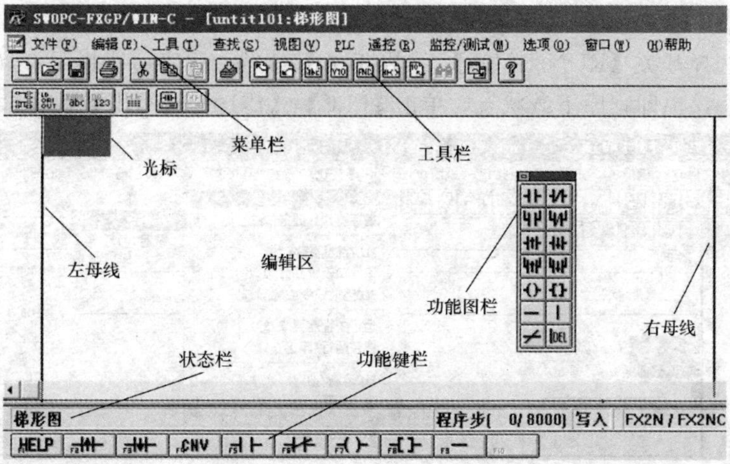

图 1-22 程序梯形图编辑区

2. 触点编辑

将光标停留在程序第 1 行左母线处，键入指令语句“LD X0”，按【Enter】键后，X0 动合触点的符号显示在左母线处，如图 1-23 所示。

3. 线圈编辑

继续在光标处键入指令语句“OUT Y0”，按【Enter】键后，输出线圈 Y0 的符号显示在右母线处，如图 1-24 所示。

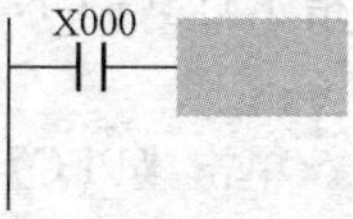

图 1-23 触点编辑

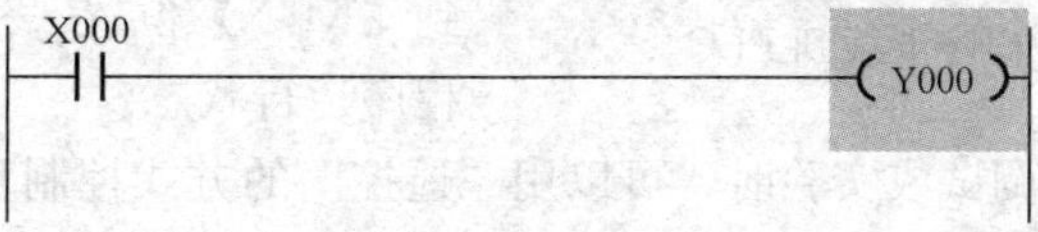

图 1-24 线圈编辑

4. 结束指令编辑

在程序第 2 行左母线光标处键入指令语句“END”，按【Enter】键后，结束指令 END 显示在右母线处。

5. 梯形图转换为指令表

单击【工具】→【转换】菜单（或按快捷键 F4），如果程序梯形图符合编译规则，则程序梯形图自动转换为指令表，程序梯形图无背景阴影并加上指令步序号，如图 1-25 所示。如果程序梯形图不能转换为指令表，则需要纠正梯形图的错误。

6. 查看指令表

单击【视图】→【指令表】菜单，窗口显示程序指令表，如图 1-26 所示。其中“NOP”表示空指令。

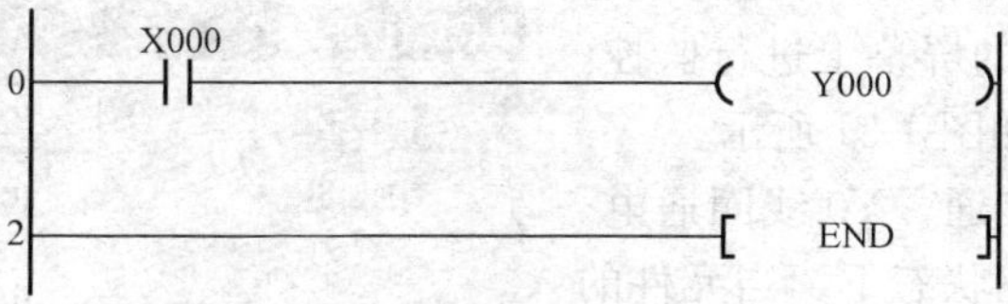

图 1-25 梯形图转换为指令表

0	LD	X000
1	OUT	Y000
2	END	
3	NOP	
4	NOP	

图 1-26 程序指令表

7. 程序下载 PLC

拨工作方式选择开关【RUN/STOP】到【STOP】位置，程序运行指示灯（RUN）灭，PLC 置于程序停止状态，也即程序下载状态。单击【PLC】→【传送】→【写出】菜单，如图 1-27 所示。

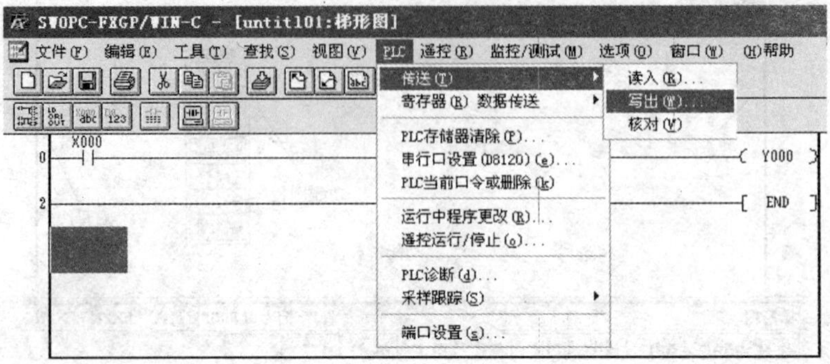

图 1-27　程序下载到 PLC（一）

如图 1-28 所示，在【PC 程序写入】对话框中选择“范围设置”，填入程序写入的起始步序号“0”和终止步序号“10”（不要小于程序总步长），单击【确认】，程序写入 PLC 的程序存储器中。

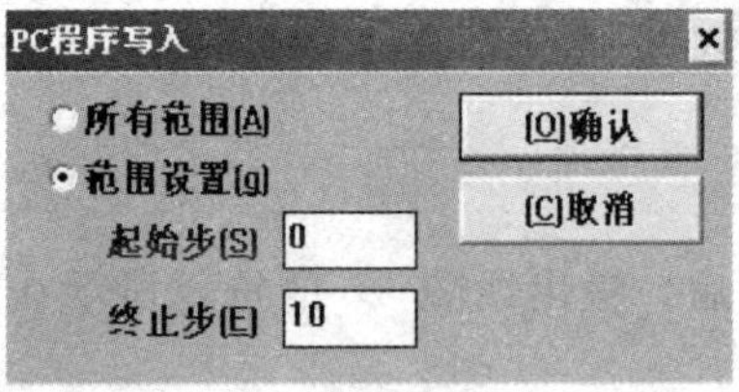

图 1-28　程序下载到 PLC（二）

8. 运行程序或停止程序

运行程序或停止程序有两种方法。在通常情况下，当程序下载到 PLC 后，拨工作方式选择开关【RUN/STOP】到【RUN】位置，程序运行指示灯（RUN）亮，PLC 置于程序运行状态。

在 PLC 调试或实验时，可以用“遥控”的方式控制程序运行。单击【PLC】→【遥控运行/停止】菜单，如图 1-29 所示。

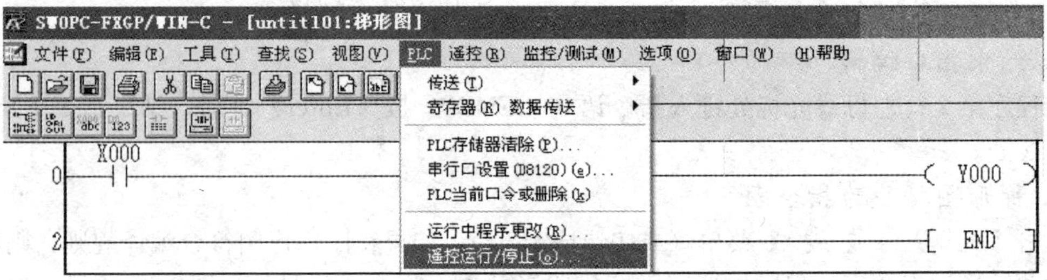

图 1-29　程序运行（一）

在图 1-30 中选择“运行”项，单击【确认】键，PLC 置于程序运行状态，程序运行指示灯（RUN）亮。选择“中止”项，单击【确认】键，程序停止运行，程序运行指示灯（RUN）灭。

9. 程序监控

程序运行后，可以从输入/输出端口指示灯的亮灭状态观察程序的运行状态，也可以在计算机的屏幕上进行监控。单击【监控/测试】→【开始监控】菜单，如图 1-31 所示。

当按下启动按钮时，X0 动合触点接通，Y0 线圈通电。X0、Y0 的状态均为“ON”。在程序监控状态下，当元件的状态为“ON”时，元件符号上有绿色背景，如图 1-32 所示。

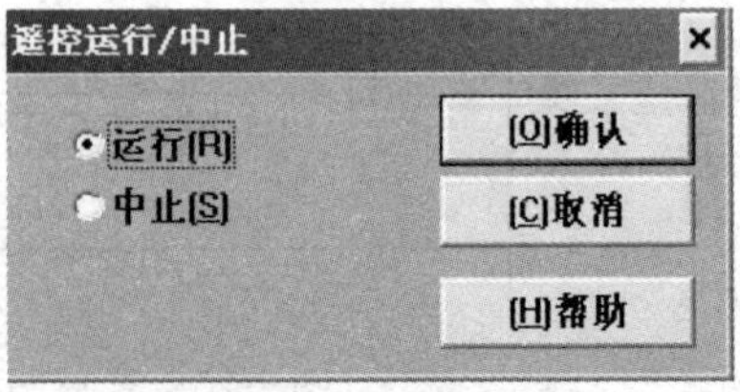

图 1-30　程序运行（二）

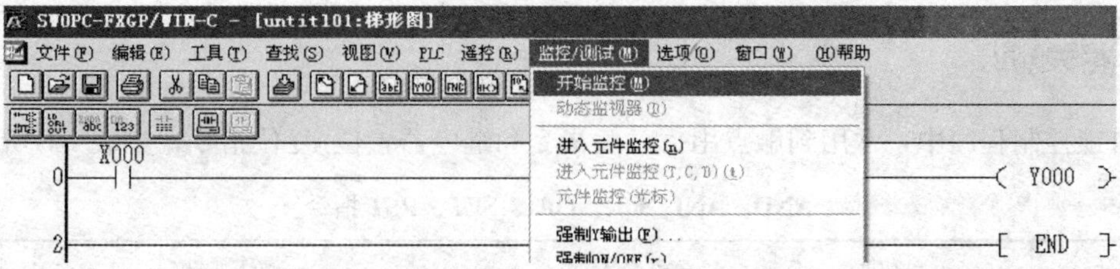

图 1-31 程序监控（一）

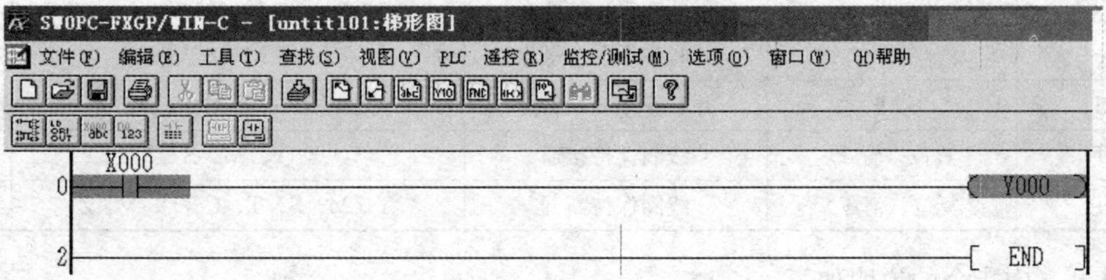

图 1-32 程序监控（二）

10. 保存程序

至此，完成了点动控制程序的编辑、写入、程序运行和监控过程。如果需要保存程序，可单击【文件】→【保存】菜单，选择保存路径和文件名即可。

五、电动机点动操作步骤

（1）启动。按下按钮 SB，输出继电器 Y0 通电，Y0 动合触点闭合，接触器 KM 线圈通电，KM 主触点闭合，电动机通电运转。

（2）停止。松开按钮 SB，输出继电器 Y0 断电，Y0 动合触点分断，接触器 KM 线圈断电，KM 主触点分断，电动机断电停止。

练习题

1. 为什么输入继电器 X 不能在 OUT 指令中应用？

2. 输入、输出继电器中存在 X8、X9 和 Y8、Y9 吗？

3. 将按钮 SB 接到 PLC 的输入端口 X1，在输出端口 Y5 接指示灯 HL，控制要求：按下 SB 时，HL 灯亮；松开 SB 时，HL 灯灭。

（1）写出输入/输出端口分配表。

（2）绘出程序梯形图。

任务 3 电动机自锁控制

任务引入

在生产过程中，常常要求电动机能够长时间连续工作，显然点动控制功能不能满足生产要求。如同继电器控制系统中的自锁控制线路一样，在程序梯形图中启动触点的两端并联一个输出继电器的动合触点，当松开启动按钮后，虽然启动触点分断，但依靠输出继电器的自锁触点仍可保持输出继电器线圈通电。

相关知识

在自锁控制程序中，常用到触点串、并联指令和继电器置位/复位指令，如表 1-5 所示。

表 1-5　　AND、ANI、OR、ORI、SET、RST 指令

助记符	逻辑功能	电路表示	操作元件	程序步
AND	与	串联一个动合触点	X、Y、M、S、T、C	1
ANI	与非	串联一个动断触点	X、Y、M、S、T、C	1
OR	或	并联一个动合触点	X、Y、M、S、T、C	1
ORI	或非	并联一个动断触点	X、Y、M、S、T、C	1
SET	置位（置 1）	线圈保持接通	Y、M、S	不定
RST	复位（清零）	线圈保持断开	Y、M、S、T、C、D、V、Z	不定

对表 1-5 中指令的说明如下：

（1）触点串联指令是指单个触点串联连接的指令，串联触点的个数没有限制。

（2）触点并联指令是指单个触点并联连接的指令，并联触点的个数没有限制。

（3）SET 与 RST 指令都具有电路自保功能。被 SET 指令置位的继电器只能用 RST 指令才能复位。

（4）RST 指令对数据寄存器 D、变址寄存器 V 和 Z 清零，对累计定时器 T 和计数器 C 的当前值数据寄存器清零。

（5）SET、RST 指令语句中的操作数不同，则程序步数也不相同。

任务实施一

一、停止按钮使用动合触点的电动机自锁控制线路

电动机的自锁控制要求是：按下启动按钮，电动机运转；按下停止按钮，电动机停止。PLC 输入/输出端口分配如表 1-6 所示。

表 1-6　　PLC 输入/输出端口分配

输　入　端　口			输　出　端　口		
输入继电器	输入器件	作　用	输出继电器	输出器件	控制对象
X0	KH 动断触点	过载保护	Y0	接触器 KM	电动机 M
X1	SB1 动合触点	停止按钮			
X2	SB2 动合触点	启动按钮			

停止按钮使用动合触点的电动机自锁控制线路如图 1-33 所示。

二、电动机自锁控制程序一

根据电动机的控制要求，结合 PLC 输入/输出端口分配表 1-6，应用触点串、并联指令编写的电动机自锁控制程序如图 1-34 所示。

程序工作原理如下：

（1）过载保护。由于热继电器 KH 的动断触点与 PLC 的输入继电器 X0 连接，在未发生过载情况时，X0 被接通，所以程序中 X0 的动合触点闭合，为输出继电器 Y0 线圈通电作好准备；当

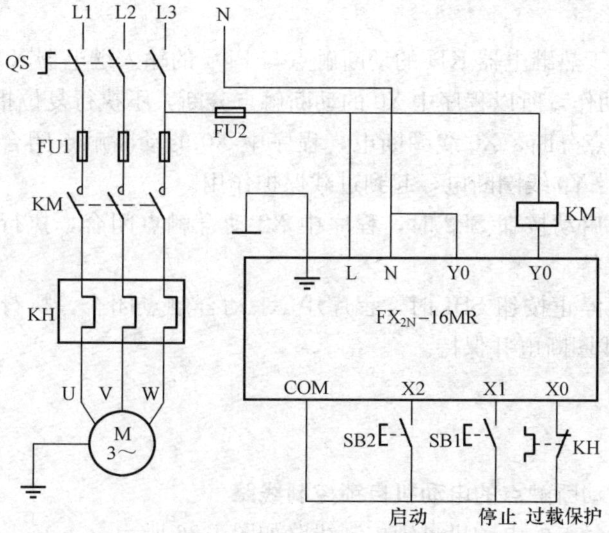

图 1-33 停止按钮使用动合触点的电动机自锁控制线路

发生过载情况时，热继电器的动断触点分断，X0 断电，程序中 X0 的动合触点恢复分断状态，输出继电器 Y0 线圈断电，起到过载保护作用。

（2）启动。当按下启动按钮 SB2 时，程序中 X2 动合触点闭合，Y0 线圈通电自锁。由于 Y0 动合触点的自锁作用，松开启动按钮 SB2 后，Y0 线圈仍保持通电状态。

（3）停止。当按下停止按钮 SB1 时，输入继电器 X1 通电，程序中 X1 动断触点分断，输出继电器 Y0 线圈断电解除自锁。

三、电动机自锁控制程序二

应用置位/复位指令编写的电动机自锁控制程序如图 1-35 所示。

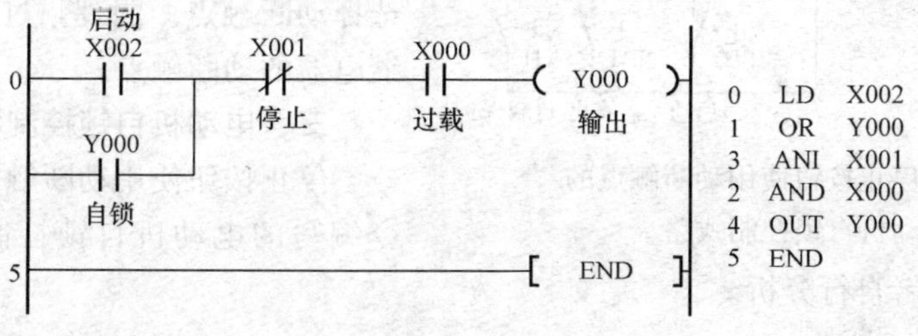

图 1-34 电动机自锁控制程序一

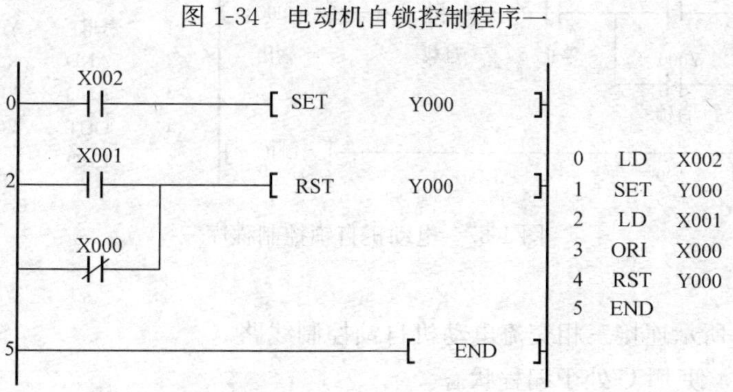

图 1-35 电动机自锁控制程序二

程序工作原理如下：

（1）过载保护。由于热继电器 KH 的动断触点与 PLC 的输入继电器 X0 连接，在未发生过载情况时，X0 线圈通电动作，所以程序中 X0 的动断触点分断，不执行复位指令；当发生过载情况时，热继电器的动断触点分断，X0 线圈断电，程序中 X0 的动断触点闭合，执行复位指令语句“RST Y0”，输出继电器 Y0 线圈断电，起到过载保护作用。

（2）启动。当按下启动按钮 SB2 时，程序中 X2 动合触点闭合，执行置位指令语句“SET Y0”，Y0 线圈通电并保持。

（3）停止。当按下停止按钮 SB1 时，程序中 X1 动合触点闭合，执行复位指令语句“RST Y0”，输出继电器 Y0 线圈断电并保持。

任务实施二

一、停止按钮使用动断触点的电动机自锁控制线路

停止按钮使用动断触点的电动机自锁控制线路如图 1-36 所示。

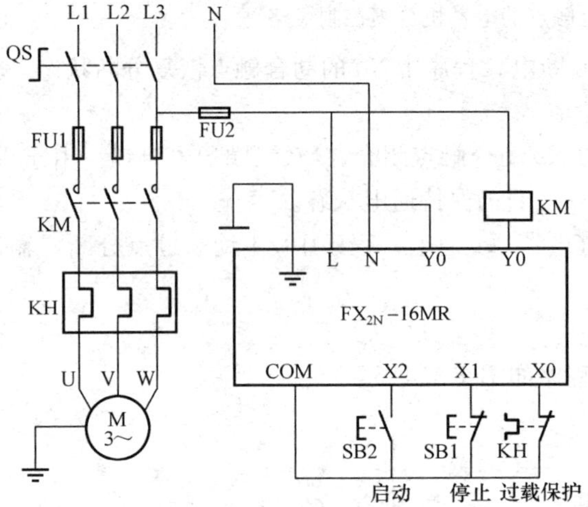

图 1-36　停止按钮使用动断触点的电动机自锁控制线路

二、电动机自锁控制程序三

停止按钮使用动断触点的电动机自锁控制程序如图 1-37 所示。程序中 X1 要用动合触点。未按下停止按钮时，由于输入继电器 X1 线圈通电动作，所以 X1 动合触点闭合，为线圈 Y0 通电作好准备。如果连接停止按钮 SB1 的外部线路因故障原因断开，则 X1 动合触点分断，程序会自动停止运行，安全性能高。因此，在生产设备中，停止按钮宜选择动断触点。同理，过载保护也应使用热继电器的动断触点。

三、电动机自锁控制程序四

停止按钮使用动断触点，用置位/复位指令编写的电动机自锁控制程序如图 1-38 所示，工作原理请读者自行分析。

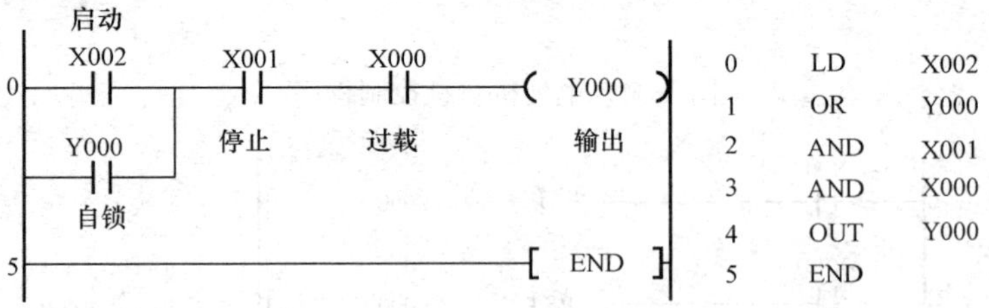

图 1-37　电动机自锁控制程序三

四、操作步骤

（1）按图 1-36 所示连接三相交流电动机自锁控制线路。

（2）接通电源，使 PLC 处于编程状态。

（3）将图 1-37 所示的控制程序下载 PLC。

（4）用“遥控运行/停止”方式使 PLC 处于程序运行状态。

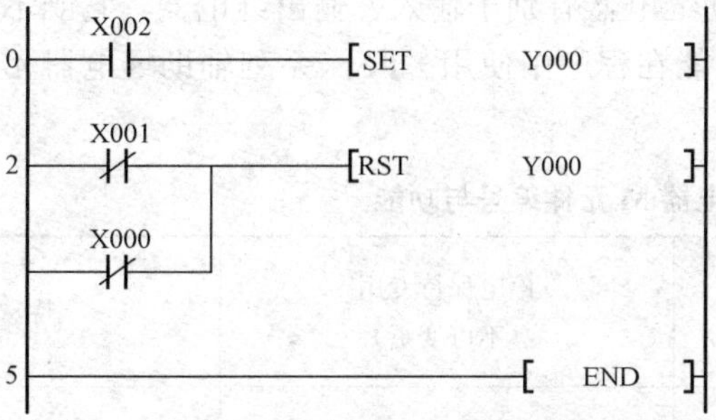

0	LD	X002
1	SET	Y000
2	LDI	X001
3	ORI	X000
4	RST	Y000
5	END	

图 1-38 电动机自锁控制程序四

（5）PLC 上输入指示灯 X0 应点亮，表示输入继电器 X0 被热继电器 KH 动断触点接通。如果指示灯 X0 不亮，说明热继电器 KH 动断触点断开，热继电器已过载保护。

（6）PLC 上输入指示灯 X1 应点亮，表示输入继电器 X1 被停止按钮 SB1 动断触点接通。如果指示灯 X1 不亮，说明停止按钮 SB1 未连接好，请检查线路连接情况。

（7）按启动按钮 SB2，输入继电器 X2 通电，X2 动合触点闭合，使输出继电器 Y0 通电自锁，交流接触器 KM 通电，电动机 M 通电运行。

（8）按停止按钮 SB1，输入继电器 X1 通电，X1 动断触点断开，使输出继电器 Y0 断电解除自锁，交流接触器 KM 失电，电动机 M 断电停机。

（9）用编程软件将图 1-38 所示的控制程序写入 PLC，重新操作（5）～（8）步。

练习题

1. 说明 AND 指令与 ANI 指令的区别。

2. 说明 OR 指令与 ORI 指令的区别。

3. 为什么在 PLC 控制系统中，宜使用停止按钮和热继电器的动断触点？

4. 写出如图 1-39 所示梯形图的指令表，指出程序梯形图中的启动触点、停止触点、自锁触点和联锁触点，并分析程序的逻辑功能。

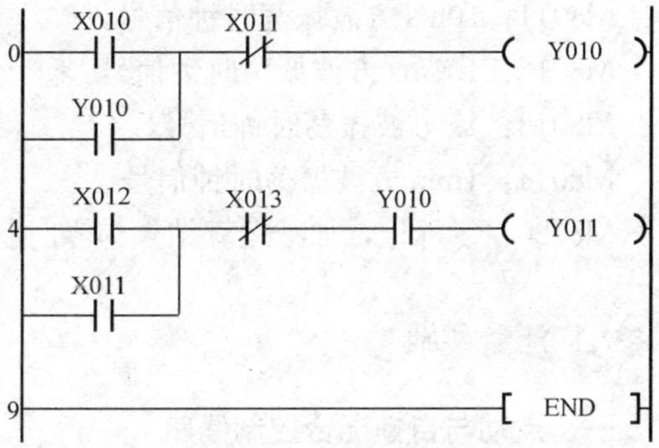

图 1-39 练习题 4 图

任务 4 电动机点动与自锁混合控制

任务引入

生产设备在正常运行时，一般采取连续工作方式，但有的设备正式生产前需要先用点动方式试运行，点动与自锁混合控制线路就能实现这种工艺要求。通常在点动与自锁混合控制中使用 3 个按钮，分别是启动按钮、停止按钮和点动按钮。

相关知识

在继电器控制系统中，中间继电器常用来传递和分配控制信号。在 PLC 控制系统中，辅助继电器 M 的作用类似于中间继电器。辅助继电器有别于输入、输出继电器，它既不能获取外部输入信号，也不能直接驱动外部负载，只能在程序中使用。FX_{2N}系列辅助继电器元件编号与功能如表 1-7 所示。

表 1-7　　辅助继电器 M 元件编号与功能

通用	停电保持用（可用程序变更）	停电保持专用（不可变更）	特殊用
M0～M499 共 500 点	M500～M1023 共 524 点	M1024～M3071 共 2048 点	M8000～M8255 共 256 点

辅助继电器的说明如下：

（1）停电保持辅助继电器在程序中止或 PLC 断电之后，会记忆断电之前的状态，下次程序运行或 PLC 再次通电时再现停电前的状态。

（2）M8××× 表示特殊辅助继电器，例如：

M8000：运行监控。PLC 运转时始终保持接通（ON）状态。

M8002：初始脉冲。PLC 由停止状态（STOP）转为运转状态（RUN）的瞬时接通一个扫描周期。

M8011：10ms 方波振荡时钟信号。

M8012：100ms 方波振荡时钟信号。

M8013：1s 方波振荡时钟信号。

M8014：1min 方波振荡时钟信号。

M8020：零标记。加减运算结果为零时状态为 ON，否则为 OFF。

任务实施

一、点动与自锁混合控制线路

某生产设备除连续运行控制外，还需要用点动控制调整生产状态。3 个操作按钮分别是启动按钮 SB1、停止按钮 SB2 和点动按钮 SB3。PLC 输入/输出端口分配如表 1-8 所示。

表 1-8　　PLC 输入/输出端口分配

输入端口			输出端口		
输入继电器	输入器件	作用	输出继电器	输出器件	控制对象
X0	SB1 动合触点	启动按钮	Y0	接触器 KM	电动机 M
X1	SB2 动断触点	停止按钮			
X2	SB3 动合触点	点动按钮			
X3	KH 动断触点	过载保护			

点动与自锁混合控制线路如图 1-40 所示。

二、点动与自锁混合控制程序

根据电动机的控制要求，结合 PLC 输入/输出端口分配表 1-8，电动机点动与自锁混合控制程序如图 1-41 所示。

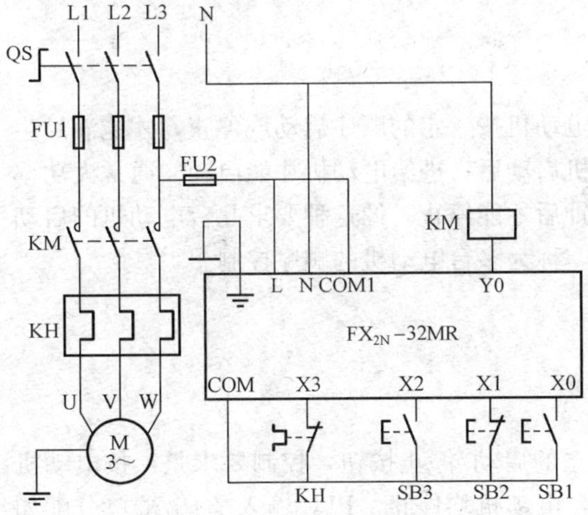

图 1-40 点动与自锁混合控制线路

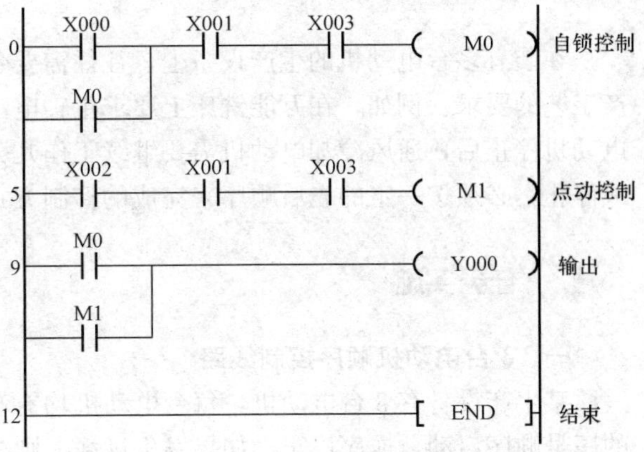

图 1-41 电动机点动与自锁混合控制程序

程序工作原理如下：

（1）自锁控制。按下启动按钮 SB1，程序中 X0 动合触点闭合，M0 线圈通电自锁。程序第 3 行中 M0 动合触点闭合，Y0 线圈保持通电状态。

按下停止按钮 SB2，程序中 X1 动合触点分断，M0 线圈断电解除自锁。程序第 3 行中 M0 动合触点分断，Y0 线圈断电。

（2）点动控制。按下点动按钮 SB3，程序中 X2 动合触点闭合，M1 线圈通电。程序第 3 行中 M1 动合触点闭合，Y0 线圈保持通电状态。

松开点动按钮 SB3，程序中 X2 动合触点分断，M1 线圈断电。程序第 3 行中 M1 动合触点分断，Y0 线圈断电。

三、操作步骤

（1）按图 1-40 所示连接点动与自锁混合控制线路。

（2）接通电源，使 PLC 处于编程状态。

（3）将图 1-41 所示的程序下载 PLC。

（4）用“遥控运行/停止”方式使 PLC 处于程序运行状态。

（5）PLC 上输入指示灯 X3 应点亮，表示热继电器 KH 工作正常。

（6）PLC 上输入指示灯 X1 应点亮，表示停止按钮 SB2 连接正常。

（7）按下点动按钮 SB3，电动机通电运转，松开点动按钮 SB3，电动机断电停止。

（8）按下启动按钮 SB1，电动机通电运转，按下停止按钮 SB2，电动机断电停止。

练习题

1. 辅助继电器 M 能直接驱动 PLC 的外部负载吗？

2. 普通辅助继电器与特殊辅助继电器在编号上有什么区别？

3. 试写出如图 1-41 所示点动与自锁混合控制程序梯形图对应的指令表。

任务 5 多台电动机顺序控制

任务引入

在装有多台电动机的生产设备上，往往需要各电动机按一定的顺序启动或停止，才能满足生产工艺的要求。例如，在万能铣床上要求主轴电动机启动后，进给电动机才能启动。通常大功率电动机停止后，通风冷却电动机需要继续工作几分钟后才能停止。像这种要求几台电动机的启动或停止，必须按一定的先后顺序来完成的控制方式，称为多台电动机的顺序控制。

任务实施

一、3 台电动机顺序控制线路

某生产设备有 3 台电动机，每台电动机均有独立的启动/停止按钮，控制要求是：按电动机的序号顺序启动，逆序停止；如果发生过载，则 3 台电动机均停止。PLC 输入/输出端口分配如表 1-9 所示。

表 1-9　PLC 输入/输出端口分配

输入端口			输出端口		
输入继电器	输入器件	作用	输出继电器	输出器件	控制对象
X0	SB1 动合触点	电动机 1 启动按钮	Y0	接触器 KM1	电动机 M1
X1	SB2 动断触点	电动机 1 停止按钮	Y1	接触器 KM2	电动机 M2
X2	SB3 动合触点	电动机 2 启动按钮	Y2	接触器 KM3	电动机 M3
X3	SB4 动断触点	电动机 2 停止按钮			
X4	SB5 动合触点	电动机 3 启动按钮			
X5	SB6 动断触点	电动机 3 停止按钮			
X6	KH 动断触点	过载保护			

3 台电动机顺序控制线路如图 1-42 所示。

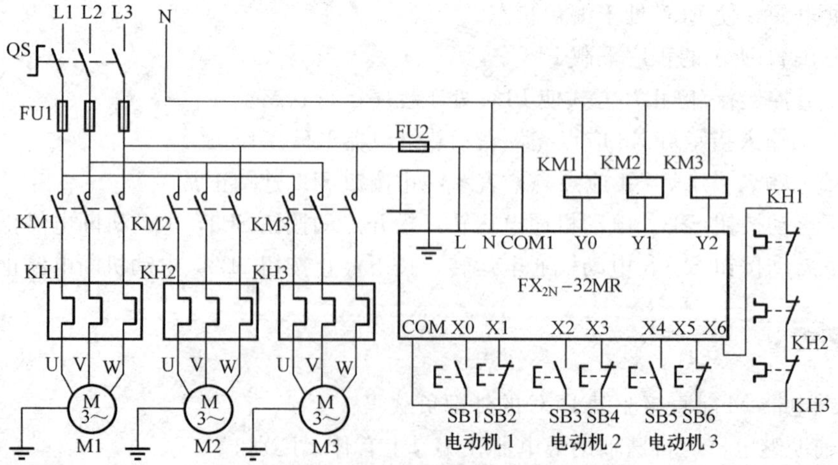

图 1-42　3 台电动机顺序控制线路

二、3 台电动机顺序控制程序

根据电动机的控制要求，结合 PLC 输入/输出端口分配表 1-9，3 台电动机顺序控制程序如图 1-43 所示。从程序中可以看出，前级输出继电器的动合触点与后级的启动输入端串联，所以前级不启动，后级不能启动；后级输出继电器的动合触点与前级的停止触点并联，所以后级停止以后，才允许前级停止。

程序工作原理如下：

1. *顺序启动控制*

M1 启动。按下启动按钮 SB1，程序中 X0 动合触点闭合，Y0 线圈通电自锁。程序第 2 行中 Y0 动合触点闭合，为 Y1 线圈通电作好准备。

M2 启动。按下启动按钮 SB3，程序中 X2 动合触点闭合，Y1 线圈通电自锁。程序第 3 行中 Y1 动合触点闭合，为 Y2 线圈通电作好准备。

M3 启动。按下启动按钮 SB5，程序中 X4 动合触点闭合，Y2 线圈通电自锁。

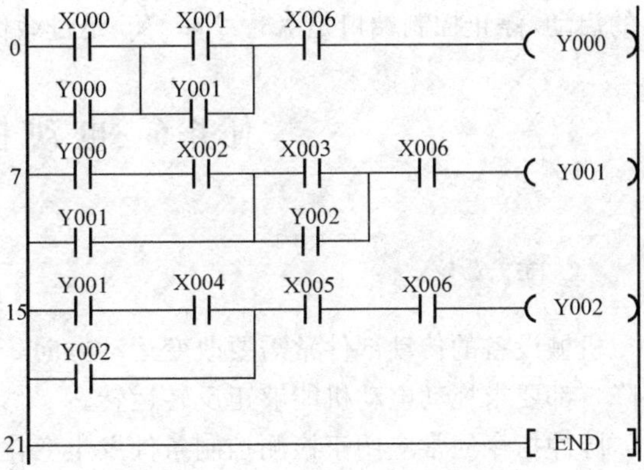

图 1-43 3 台电动机顺序控制程序

2. *逆序停止控制*

M3 停止。按下停止按钮 SB6，程序中 X5 动合触点分断，Y2 线圈断电解除自锁。程序第 2 行中 Y2 动合触点分断，为 Y1 线圈断电作好准备。

M2 停止。按下停止按钮 SB4，程序中 X3 动合触点分断，Y1 线圈断电解除自锁。程序第 1 行中 Y1 动合触点分断，为 Y0 线圈断电作好准备。

M1 停止。按下停止按钮 SB2，程序中 X1 动合触点分断，Y0 线圈断电解除自锁。

三、操作步骤

(1) 按图 1-42 所示连接 3 台电动机顺序控制线路。

(2) 接通电源，使 PLC 处于编程状态。

(3) 将图 1-43 所示的程序下载 PLC。

(4) 用“遥控运行/停止”方式使 PLC 处于程序运行状态。

(5) PLC 上输入指示灯 X6 应点亮，表示热继电器 KH 工作正常。

(6) PLC 上输入指示灯 X1、X3 和 X5 应点亮，表示停止按钮连接正常。

(7) 顺序按下启动按钮 SB1、SB3 和 SB5，3 台电动机按 M1、M2 和 M3 的顺序启动运行；顺序按下停止按钮 SB6、SB4 和 SB2，3 台电动机按 M3、M2 和 M1 的顺序停止。

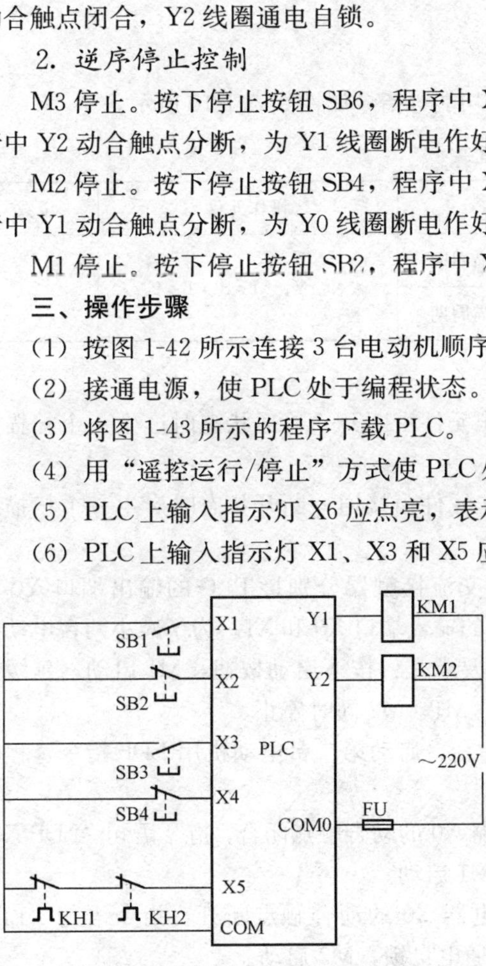

图 1-44 练习题 1、2 图

练习题

1. 某设备电气接线图如图 1-44 所示。两台电动机分别受接触器 KM1、KM2 控制。系统控制要求是：两台电动机均可单独启动和停止；如果发生过载，则两台电动机均停止。第一台电动机的启动/停止控制端口是X1、X2；第二台电动机的启动/停止控制端口是X3、X4；X5是过载保护端口。试编写PLC控制程序。

2. 某设备电气接线图如图1-44所示。两台电动机分别受接触器KM1、KM2控制。系统控制要求是：只有先启动第一台电动机，才能启动第二台电动机；两台电动机均可独立停止；如果发生过载，则两台电动机均停止。第一台电动机的启动/停止控制端口是X1、X2，第二台电动机的启动/停止控制端口是X3、X4；X5是过载保护端口。试编写PLC控制程序。

任务6　电动机正反转控制

任务引入

机械设备的传动部件常需要改变运动方向，例如车床的主轴能够正反向旋转，电梯能上升或下降，都要求拖动电动机能够正反转运转。

脉冲指令通常应用于检测控制条件发生变化的时刻，如按钮的按下或松开的瞬间。与普通指令最大的区别在于，脉冲指令只执行一次（即只执行一个扫描周期）。

相关知识

脉冲上升沿、下降沿“取”指令的助记符、逻辑功能等指令属性如表1-10所示。

表1-10　LDP、LDF指令

助记符	逻辑功能	电路功能	操作元件	步数
LDP	脉冲上升沿检测	元件触点闭合时接通1个扫描周期	X、Y、M、S、T、C	2
LDF	脉冲下降沿检测	元件触点断开时接通1个扫描周期		

对脉冲上升沿、下降沿“取”指令的说明如下：

（1）LDP指令监视元件的接通时刻，即只在操作元件由断开→接通状态时产生一个扫描周期的接通脉冲。

（2）LDF指令监视元件的断开时刻，即只在操作元件由接通→断开状态时产生一个扫描周期的接通脉冲。

【例1-1】 某台设备有两台电动机M1和M2，交流接触器分别接PLC的输出端口Y0和Y1，启动/停止按钮（均使用动合触点）分别接PLC的输入端口X0和X1。为了减小两台电动机同时启动对供电线路的影响，让M2延迟启动。控制要求是：按下启动按钮，M1启动，延缓几秒钟后，松开启动按钮，M2才启动；按下停止按钮，M1、M2同时停止。

解　根据控制要求，启动第一台电动机用LDP指令，启动第二台电动机用LDF指令，程序梯形图和指令表如图1-45所示。

程序工作原理如下：按下启动按钮时，输入继电器X0的动合触点闭合，指令语句“LDP X0”在第一个扫描周期内控制输出继电器Y0通电自锁，M1启动。

延缓几秒钟后，松开启动按钮的瞬间，输入继电器X0的动合触点断开，指令语句“LDF X0”在其后的第一个扫描周期内控制输出继电器Y1通电自锁，M2启动。

按下停止按钮，Y0和Y1均断电解除自锁，M1和M2断电停机。时序图如图1-46所示。

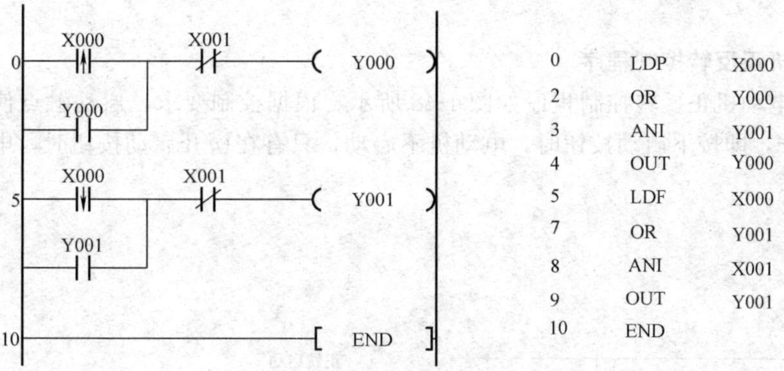

图 1-45 ［例 1-1］程序

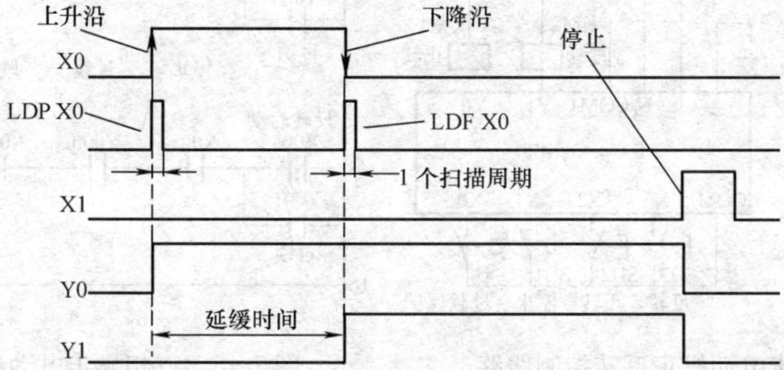

图 1-46 ［例 1-1］时序图

任务实施

一、电动机正反转控制线路

三相交流异步电动机正反转控制要求如下：不通过停止按钮，直接按正反转按钮就可改变电动机的转向，因此需要采用按钮联锁。为了减轻换向瞬间电流对电动机的冲击，适当延长变换过程，即在正向运转状态下，如果按下反转按钮，先停止正转，延缓片刻松开反转按钮时，再接通反转，反转改为正转的过程与此相同。

三相异步电动机正反转控制线路输入/输出端口分配如表 1-11 所示。

表 1-11 PLC 输入/输出端口分配

输入端口			输出端口		
输入继电器	输入器件	作用	输出继电器	输出器件	作用
X0	KH 动断触点	过载保护	Y0	接触器 KM1	正转
X1	SB1 动断触点	停止按钮	Y1	接触器 KM2	反转
X2	SB2 动合触点	正转按钮			
X3	SB3 动合触点	反转按钮			

三相异步电动机正反转控制线路如图 1-47 所示。对于不能同时通电工作的接触器，如正反转控制线路，为了确保安全，必须有接触器动断触点的硬件联锁，仅依靠程序软件联锁是不

够的。

二、电动机正反转控制程序

三相异步电动机正反转控制程序如图 1-48 所示。根据控制要求，启动触点使用脉冲下降沿“取”指令 LDF，即按下启动按钮时，电动机不启动，只有在松开启动按钮时，电动机才能通电启动。

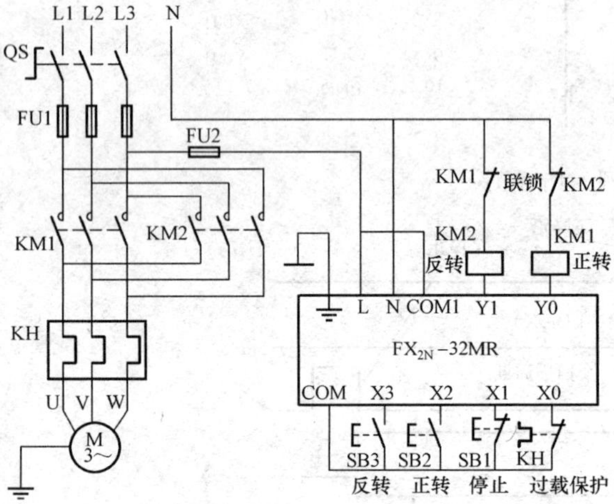

图 1-47　三相异步电动机正反转控制线路

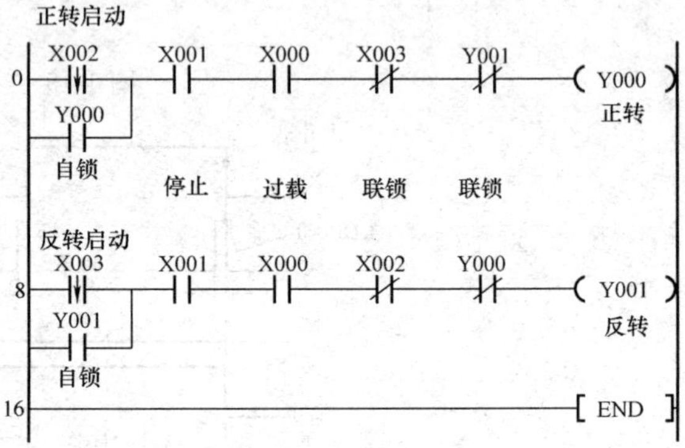

图 1-48　三相异步电动机正反转控制程序

三、操作步骤

（1）按图 1-47 所示连接三相交流电动机正反转控制线路。

（2）接通电源，使 PLC 处于编程状态。

（3）将图 1-48 所示的程序下载 PLC。

（4）用“遥控运行/停止”方式使 PLC 处于程序运行状态。

（5）PLC 上输入指示灯 X0 应点亮，表示热继电器 KH 工作正常。

（6）PLC 上输入指示灯 X1 应点亮，表示停止按钮连接正常。

（7）正转启动。按下正转按钮 SB2，X2 通电，X2 动断触点联锁反转输出继电器 Y1 分断；松开 SB2 时，X2 动合触点瞬时闭合，正转输出继电器 Y0 通电自锁，同时联锁反转输出继电器 Y1。交流接触器 KM1 通电，电动机 M 通电正转运行。

（8）正转转换为反转。按下反转按钮 SB3，X3 通电，X3 动断触点联锁正转输出继电器 Y0 断电，解除对反转的联锁；松开 SB3 时，X3 动合触点瞬时闭合，反转输出继电器 Y1 通电自锁，同时联锁正转输出继电器 Y0。交流接触器 KM2 通电，电动机 M 通电反转运行。

（9）反转转换为正转。分析方法与步骤（8）相同。

（10）停止。按下停止按钮 SB1，输出继电器 Y0（或 Y1）断电解除自锁，交流接触器断电，电动机 M 断电停止。

练习题

1. 对于不能同时通电工作的接触器，怎样做到 PLC 内部程序联锁和外部硬件联锁？

2. LD、LDI、LDP、LDF 指令有何异同？

任务7 电动机Y-△降压启动控制

任务引入

中、大功率三相交流异步电动机启动时绕组接成Y形，运转时接成△形，称为电动机Y-△降压启动方式。Y-△降压启动可使电动机的线电流减少2/3，有效避免了大电流对电动机和供电线路的影响。通常用定时器来控制电动机由Y形启动转换为△形运转的时间。

相关知识

在继电器控制中经常使用时间继电器来实现延时控制，在PLC控制系统中，也有与时间继电器作用相同的定时器。

一、定时器T

FX_{2N}系列PLC有256个定时器，地址编号为T0～T255。其中普通定时器246个，累计定时器10个，如表1-12所示。

表1-12　定时器分类

定时器名称	编号范围	点数	计时范围（s）
100ms定时器	T0～T199	200	0.1～3276.7
10ms定时器	T200～T245	46	0.01～327.67
1ms累计定时器	T246～T249	4	0.001～32.767
100ms累计定时器	T250～T255	6	0.1～3276.7

定时器T的说明如下：

（1）定时器是根据时钟脉冲累计计时的，时钟脉冲周期有1、10、100ms三种规格。定时器的工作过程实际上是对时钟脉冲计数。

（2）每个定时器有一个设定值寄存器和一个当前值寄存器，这些寄存器都是16位（数值范围1～32 767），延时时间为设定值乘以定时器的时钟脉冲周期。

（3）每个定时器都有一个动合触点和一个动断触点，这些触点可以无限次引用。

（4）定时器满足计时条件时开始计时，定时时间到时，其触点动作。

（5）普通定时器线圈断电时自动复位，不保留当前值寄存器中的数据。

（6）累计定时器在计时中途线圈或PLC断电时，当前值寄存器中的数据保持不变，当线圈重新通电时，当前值寄存器在原来数据的基础上继续计时。累计定时器的当前值寄存器数据只能用复位指令清零。

二、定时器的延时控制

【例1-2】 设X0、X1接启动/停止按钮（动合/动断触点），分析如图1-49所示程序的逻辑关系。

解　图1-49所示程序的逻辑关系是延时接通控制。当启动触点X0闭合时，输出继电器Y0通电自锁，同时定时器T0开始计时，20s（0.1s×200）后延时时间到，T0的动合触点闭合，输出继电器Y1线圈通电；当停止触点X1断开时，输出继电器Y0断电解除自锁，定时器T0也断电，T0的动合触点恢复常开状态，Y1线圈断电。

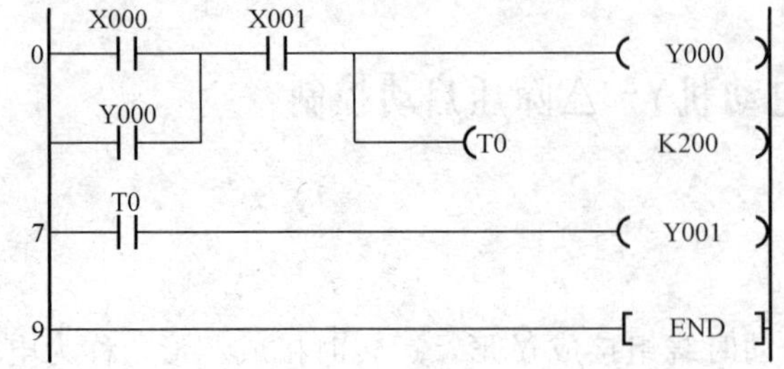


```
0   LD    X000
1   OR    Y000
2   AND   X001
3   OUT   Y000
4   OUT   T0    K200
7   LD    T0
8   OUT   Y001
9   END
```

图 1-49　延时接通控制程序

【例 1-3】　设 X0、X1 接启动/停止按钮（动合/动断触点），分析如图 1-50 所示程序的逻辑关系。

解　图 1-50 所示程序的逻辑关系是延时断开控制。当启动触点 X0 闭合时，输出继电器 Y0 通电自锁，同时定时器 T1 开始计时，20s 后延时时间到，T1 的动断触点断开，Y0 线圈断电解除自锁，同时 T1 线圈断电复位。

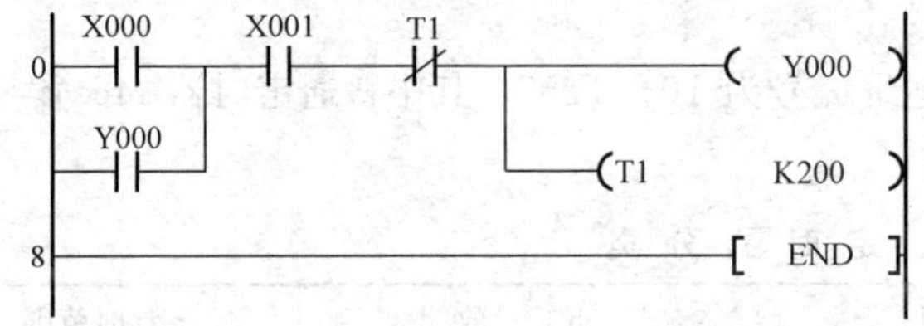


```
0   LD    X000
1   OR    Y000
2   AND   X001
3   ANI   T1
4   OUT   Y000
5   OUT   T1    K200
8   END
```

图 1-50　延时断开控制程序

三、应用定时器产生脉冲信号

FX_{2N}系列 PLC 的特殊辅助继电器 M8011～M8013 可以分别产生占空比为 1/2、脉冲周期为 10ms、100ms、1s 和 1min 的脉冲信号，在需要时可以直接应用。在如图 1-51 所示的程序梯形图中，用 M8013 的触点控制输出继电器 Y0，使 Y0 以 1s 为周期间断通电。

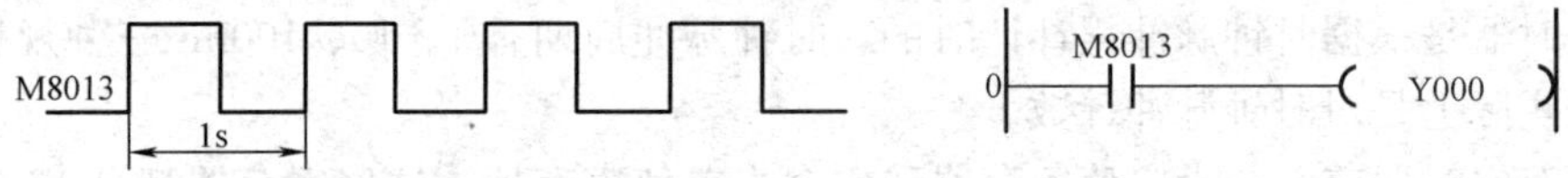

图 1-51　特殊辅助继电器 M8013 的波形及 M8013 的应用

在实际应用中也可以组成振荡电路产生任意周期的脉冲信号。例如，产生周期为 15s、脉冲持续时间为一个扫描周期的信号，程序梯形图和时序图如图 1-52 所示。该程序也称为自复位振荡电路。

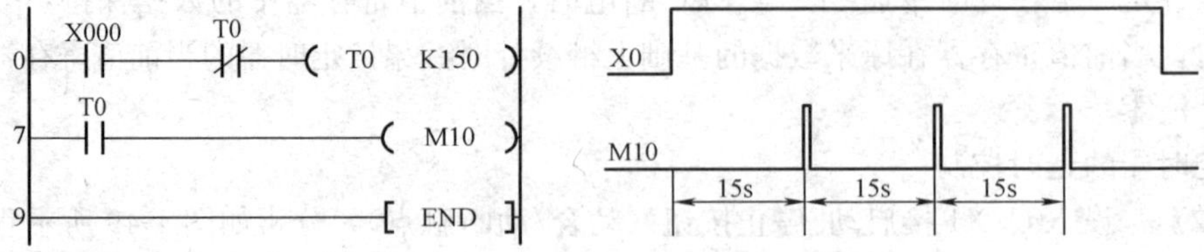

图 1-52　产生周期为 15s 的脉冲信号

如果产生一个占空比可调的任意周期的脉冲信号，则需要两个定时器，脉冲信号的低电平时间为 10s，高电平时间为 20s 的程序梯形图如图 1-53 所示。当 X0 触通时，T0 线圈通电延时，T0 定时 10s 时间到，T0 触点闭合，Y0 通电，同时 T1 线圈通电延时；T1 定时 20s 时间到，T1 触点断开，T0 线圈断电清 0 复位，Y0 断电，T1 线圈断电清 0 复位。T1 触点闭合，T0 线圈再次通电延时。因此，输出继电器 Y0 周期性通电 20s、断电 10s。各元件的动作时序如图 1-54 所示。

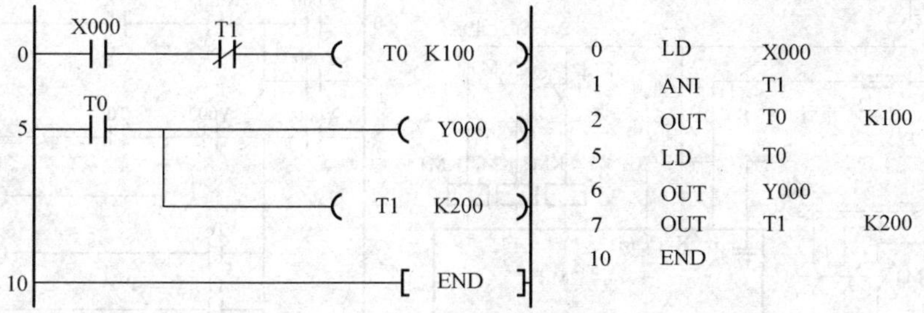

图 1-53　产生脉冲信号的程序

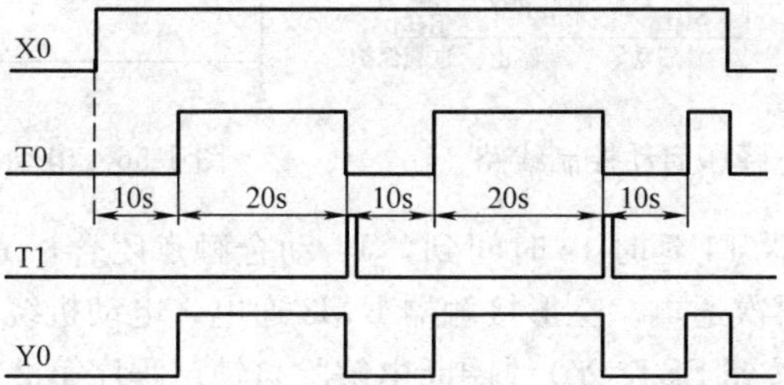

图 1-54　产生脉冲信号程序中各元件的时序图

任务实施

一、电动机Y-△降压启动控制线路

控制要求如下：当按下启动按钮 SB1 时，电动机 Y 形启动，延时 6s 后自动断开 Y 形绕组，再延时 1s 后自动接入△形绕组运转。当按下停止按钮 SB2 时，电动机停止。PLC 输入/输出端口分配如表 1-13 所示。

表 1-13　　PLC 输入/输出端口分配

输入端口			输出端口		
输入继电器	输入器件	作　用	输出继电器	输出器件	作　用
X0	SB1 动合触点	启动按钮	Y0	接触器 KM1	接通电源
X1	SB2 动断触点	停止按钮	Y1	接触器 KM2	Y 形启动
X2	KH 动断触点	过载保护	Y2	接触器 KM3	△形运转

电动机 Y-△降压启动控制线路如图 1-55 所示。为确保 Y 形接触器与△形接触器不同时通电，不能仅依靠软件联锁，必须具有外部硬件联锁。

二、电动机Y-△降压启动控制程序

根据电动机的控制要求，结合 PLC 输入/输出端口分配表 1-13，电动机 Y-△降压启动控制程序如图 1-56 所示。

程序工作原理如下：

（1）Y 形启动。按下启动按钮 SB1，程序中 X0 动合触点闭合，Y0 线圈通电自锁，电源接触器 KM1 通电。程序第 2 行中 Y0 动合触点闭合，Y1 线圈通电，Y 形接触器 KM2 通电，电动机绕组 Y 形连接通电启动，同时定时器 T0 线圈通电。

（2）Y 形绕组断开。定时器 T0 延时 6s 时间到，T0 动断触点分断，Y1 线圈断电，Y 形接触器 KM2 断电，Y 形绕组断开；T0 动合触点闭合，定时器 T1 线圈通电。

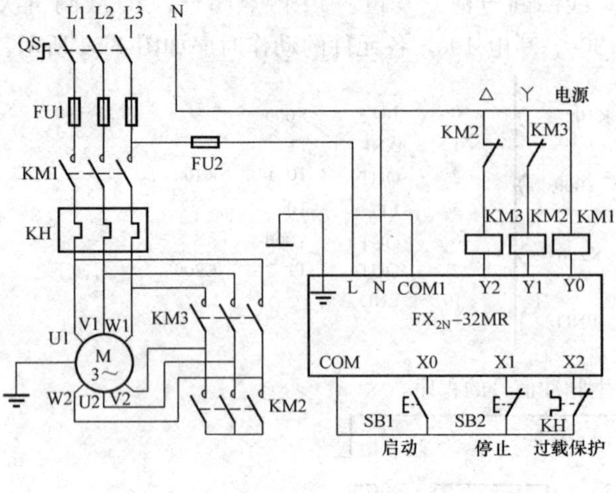

图 1-55 电动机 Y-△降压启动控制线路

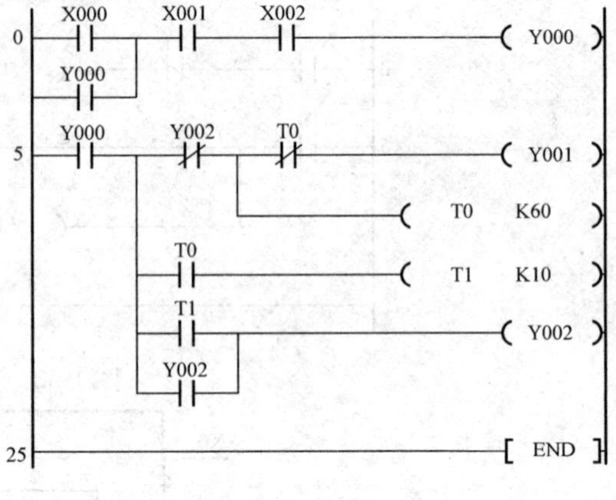

图 1-56 电动机 Y-△降压启动控制程序

（3）△形运转。定时器 T1 延时 1s 时间到，T1 动合触点闭合，Y2 线圈通电自锁，Y2 动断触点分断，联锁 Y1 不能再次通电。△形接触器 KM3 通电，电动机绕组△形连接通电运转。

（4）停止。按下停止按钮 SB2，Y0 线圈断电解除自锁。程序第 2 行中 Y0 动合触点分断，联锁 Y1、Y2 线圈断电。

三、操作步骤

（1）按图 1-55 所示连接电动机 Y—△降压启动控制线路。

（2）接通电源，使 PLC 处于编程状态。

（3）将图 1-56 所示的程序下载 PLC。

（4）用“遥控运行/停止”方式使 PLC 处于程序运行状态。

（5）PLC 上输入指示灯 X2 应点亮，表示热继电器工作正常。

（6）PLC 上输入指示灯 X1 应点亮，表示停止按钮连接正常。

（7）按下启动按钮 SB1，电动机 Y 形启动，6s 后停电惯性运转，7s 后自动转换为△形运转。按下停止按钮 SB2，电动机断电停止。

练习题

1. 试用定时器 T0 编写一个延时 5s 接通的程序，启动/停止端口 X1、X2（均使用动合触点），输出端口 Y1。

2. 试用定时器 T1 编写一个延时 15s 断开的程序，启动/停止端口 X3、X4（均使用动合触点），输出端口 Y2。

3. 试用定时器 T2、T3 编写一个控制输出端 Y6 延时 5s 接通、延时 60s 断开的程序，启动/停止端口 X5、X6（均使用动合触点）。

任务 8 计数器应用程序

任务引入

在生产中需要计数的场合很多，例如对生产流水线上的工件进行定量计数，对线性产品进行定长计数，超长延时控制等。在PLC程序中，可以应用计数器来实现这些控制。

相关知识

一、计数器C

普通计数器分类如表1-14所示。

表1-14　　　　普通计数器分类

计数器名称		编号范围	点　数	计数范围
16位增计数器	普通用	C0～C99	100	0～32 767
	掉电保持用	C100～C199	100	
32位增减计数器	普通用	C200～C219	20	−2 147 483 648～2 147 483 647
	掉电保持用	C220～C234	15	

FX_{2N}系列PLC有256个计数器，地址编号为C0～C255，其中C0～C234为普通计数器，C235～C255为高速计数器。本模块只介绍普通计数器，高速计数器在模块四中介绍。

普通计数器的说明如下：

（1）计数器的功能是对输入脉冲进行计数，其响应速度通常为10Hz以下。计数发生在脉冲的上升沿，达到计数器设定值时，计数器触点动作。每个计数器都有一个动合触点和一个动断触点，可以无限次引用。

（2）每个计数器有一个设定值寄存器和一个当前值寄存器，16位计数器的设定值范围是1～32 767，32位计数器的设定值范围是−2 147 483 648～2 147 483 647。

（3）普通计数器在计数过程中程序中止或PLC发生断电时，所计的数值全部丢失，再次运行程序后，从0开始计数。

（4）掉电保持计数器在计数过程中程序中止或PLC发生断电时，所计的数值保存，再次运行程序后，从原来数值的基础上继续计数。

（5）32位计数器有增计数和减计数两种工作方式。其计数方式由特殊辅助继电器M8200～M8234的状态决定，M8×××的状态ON是减计数工作方式，状态OFF或者程序中不出现M8×××是增计数工作方式。

二、计数器的应用

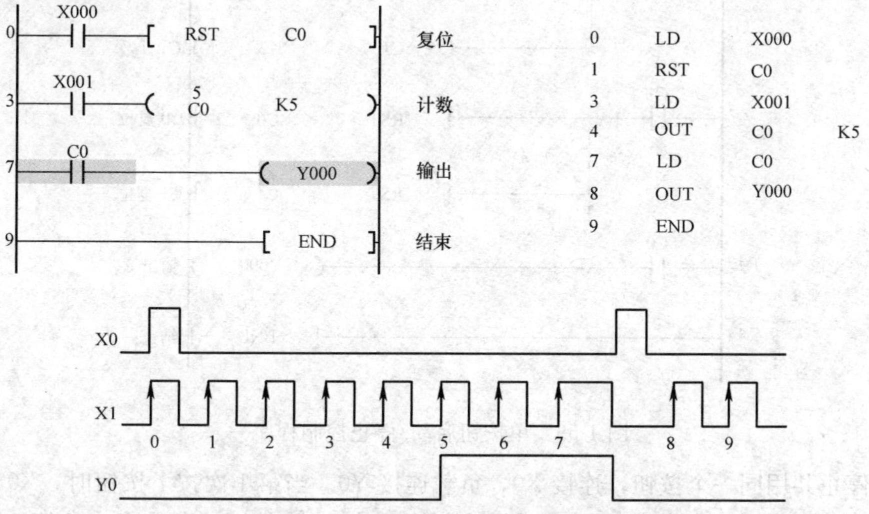

图1-57　16位增计数器C0的监控程序与时序图

在图 1-57 所示的程序监控梯形图中，16 位计数器 C0 的设定值为 K5，X0、X1 分别是 C0 的复位端和脉冲信号输入端。每当 X1 接通瞬间，C0 的当前值就加 1，当 C0 的当前值等于或大于设定值时，计数器 C0 的动合触点闭合，Y0 通电。当 X0 闭合时，C0 复位清零，C0 的动合触点断开，Y0 断电。

定时器的计时时间有一个最大值，如脉冲周期为 100ms 的定时器的最长计时时间为 3276.7s，如果所需要的延时时间大于定时器的最长延时值，可以采用计数器与时钟脉冲信号配合获得较长延时时间。在图 1-58 所示的梯形图程序中，当启动触点 X0 接通后，32 位计数器 C200 对秒脉冲信号 M8013 进行计数，经过 1000h（1s×3 600 000）的延时，Y0 才通电。当停止触点 X1 动作后，C200 复位，Y0 断电。

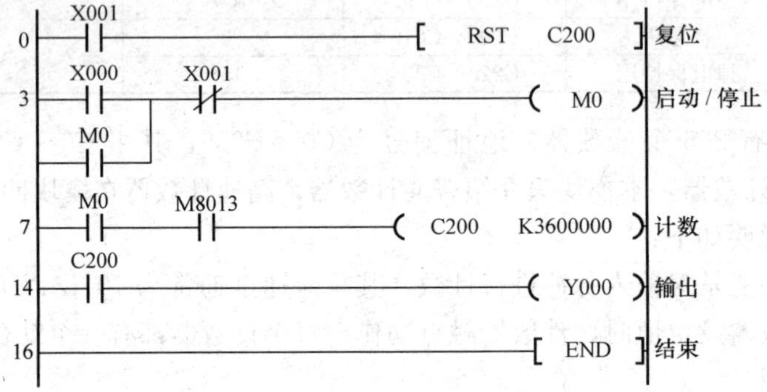

图 1-58　由计数器 C200 和秒脉冲信号 M8013 构成的长延时控制程序

任务实施

一、单按钮启动/停止控制程序

一般情况下，PLC 控制电路要用一个启动按钮和一个停止按钮来控制电动机的运转和停止。但在输入端口的总点数紧张时，也可用单按钮实现启动和停止两种控制。应用计数器指令的单按钮控制程序如图 1-59 所示。

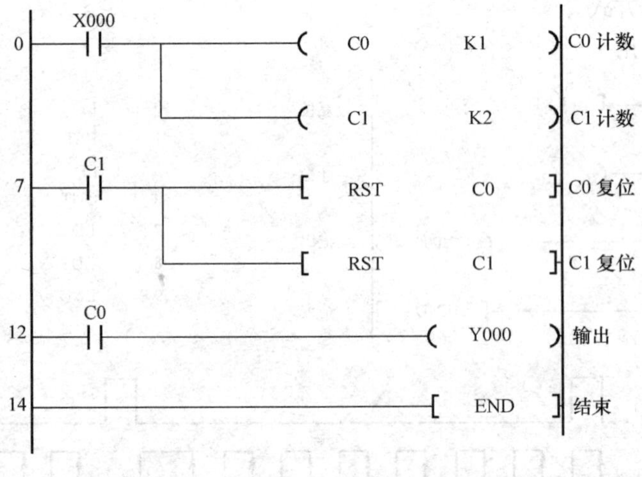

图 1-59　单按钮启动/停止控制程序一

启动/停止共用同一个按钮，连接 X0，负载连接 Y0。当第 1 次按下按钮时，X0 动合触点闭合，计数器 C0、C1 当前计数值为 1，C0 动合触点闭合，Y0 接通，负载通电；第 2 次按下按钮时，C1 动合触点闭合，C0、C1 均被复位清零，Y0 断开，负载断电。输入/输出时序图如图 1-60 所示。

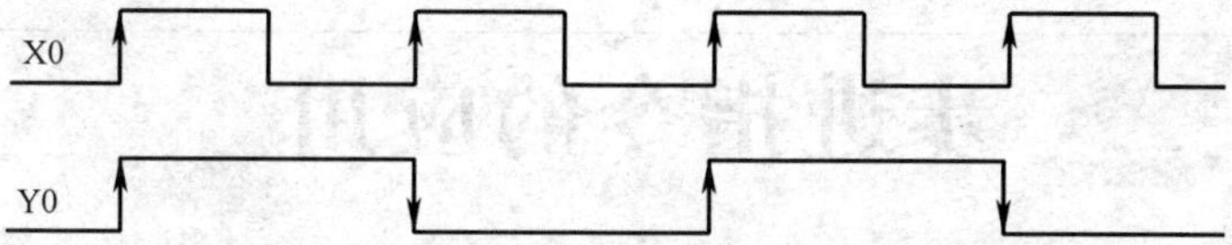

图 1-60 输入/输出时序图

也可以应用 PLC 功能指令中的交替输出指令 ALT 来编写单按钮启动/停止控制程序，如图 1-61 所示。交替输出指令 ALT 的助记符、操作数等指令属性如表 1-15 所示。

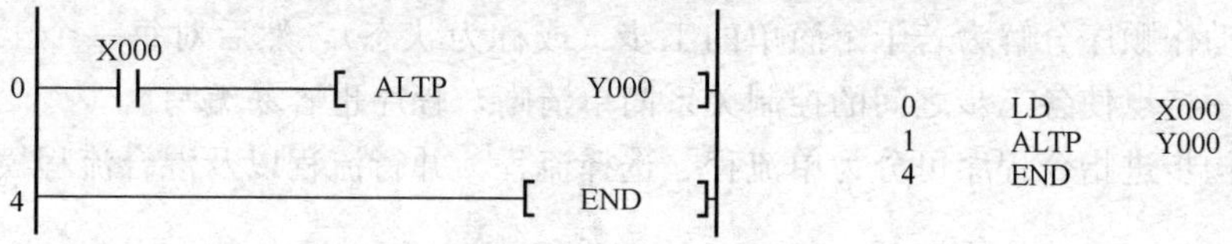

图 1-61 单按钮启动/停止控制程序二

表 1-15 **ALT 指令**

交替输出指令		操 作 数	程 序 步
P	FNC66 ALT	Y、M、S	3

由于交替输出指令在程序执行中每个扫描周期其输出状态便翻转一次，因此，交替输出指令必须采用脉冲执行方式，即加上指令后缀 P。这样，只在指令执行条件满足后的第一个扫描周期执行一次指令。

启动/停止共用同一个按钮，连接 X0，负载连接 Y0。当 X0 接通时，执行脉冲形式的 ALT 指令。当第 1 次按下按钮时，Y0 输出 ON，负载通电；当第 2 次按下按钮时，Y0 输出 OFF，负载断电。输入/输出时序图如图 1-60 所示。

二、操作步骤

（1）接通电源，使 PLC 处于编程状态。

（2）将图 1-59 所示的程序下载 PLC。

（3）用“遥控运行/停止”方式使 PLC 处于程序运行状态。

（4）第 1 次按下按钮时，Y0 通电；第 2 次按下按钮时，Y0 断电。

（5）用“遥控运行/停止”方式使 PLC 处于编程状态。

（6）将图 1-61 所示的程序下载 PLC，重做第（3）、（4）步。

练习题

1. 16 位计数器和 32 位计数器有何异同？

2. 怎样确定 32 位计数器的增/减计数工作方式？

3. 掉电保持计数器和非掉电保持计数器有何异同？

4. 试用计数器 C0 和 M8013 编写一个 8h 的延时断开控制程序。启动/停止端口 X0、X1（均使用动合触点），负载端口 Y0。

模块二 步进指令的应用

生产设备的各种机械动作，都是按照工作流程有顺序地进行。步进指令程序就是将一个复杂的工作流程按动作顺序分解为若干个简单的工步（或称为状态），然后对每一个工步编程，步进指令程序的这一特点使各工步之间的控制关系简单清晰，程序也容易编写。

按程序结构步进指令程序可分为单流程、选择流程、并行流程以及混合流程模式。

任务1 用单流程模式编写电动机Y-△启动控制程序

任务引入

单流程模式的步进指令程序就是每个状态仅有一个转移方向，它的程序结构是最简单的。与普通指令编写的电动机Y-△降压启动控制程序相比，用单流程模式编写的控制程序结构清晰、容易理解。

相关知识

一、状态继电器S

在步进指令程序中要使用状态继电器来表示每一个工步，FX_{2N}系列PLC状态继电器有1000个点，分为5类，如表2-1所示。

表2-1 状态继电器S分类

初始状态继电器	回零状态继电器	通用状态继电器	保持状态继电器	报警状态继电器
S0～S9 共10点	S10～S19 共10点	S20～S499 共480点	S500～S899 共400点	S900～S999 共100点

状态继电器的说明如下：

（1）初始状态继电器是步进指令程序运行的起点，最多可同时使用10个初始状态继电器。

（2）需要停电保持功能时，使用保持状态继电器。

二、状态流程图

状态流程图是描述顺序控制的图解法，状态流程图主要由状态继电器、控制对象、有向连线、转移条件组成。在编程前，应先绘出状态流程图，然后再根据状态流程图编写步进梯形图程序。

1. 状态与状态继电器

将一个工作流程分解为若干个工步，这些工步在步进指令程序中称为状态。每一个状态对应一个状态继电器。状态继电器符号用方框表示。

2. 初始状态与初始状态继电器

一个步进指令程序至少要有一个初始状态，初始状态继电器从 S0～S9 中选择使用，初始状态继电器符号用双线方框表示。通常，利用初始脉冲 M8002 进入初始状态。

3. 控制对象

状态继电器方框右边用线条连接的线圈符号是该状态继电器的控制对象（允许某些状态继电器无控制对象）。

4. 有向连线

有向连线表示状态的转移方向。在绘制状态流程图时，将代表各状态继电器的方框按先后顺序排列，并用有向连线将它们连接起来。表示从上到下或从左到右这两个方向的有向连线的箭头也可以省略。

5. 转移条件

状态之间的转移条件标注在与有向连线垂直的短划线旁边，转移条件可以是动合触点、动断触点或它们的组合。当转移条件满足时，状态按指定的方向转移。

6. 活动状态

当状态继电器置位时，该状态便处于活动状态，其控制对象中被 OUT 指令输出的线圈和被置位指令输出的线圈均通电。

7. 非活动状态

当状态继电器复位后，该状态便处于非活动状态，其控制对象中被 OUT 指令输出的线圈断电，被置位指令输出的线圈仍保持通电状态。

三、步进指令 STL、RET

步进指令 STL 和步进返回指令 RET 的助记符、电路表示等指令属性如表 2-2 所示。

表 2-2　　STL、RET 指令

助记符	指令名称	电路表示	操作元件	步数
STL	步进触点	在左母线上连接步进触点	状态继电器 S	1
RET	步进返回	返回左母线	无	1

步进指令的说明如下：

（1）STL 指令是将步进触点接至左母线，步进触点只有动合形式。

（2）步进触点具有主控功能。步进触点接通，与之相连的电路通电。步进触点断开，与之相连的电路断电（但应用置位指令 SET 的线圈仍然保持通电）。

（3）状态继电器也有普通的动合、动断触点。

（4）RET 指令仅在步进指令程序中最后一个状态继电器的末行使用，表示从步进指令程序返回主程序左母线。

（5）通常状态由上向下转移时，对状态继电器应用 SET 指令；状态由下向上转移时，对状态继电器应用 OUT 指令。

（6）当一个新的状态被 STL 指令置位后，其前一个状态就自动复位。

（7）对每个状态编程时，先负载驱动，后转移处理。

任务实施

一、电动机Y-△降压启动控制线路

控制要求如下：当按下启动按钮 SB1 时，电动机绕组 Y 形连接启动，延时 6s 后断开 Y 形绕组，再延时 1s 后接入△形绕组运转。当按下停止按钮 SB2 时，电动机停止。PLC 输入/输出端口分配如表 2-3 所示。

表 2-3　　PLC 输入/输出端口分配

输入端口			输出端口		
输入继电器	输入器件	作　用	输出继电器	输出器件	作　用
X0	SB1 动合触点	启动按钮	Y0	接触器 KM1	接通电源
X1	SB2 动断触点	停止按钮	Y1	接触器 KM2	Y 形启动
			Y2	接触器 KM3	△形运转

结合 PLC 输入/输出端口分配表，三相交流异步电动机 Y-△降压启动控制线路如图 2-1 所示。

二、状态流程图

根据电动机的控制要求，三相交流异步电动机 Y-△降压启动状态流程图如图 2-2 所示。

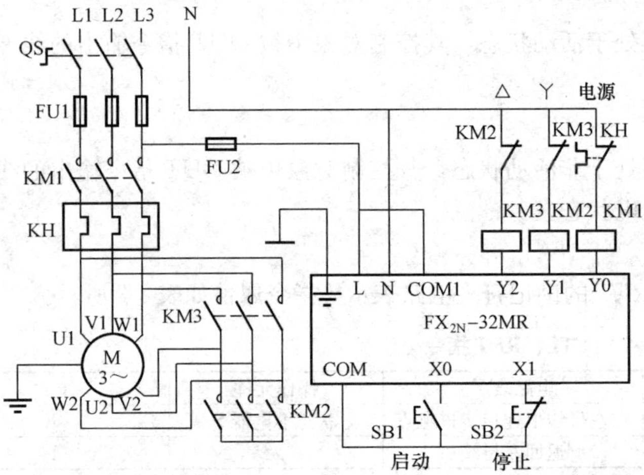

图 2-1　三相交流异步电动机 Y-△降压启动控制线路

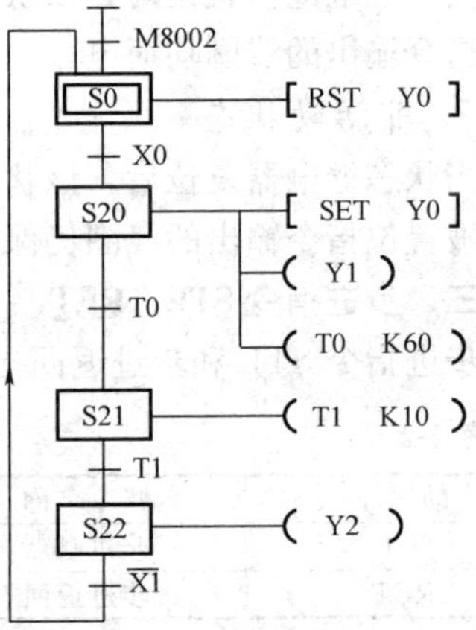

图 2-2　三相交流异步电动机 Y-△降压启动状态流程图

在状态流程图中共使用 4 个状态继电器，其中 S0 为初始状态继电器，S20 为 Y 形启动状态继电器，S21 为延时 1s 状态继电器，S22 为△形运转状态继电器。X0、T0、T1 的动合触点和 X1 的动断触点为各状态间的转移条件。

三、程序梯形图

根据图 2-2 所示的状态流程图编写的电动机 Y-△降压启动控制程序如图 2-3 所示。由于 Y0 在 S20～S22 状态中都要通电，所以在 S20 状态中应用保持型的线圈置位指令将 Y0 置“1”，这样，当 S21、S22 为活动状态时，Y0 仍将保持通电状态不变。而 Y1、Y2 则应用非保持型的输出线圈指令 OUT，当 Y1、Y2 处于非活动状态时自动断电。

程序工作原理如下：

（1）程序步 0，初始脉冲 M8002 使程序自动进入初始状态 S0。

（2）程序步 5，按下启动按钮后，X0 触点闭合，转移至 S20 状态。S20 状态为活动状态，S0 状态自动复位为非活动状态。

（3）程序步 8，Y0 置位通电，Y1 通电，电动机绕组 Y 形连接启动，T0 延时。T0 延时 6s

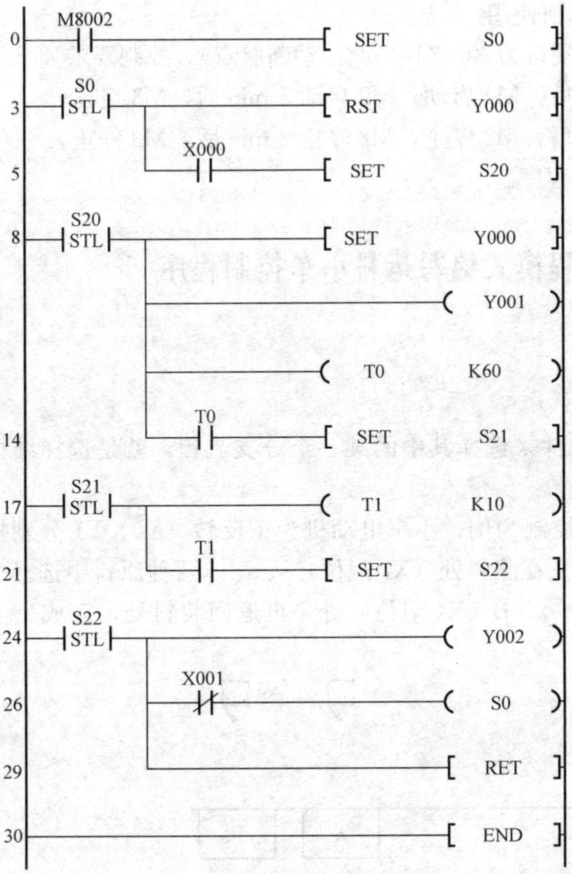

0	LD	M8002	
1	SET	S0	
3	STL	S0	
4	RST	Y000	
5	LD	X000	
6	SET	S20	
8	STL	S20	
9	SET	Y000	
10	OUT	Y001	
11	OUT	T0	K60
14	LD	T0	
15	SET	S21	
17	STL	S21	
18	OUT	T1	K10
21	LD	T1	
22	SET	S22	
24	STL	S22	
25	OUT	Y002	
26	LDI	X001	
27	OUT	S0	
29	RET		
30	END		

图 2-3　电动机 Y-△降压启动控制程序

后，其动合触点闭合，转移至 S21 状态。S20 状态自动复位为非活动状态，Y1 断电。

(4) 程序步 17，Y0 仍保持通电状态，T1 延时。T1 延时 1s 后，其动合触点闭合，转移至 S22 状态。S21 状态自动复位为非活动状态。

(5) 程序步 24，Y0 仍保持通电，Y2 通电，电动机绕组△形连接运转。按下停止按钮后，X1 动断触点闭合，向上转移至 S0 状态。S22 状态自动复位为非活动状态，Y2 断电。

(6) 在 S0 状态，Y0 复位断电，等待下次启动。

四、操作步骤

(1) 按图 2-1 所示连接电动机 Y-△降压启动控制线路。

(2) 接通电源，使 PLC 处于编程状态。

(3) 将图 2-3 所示的步进指令程序下载 PLC。

(4) 用“遥控运行/停止”方式使 PLC 处于程序运行状态。

(5) PLC 上输入指示灯 X1 应点亮，表示停止按钮连接正常。

(6) 按下启动按钮 SB1，电动机 Y 形启动，6s 后停电惯性运转，7s 后自动转换为△形运转。按下停止按钮 SB2，电动机断电停止。

练习题

1. 什么是状态流程图？状态流程图包括几个方面？

2. FX 系列 PLC 步进指令有几条？如何使用？

3. 某设备有 3 台电动机，启动/停止端口为 X0/X1（动合/动断触点），控制要求如下：

（1）按下启动按钮，M1 启动；5min 后，M2 启动；M2 启动 3 min 后，M3 启动。

（2）按下停止按钮，M1 停止；4min 后，M2 停止；M2 停止 2 min 后，M3 停止。

试设计出状态流程图和编写步进指令程序。

任务 2　用选择流程模式编写运料小车控制程序

任务引入

在多分支结构中，根据不同的转移条件来选择其中的某一个分支流程，就是选择结构流程模式。

以图 2-4 所示的小车运送两种原料的控制为例，小车电动机为正反转，Y0、Y1 分别控制小车的右行送料和左行返回接触器。小车首先在装料处（X2 限位）从 a、b 两种原料中选择一种装入，然后右行将原料对应卸在 A（X3 限位）、B（X4 限位）处，再返回装料处，完成一个工作周期。

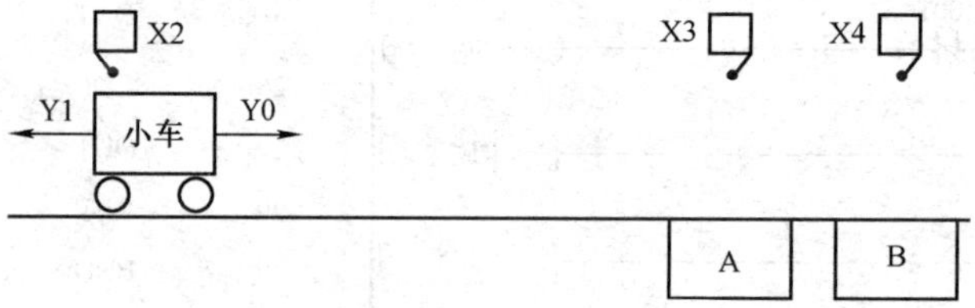

图 2-4　小车运料示意图

任务实施

一、运料小车控制线路

PLC 输入/输出端口分配如表 2-4 所示。

表 2-4　PLC 输入/输出端口分配

输入端口			输出端口		
输入继电器	输入元件	作用	输出继电器	输出元件	控制对象
X0	SB1	选择开关	Y0	接触器 KM1	小车右行
X1	SB2	运料启动按钮	Y1	接触器 KM2	小车左行
X2	SQ1	装料位置限位			
X3	SQ2	A 处位置限位			
X4	SQ3	B 处位置限位			

运料小车控制线路如图 2-5 所示。

二、状态流程图

小车在运料过程中，如果停电后再次运行，小车应保持原运行方向不变，所以使用保持状态继电器。从图 2-6 所示的状态流程图可以看出，初始状态 S0 面向状态 S500 或 S560 两个转移方向，具体转移到哪一个分支，由选择开关 X0 的状态决定。X0＝1，转移至 S500；X0＝0，转移至 S560。

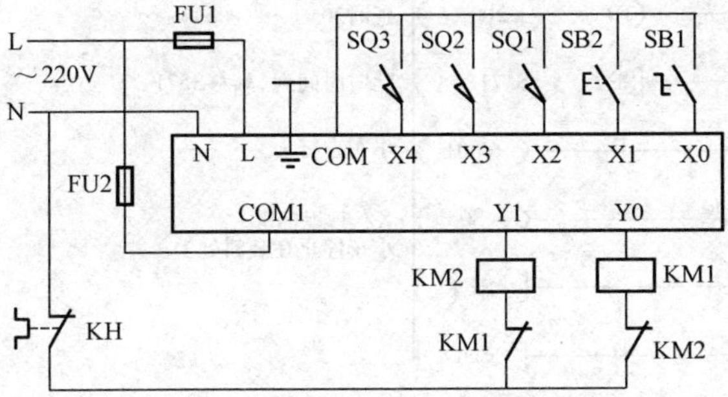

图 2-5 运料小车控制线路

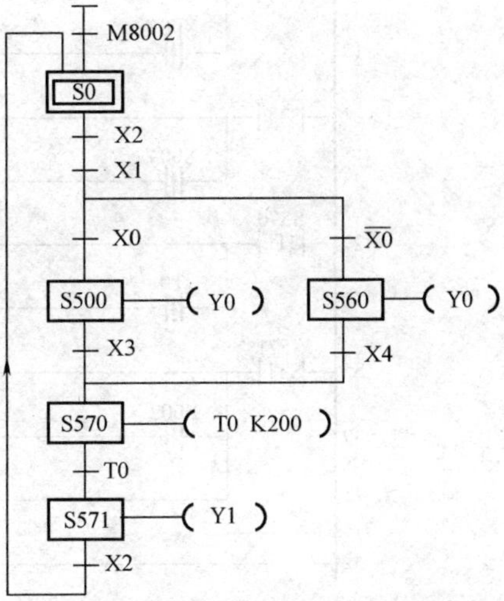

图 2-6 选择结构的状态流程图

例如，当小车停留在装料处时，X2＝1。装运 a 原料时，使开关 X0＝1，按下运料启动按钮，X1 触点通，则选择 S500 状态，Y0 通电，小车右行。当小车触及行程开关 X3 时，转移至 S570 状态，小车在 A 处停止，卸下 a 原料，同时 T0 延时，延时 20s 后转移至 S571 状态，小车左行返回，触及行程开关 X2 时，小车在装料处停止，完成一个工作周期。

当小车装运 b 原料时，使开关 X0＝0，按下运料启动按钮，X1 触点通，则选择 S560 状态，Y0 通电，小车右行。当小车触及行程开关 X3 时，由于 S500 状态断开，所以不影响小车的运行。当小车继续右行触及行程开关 X4 时，则转移至 S570 状态，小车在 B 处停止，卸下 b 原料，同时 T0 延时，延时 20s 后转移至 S571 状态，小车左行返回，触及行程开关 X2 时，小车在装料处停止，完成一个工作周期。

三、运料小车控制程序

运料小车控制程序如图 2-7 所示。

程序工作原理如下：

(1) 程序步 3 所在行，是选择结构程序的分支处，由于 X0 动合/动断触点的互非性，程序只能选择 S500 或 S560 两者之一。

(2) 程序步 17、23，是选择结构程序的汇合处，因为它们都转移至 S570。

(3) 虽然程序中 Y0 线圈出现了两次，但不认为是“双线圈”，因为 S500 或 S560 不能同时处于活动状态。

(4) 程序步 27，T0 延时，卸料时间为 20s。延时后转移至 S571。

(5) 程序步 35，Y1 通电，小车左行返回，返回装料处后 X2 触点闭合，转移至 S0，完成一个工作周期。

四、操作步骤

(1) 接通 PLC 电源，使 PLC 处于编程状态。

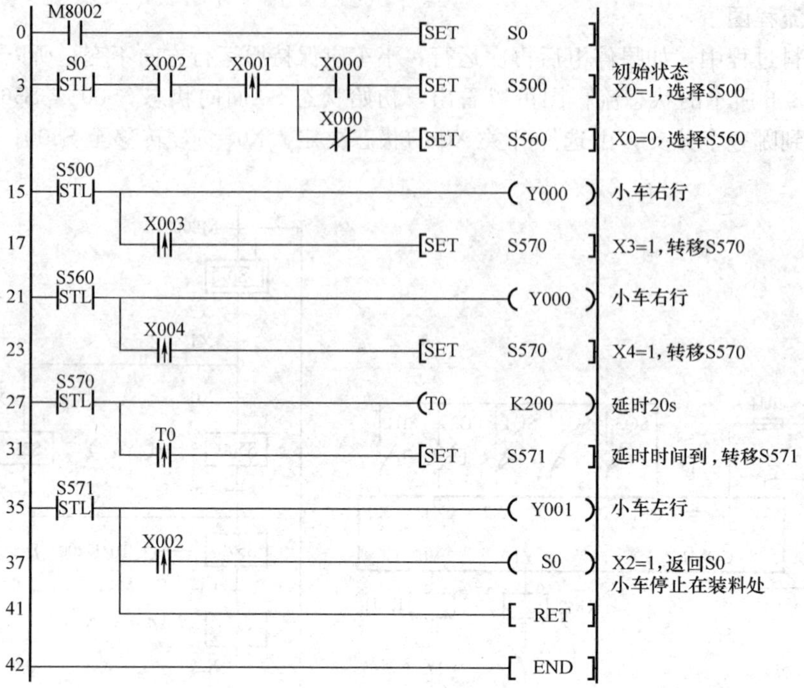

图 2-7　运料小车控制程序

（2）将图 2-7 所示的程序下载 PLC。

（3）用“遥控运行/停止”方式使 PLC 处于程序运行状态。

（4）进入程序监控状态。

（5）模拟运料小车工作过程。

1）a 原料卸在 A 处。选择 X0＝1，按下启动按钮 X1，Y0 灯亮，小车右行。接通 X3，Y0 灯灭。延时 20s 后，Y1 灯亮，小车左行。接通 X2，Y1 灯灭，程序返回 S0 状态。

2）b 原料卸在 B 处。选择 X0＝0，按下启动按钮 X1，Y0 灯亮，小车右行（接通 X3，Y0 灯仍亮）。接通 X4，Y0 灯灭。延时 20s 后，Y1 灯亮，小车左行。接通 X2，Y1 灯灭，程序返回 S0 状态。

（6）在模拟运料小车运行过程中，用“遥控运行/停止”方式使 PLC 处于程序停止状态，小车停止运行。再次用“遥控运行/停止”方式使 PLC 处于程序运行状态，小车保持原方向继续运行。

练习题

1. 选择结构的步进梯形图程序在分支和汇合上有什么特点？

2. 试编写如图 2-8 所示的状态流程图对应的步进梯形图程序。

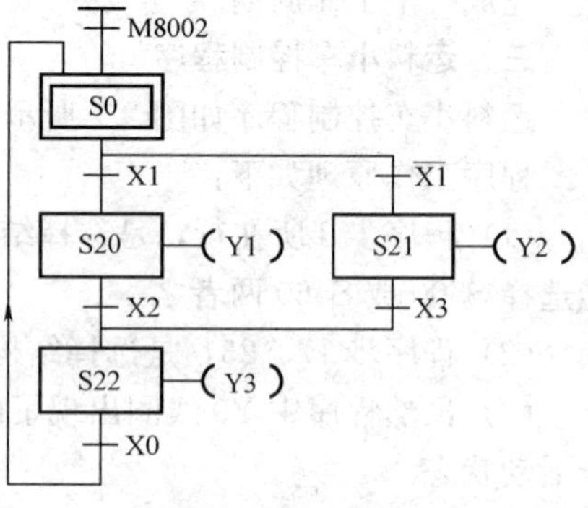

图 2-8　练习题 2 图

任务3 用并行流程模式编写交通信号灯控制程序

任务引入

并行结构流程模式的分支特点是当转移条件满足时，同时执行多个分支流程；其汇合特点是，要等所有分支流程都执行完毕后，才能同时转移到新的状态。本任务通过十字路口交通信号灯的控制例子，介绍并行结构的状态流程图和程序梯形图编程。

交通信号灯一个周期（120s）的时序图如图 2-9 所示。南北信号灯和东西信号灯两路分支同时工作，0～50s 期间，南北信号绿灯亮，东西信号红灯亮；50～60s 期间，南北信号黄灯亮，东西信号红灯亮；60～110s 期间，南北信号红灯亮，东西信号绿灯亮；110～120s 期间，南北信号红灯亮，东西信号黄灯亮。

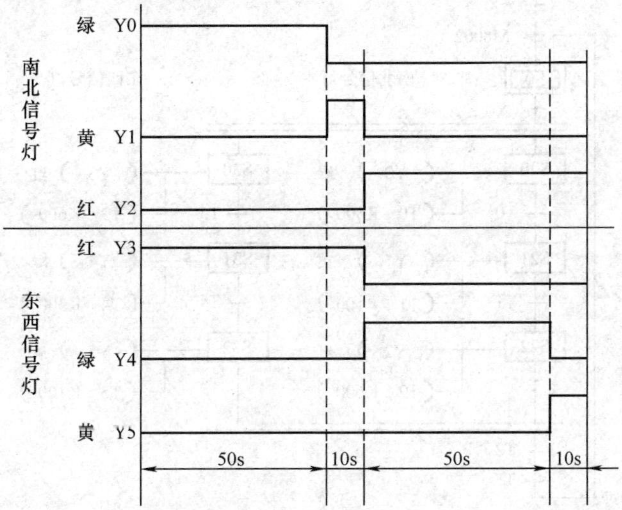

图 2-9 交通信号灯的时序图

任务实施

一、交通信号灯控制线路

PLC 输入/输出端口分配如表 2-5 所示。

表 2-5 PLC 输入/输出端口分配

输入端口			输出端口		
输入继电器	输入元件	作用	输出继电器	输出元件	控制对象
X0	SB1	运行/停止开关	Y0	HL0	南北绿灯
			Y1	HL1	南北黄灯
			Y2	HL2	南北红灯
			Y3	HL3	东西红灯
			Y4	HL4	东西绿灯
			Y5	HL5	东西黄灯

交通信号灯控制线路如图 2-10 所示。

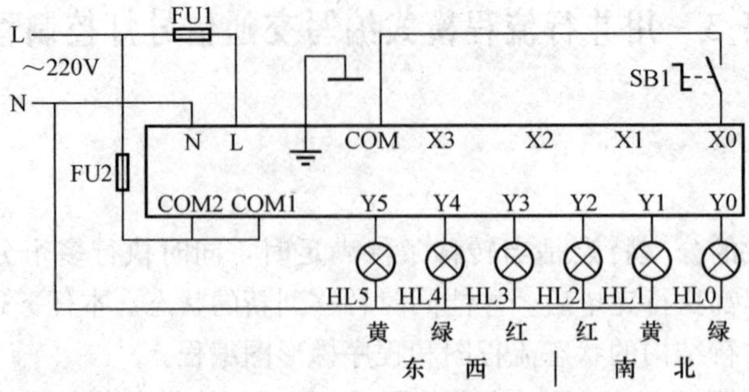

图 2-10　交通信号灯控制线路

二、状态流程图

交通信号灯状态流程图如图 2-11 所示。图 2-11 中平行线表示并行结构的分支与汇合。

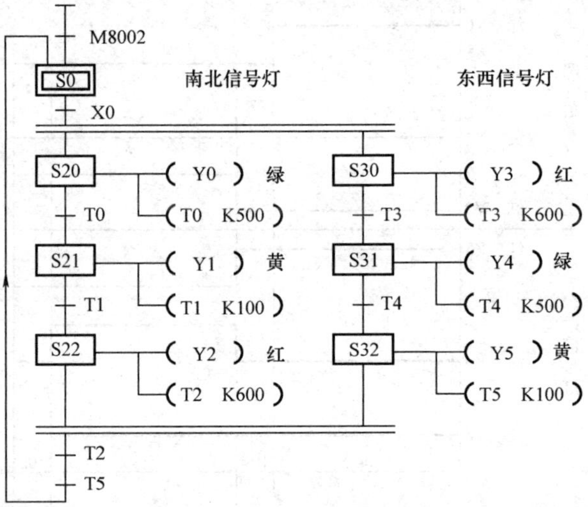

图 2-11　交通信号灯状态流程图

（1）并行结构的分支。当转移条件 X0 满足时，S20 和 S30 同时变为活动状态，南北信号灯和东西信号灯两路分支同时工作。

（2）并行结构分支的汇合。当 S22 和 S32 都处于活动状态，并且 T2 和 T5 的触点都闭合时，才满足转移条件，返回初始状态 S0。

三、交通信号灯控制程序

交通信号灯控制程序梯形图如图 2-12 所示。

程序工作原理如下：

（1）程序步 3～8 是并行结构的分支处，当 X0 接通时，S20、S30 状态同时被置位，S0 状态自动复位。

（2）从程序步 9～46 可以看出，并行结构程序梯形图中各状态继电器是按照状态流程图的排列顺序，从左到右、从上到下依次编程，即各状态继电器出现的顺序是 S20、S30、S21、S31、S22、S32。

（3）程序步 51～56 是并行结构的汇合处，只有 S22、S32 步进触点和 T2、T5 动合触点都闭合时，程序才转移到初始状态 S0，同时 S22、S32 状态自动复位。即在并行结构汇合时，要将所

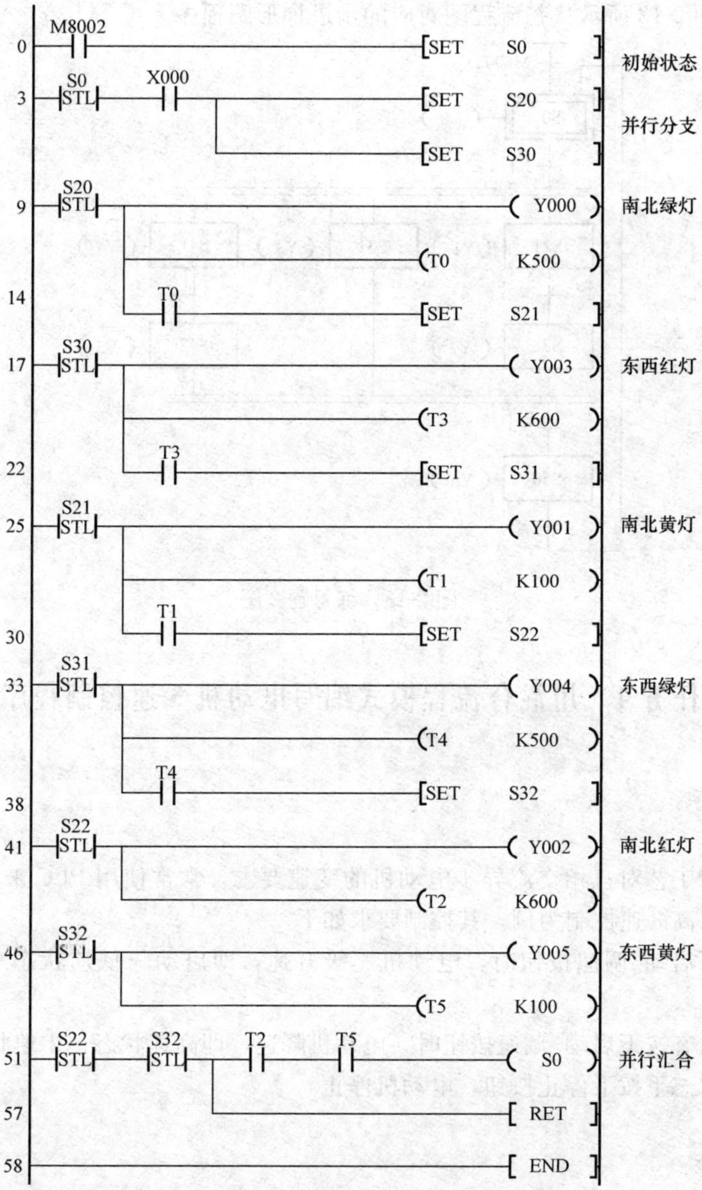

图 2-12 交通信号灯控制程序梯形图

有被汇合状态的步进触点串联，表示所有分支流程都执行完毕时，才能同时转移到新的状态。

四、操作步骤

(1) 接通 PLC 电源，使 PLC 处于编程状态。

(2) 将图 2-12 所示的程序下载 PLC。

(3) 用“遥控运行/停止”方式使 PLC 处于程序运行状态。

(4) 进入程序监控状态。

(5) 拨动启动开关，接通 X0 触点，步进指令程序运行，相应指示灯循环亮灭。

练习题

1. 并行结构的步进梯形图程序在分支和汇合上有什么特点？

2. 试编写如图2-13所示状态流程图对应的步进梯形图程序。

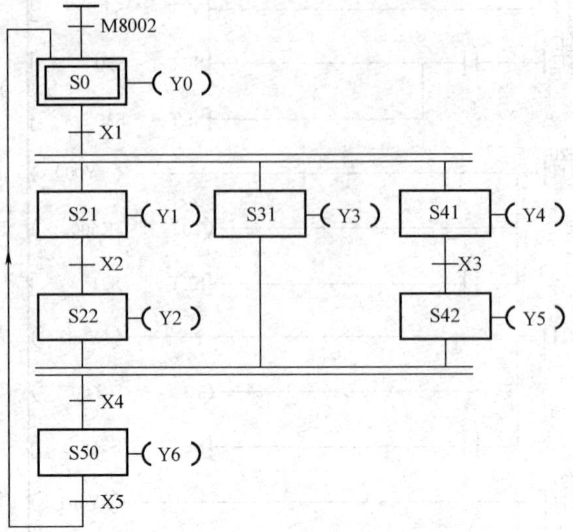

图2-13　练习题2图

任务4　用混合流程模式编写电动机3速控制程序

任务引入

为了满足生产工艺对三相交流异步电动机的变速要求，常常使用PLC来控制变频器。以某生产设备低、中、高3速控制为例，其控制要求如下。

（1）每当按下启动/调速按钮时，电动机逐级升速，即启动→低速状态→中速状态→高速状态。

（2）在高速状态按下启动/调速按钮时，电动机降速，即高速状态→中速状态。

（3）在任何状态下按下停止按钮，电动机停止。

任务实施

一、电动机3速控制线路

PLC输入/输出端口分配如表2-6所示。

表2-6　　PLC输入/输出端口分配

输入端口			输出端口	
输入继电器	输入元件	作用	输出继电器	控制对象
X0	SB1动合触点	启动/调速	Y0	变频器正转控制端STF
X1	SB2动断触点	停止按钮	Y1	变频器低速控制端RL
			Y2	变频器中速控制端RM
			Y3	变频器高速控制端RH

电动机3速控制线路如图2-14所示。L1、L2、L3为变频器电源输入端，连接三相交流电

源。U、V、W为交流电输出端，连接电动机三相绕组。SD为变频器控制信号公共端，连接PLC输出公共端COM1。STF为正转控制端，连接PLC输出端Y0。RL、RM、RH分别为低、中、高速度选择端，分别连接PLC输出端Y1、Y2、Y3。E为接地端。

二、状态流程图

电动机3速控制状态流程图如图2-15所示。可以看出，该状态流程图由并行流程结构、单流程结构和选择流程结构混合构成。

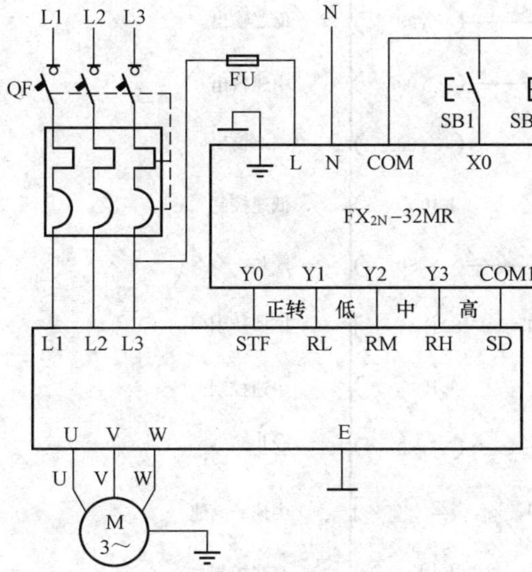

图2-14 电动机3速控制线路

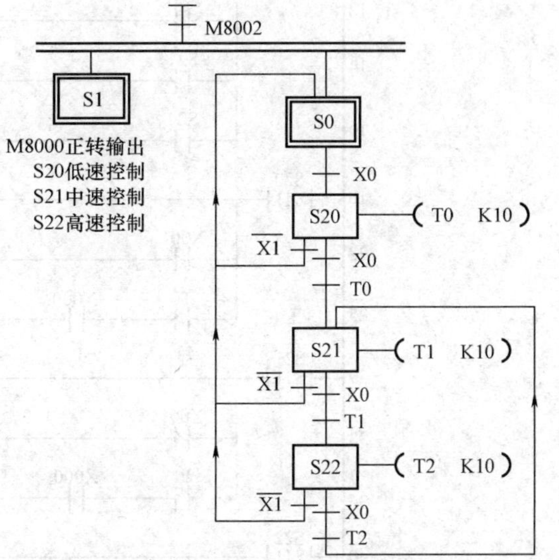

图2-15 电动机3速控制状态流程图

开机时，初始脉冲M8002满足并行结构流程的转移条件，初始状态继电器S0和S1同时为活动状态。S1为设置状态，用M8000触点和S20、S21、S22的普通触点控制正转输出和低速、中速、高速的输出。

S0为单流程结构，S20、S21和S22均为选择流程结构。例如，在S20状态中，当按下启动/调速按钮X0时，转移至S21状态；当按下停止按钮X1时，转移至S0状态。

三、电动机3速控制程序

电动机的3速控制程序梯形图如图2-16所示。

程序工作原理如下：

（1）程序步0，初始脉冲M8002使S0和S1置1，即S0和S1同时为活动状态。

（2）程序步5，当按下启动按钮时，X0触点闭合，程序转移到S20状态（低速）。

（3）程序步9，Y0在M8000触点控制下始终处于通电状态。当S20、S21和S22分别为活动状态时，其动合触点闭合，输出继电器Y1、Y2和Y3分别通电，接通变频器低速、中速和高速控制端。由于S1状态没有转移方向，所以S1始终为活动状态。

（4）程序步18，当按下启动按钮时，X0触点闭合，程序转移到S21状态（中速）；当按下停止按钮时，X1触点闭合，程序转移到S0状态。

（5）程序步29，当按下启动按钮时，X0触点闭合，程序转移到S22状态（高速）；当按下停止按钮时，X1触点闭合，程序转移到S0状态。

（6）程序步40，当按下启动按钮时，X0触点闭合，程序转移到S21状态（中速）；当按下停止按钮时，X1触点闭合，程序转移到S0状态。

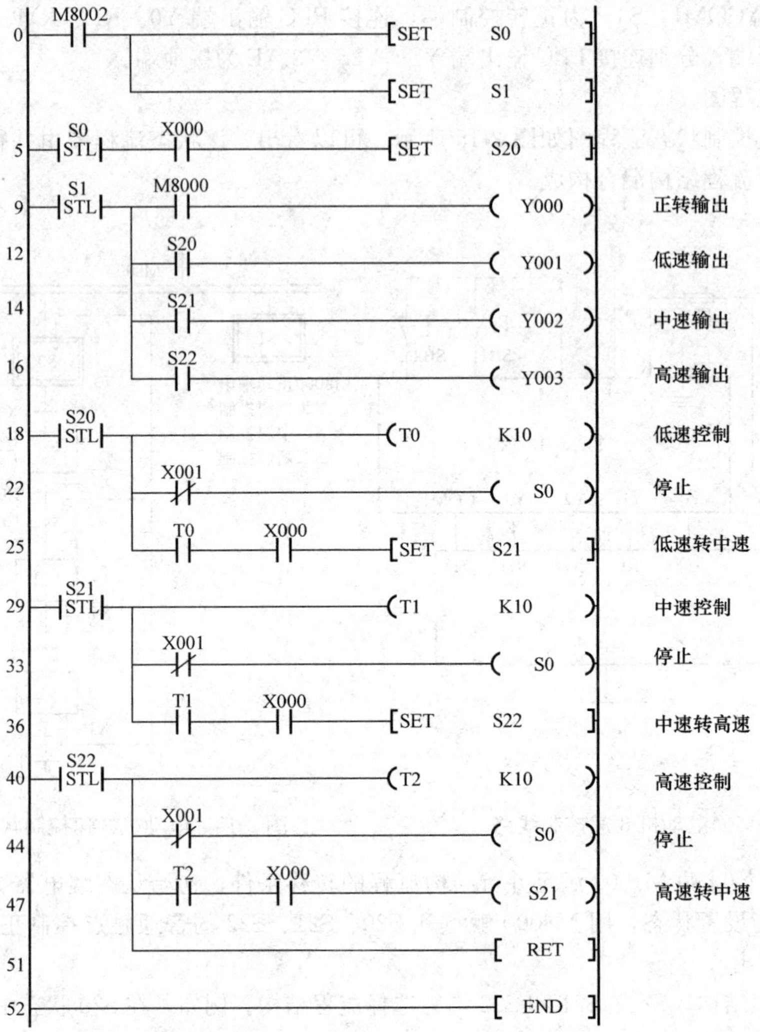

图 2-16　电动机 3 速控制程序梯形图

由于启动按钮 X0 在多个状态中充当转移条件，所以在程序中使用了延时 1s 的定时器 T0、T1 和 T2，从而限制程序不能连续转移。

四、操作步骤

(1) 接通 PLC 电源，使 PLC 处于编程状态。

(2) 将图 2-16 所示的程序下载 PLC。

(3) 用“遥控运行/停止”方式使 PLC 处于程序运行状态。

(4) 进入程序监控状态。

(5) PLC 上输入指示灯 X1 应点亮，PLC 上输出指示灯 Y0 应点亮。

(6) 第 1 次按下启动/调速按钮 X0，变频器低速控制端 Y1 通电；第 2 次按下按钮 X0，变频器中速控制端 Y2 通电；第 3 次按下按钮 X0，变频器高速控制端 Y3 通电；第 4 次按下按钮 X0，变频器中速控制端 Y2 通电。

(7) 无论在何种状态下按下停止按钮，3 速控制端 Y1、Y2、Y3 均断电。

练习题

1. 在图 2-16 所示的电动机 3 速控制程序中，去掉定时器 T0、T1 和 T2 后，还能满足控制要求吗？为什么？

2. 在图 2-16 所示的电动机 3 速控制程序中，步 12、14 和 16 中的 S20、S21 和 S22 是步进触点吗？它们的作用是什么？

模块三　功能指令的应用

PLC的功能指令主要包括数据传送和比较、程序流程控制、算术逻辑运算、编码、外部设备处理等指令，利用PLC的功能指令，可以完成较复杂的控制任务。

任务1　应用数据传送指令编写电动机Y-△启动控制程序

任务引入

只具有接通或断开两种状态的元件称为位元件。常用的位元件有输入继电器X、输出继电器Y、辅助继电器M和状态继电器S。对位元件只能逐个编程，例如，取X0的状态用“LD X0”指令，若要取X0～X7的状态，则需要8条“取”指令语句。如果将多个位元件组合成字元件后，便可以用一条功能指令同时对多个位元件（最多可达32位）进行操作，将大大提高编程效率和程序处理数据的能力。

本任务应用数据传送指令编写三相交流异步电动机Y-△降压启动控制程序，启动/报警指示灯在启动过程中和电动机发生过载时亮。

相关知识

一、字元件

字元件范围如表3-1所示。

表3-1　　字元件范围

符　号	表　示　内　容
T	定时器T的当前值寄存器（16位）
C	计数器C的当前值寄存器（16位或32位）
D	数据寄存器（16位）
V、Z	变址寄存器（16位）
KnX	输入继电器X组合的字元件（4、8、12、16、20、24、28、32位）
KnY	输出继电器Y组合的字元件（4、8、12、16、20、24、28、32位）
KnM	辅助继电器M组合的字元件（4、8、12、16、20、24、28、32位）
knS	状态继电器S组合的字元件（4、8、12、16、20、24、28、32位）

FX系列PLC的字元件有两种，一种是寄存器，如T、C、D、V、Z，另一种是由位元件组合而成的。例如，在输出继电器组合的字元件KnY0中，K表示十进制，n表示组数，n的取值为1～8，每组有4个位元件，Y0是最低位的位元件。KnY0的全部组合及适用指令范围如表3-2所示。

表 3-2 **KnY0 的全部组合及适用指令范围**

指令适用范围		KnY0	包含的位元件 最高位～最低位	位元件个数
n 取值 1～8 适用 32 位指令	n 取值 1～4 适用 16 位指令	K1Y0	Y3～Y0	4
		K2Y0	Y7～Y0	8
		K3Y0	Y13～Y0	12
		K4Y0	Y17～Y0	16
	n 取值 5～8 只 能使用 32 位指令	K5Y0	Y23～Y0	20
		K6Y0	Y27～Y0	24
		K7Y0	Y33～Y0	28
		K8Y0	Y37～Y0	32

组合字元件的最低位可以任选，但为了避免混乱，建议采用以 0 结尾的位元件作为最低位，例如，用 X0、Y10、M50 等作为组合字元件的最低位位元件。

二、数据传送指令 MOV

数据传送指令的助记符、操作数等指令属性如表 3-3 所示。

表 3-3 **传送指令 MOV**

传送指令		操作数	
D（32 位）	FNC12 MOV	S（源）	K、H、KnX、KnY、KnM、knS、T、C、D、V、Z
P（脉冲型）		D（目标）	KnY、KnM、knS、T、C、D、V、Z

功能指令的说明如下：

（1）FX_{2N}系列 PLC 功能指令编号为 FNC0～FNC246，有些功能编号是预留的，实际有 130 个功能指令。

（2）功能指令分为 16 位指令和 32 位指令。功能指令默认是 16 位指令，加上前缀 D 是 32 位指令。

（3）功能指令默认是连续执行方式，即在每一个扫描周期都执行一次。加上后缀 P 表示为脉冲执行方式，即仅在执行条件满足时的第一个扫描周期执行（只执行 1 次）。

（4）多数功能指令有操作数。执行指令后其内容不变的称为源操作数，用 S 表示，如果有多个源操作数，用 S1、S2 等分别表示。被刷新内容的称为目标操作数，用 D 表示，如果有多个目标操作数，用 D1、D2 等分别表示。

（5）数据传送指令 MOV 的功能是将源操作数的数据传送到目标操作数中，也可以传送十进制常数（K）和十六进制常数（H），但不能传送二进制数（B）。

十进制数 K、二进制数 B、十六进制数 H 的对应关系如表 3-4 所示。

表 3-4 **不同进制数码关系表**

十进制数 K	二进制数 B	十六进制数 H	十进制数 K	二进制数 B	十六进制数 H
0	0000	0	9	1001	9
1	0001	1	10	1010	A
2	0010	2	11	1011	B
3	0011	3	12	1100	C
4	0100	4	13	1101	D
5	0101	5	14	1110	E
6	0110	6	15	1111	F
7	0111	7	16	1 0000	10
8	1000	8	17	1 0001	11

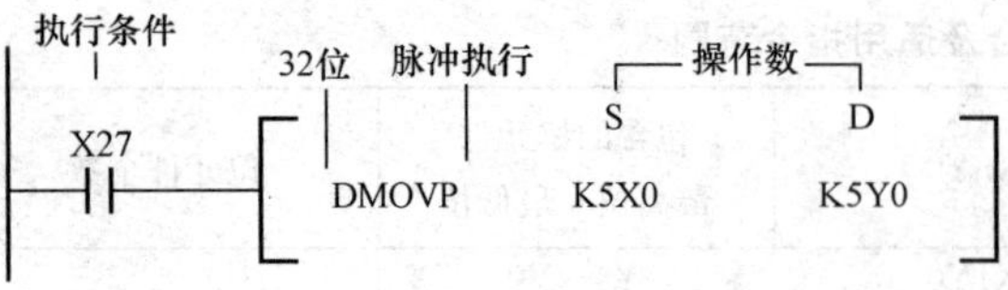

图 3-1 数据传送指令的应用格式

数据传送指令的应用格式如图 3-1 所示。方框内为功能指令，X27 是功能指令执行的条件，当 X27 触点断开时，不执行功能指令；当 X27 触点闭合时，执行 32 位脉冲数据传送指令，字元件 K5X0 的数据传送到 K5Y0，即用 X0～X23 的状态控制 Y0～Y23 的状态。

【例 3-1】 设有 8 盏指示灯，控制要求是：按下 X0 按钮，全部灯亮；按下 X1 按钮，奇数灯亮；按下 X2 按钮，偶数灯亮；按下 X3 按钮，全部灯灭。试设计控制线路和用数据传送指令编写程序。

解 控制线路如图 3-2 所示。

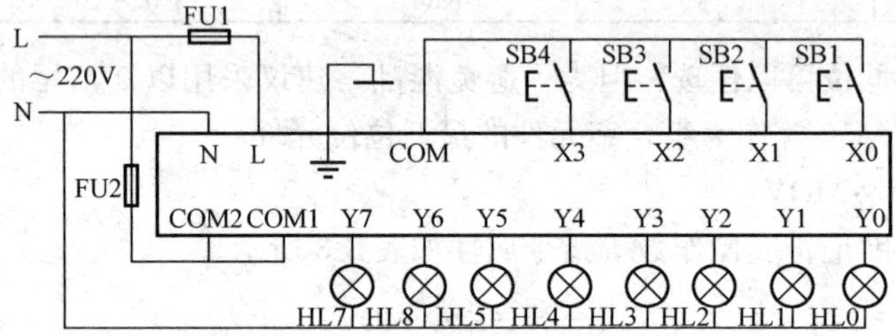

图 3-2 ［例 3-1］控制线路

根据控制要求列出控制关系如表 3-5 所示。表格中“¤”表示灯亮，相应控制数据为二进制数码“1”；空格表示灯灭，相应控制数据为二进制数码“0”。例如，在表格第一行中，当 X0 接通时，全部灯亮，其二进制数据为“1111 1111”，转换为十六进制数据为“H0FF”，转换为十进制数据为“K255”。可见，当二进制数据超过 4 位时，将二进制数据转换为十六进制数据更方便。

表 3-5 **［例 3-1］控制关系表**

输入端口	输出字元件 K2Y0								控制数据
	Y7	Y6	Y5	Y4	Y3	Y2	Y1	Y0	
X0	¤	¤	¤	¤	¤	¤	¤	¤	H0FF
X1	¤		¤		¤		¤		H0AA
X2		¤		¤		¤		¤	H55
X3									H0

［例 3-1］的 PLC 控制程序如图 3-3 所示。因灯灭的优先权高于灯亮，所以灭灯指令使用连续执行方式，亮灯指令使用脉冲执行方式。

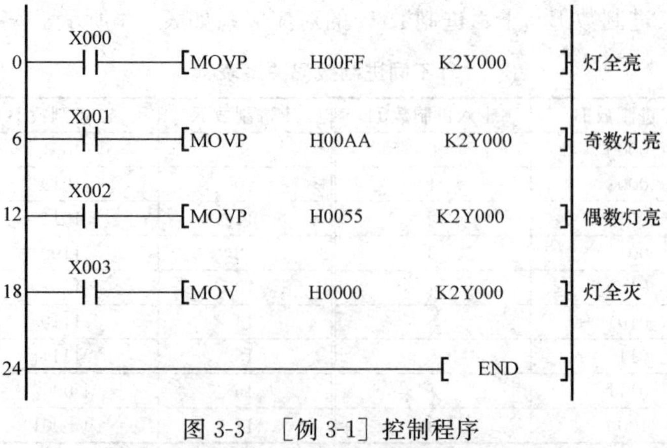

图 3-3 ［例 3-1］控制程序

任务实施

一、电动机Y-△降压启动控制线路

PLC 输入/输出端口分配如表 3-6 所示。

表 3-6 PLC 输入/输出端口分配

输入端口			输出端口		
输入继电器	输入器件	作用	输出继电器	输出器件	作用
X0	KH 动断触点	过载保护	Y0	指示灯 HL	启动/报警
X1	SB2 动断触点	停止按钮	Y1	接触器 KM1	接通电源
X2	SB1 动合触点	启动按钮	Y2	接触器 KM2	Y形启动
			Y3	接触器 KM3	△形运转

电动机 Y-△降压启动控制线路如图 3-4 所示。

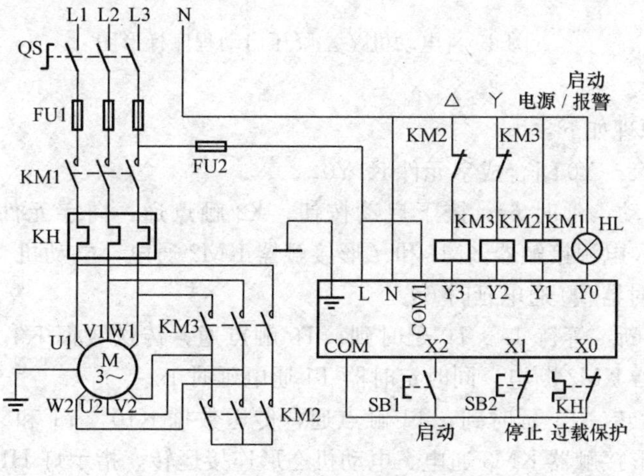

图 3-4 电动机 Y-△降压启动控制线路

二、程序控制数据

电动机 Y-△降压启动过程和控制数据如表 3-7 所示。

表 3-7 电动机Y-△降压启动过程和控制数据

操作元件	工作状态	输入端口	输出端口/负载				控制数据
			Y3/KM3	Y2/KM2	Y1/KM1	Y0/HL	
SB1	Y形启动 T0 延时 6s	X2	0	1	1	1	K7
	T0 延时到 T1 延时 1s		0	0	1	1	K3
	T1 延时到 △形运转		1	0	1	0	K10
SB2	停止	X1	0	0	0	0	K0
KH	过载保护	X0	0	0	0	1	K1

三、电动机Y-△降压启动控制程序

根据电动机的控制要求，结合 PLC 输入/输出端口分配表 3-7，电动机 Y-△降压启动控制程序梯形图如图 3-5 所示。

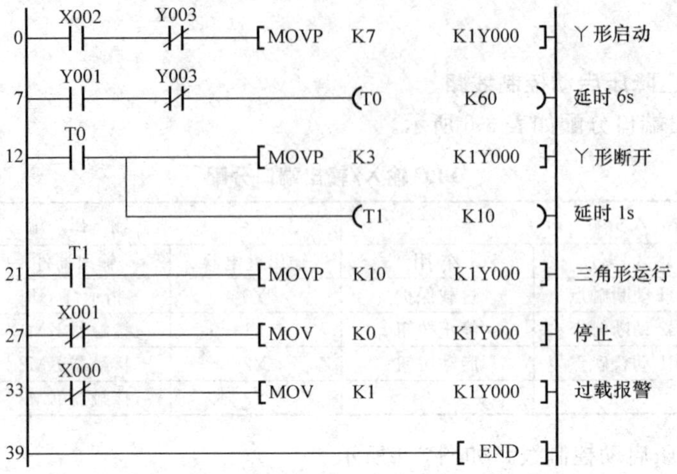

图 3-5 电动机 Y-△降压启动程序梯形图

程序工作原理如下：

将输出继电器 Y3～Y0 组合成字元件 K1Y0。

（1）Y形连接启动，延时 6s。按下启动按钮，X2 触点通，向字元件 K1Y0 传送数据 K7，Y2、Y1 和 Y0 接通。电源接触器 KM1 和 Y形接触器 KM2 通电，电动机 Y形启动。指示灯 HL 亮。Y1 触点通使定时器 T0 通电延时 6s。

（2）Y形连接分断，等待 1s。T0 延时到，T0 触点通，传送数据 K3，Y1 和 Y0 保持接通。Y2 断电，Y形接触器 KM2 断电。同时定时器 T1 通电延时 1s。

（3）△形连接运转。T1 延时到，T1 触点通，传送数据 K10，Y1 和 Y3 接通，电源接触器 KM1 保持通电，△形接触器 KM3 通电，电动机△形连接运转。指示灯 HL 灭。

（4）停止。按下停止按钮，X1 触点通，传送数据 K0，Y0～Y3 全部断开，电动机断电停止。

（5）过载保护。当发生过载时，热继电器动断触点分断，X0 动断触点闭合，传送数据 K1，Y3、Y2 和 Y1 断开，电动机断电停机。Y0 通电，指示灯 HL 亮，报警。

四、操作步骤

（1）按图 3-4 所示连接三相交流电动机 Y-△降压启动控制线路。

（2）接通 PLC 电源，使 PLC 处于编程状态。

（3）将图 3-5 所示的程序下载 PLC。

（4）用“遥控运行/停止”方式使 PLC 处于程序运行状态。

（5）进入程序监控状态。

（6）PLC 上输入指示灯 X0 应点亮，表示热继电器 KH 工作状态正常。

（7）PLC 上输入指示灯 X1 应点亮，表示停止按钮连接正常。

（8）按下启动按钮 SB1，交流电动机 Y形降压启动。6s 后，Y形接触器断电。延时 1s 后，△形接触器通电运转。在启动过程中，指示灯 HL 亮。

（9）按下停止按钮 SB2，电动机断电停止。

（10）过载保护。在电动机运转中，断开热继电器动断触点与 X0 的连线，模拟过载现象，则电动机停止，指示灯 HL 亮，报警。

练习题

1. 什么是位元件？什么是字元件？

2. 说明下列字元件分别是由哪些位元件组合？各是多少位数据？

K1X0　　　　K2M10　　　　K8M0

K4S0　　　　K2Y0　　　　K3X10

3. 执行指令语句“MOV K5 K1Y0”后，Y3～Y0 的位状态是什么？

4. 设有 32 盏指示灯，控制要求是：当 X0 接通时，全部灯亮；当 X1 接通时，1～16 盏灯亮；当 X2 接通时，17～32 盏灯亮；当 X3 接通时，全部灯灭。试用数据传送指令编写控制程序。

任务 2　应用跳转指令编写手动/自动选择控制程序

任务引入

跳转指令可用来选择执行指定的程序段，跳过暂时不需要执行的程序段，应用跳转指令的程序结构如图 3-6 所示。X3 是手动/自动选择开关，当 X3 未接通时，执行手动程序段，跳过自动程序段；当 X3 接通时，跳过手动程序段，执行自动程序段。

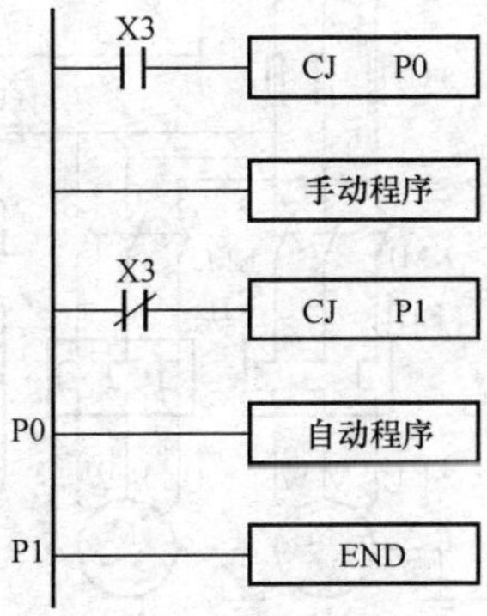

图 3-6　应用跳转指令的程序结构

相关知识

条件跳转指令的助记符、操作数等指令属性如表 3-8 所示。

表 3-8　　跳转指令 CJ

条件跳转指令		操作数	程序步
P	FNC0 CJ	标号 P0～P127 P63 表示跳到 END	CJ　3 步 标号 P　1 步

1. 标号 P 的说明

(1) FX_{2N}系列 PLC 的标号 P 有 128 点（P0～P127），用于分支和跳转程序。

(2) 标号 P 放置在左母线的左边，一个标号只能出现一次。

2. 跳转指令 CJ 的说明

(1) 如果跳转条件满足，则执行跳转指令，程序跳到以标号 P 为入口的程序段中执行。否则不执行跳转指令，按顺序执行下一条指令。

(2) 多个跳转指令可以使用同一个标号。

(3) 如果用 M8000 作为控制跳转的条件，CJ 则变成无条件跳转指令。

任务实施

一、电动机手动/自动选择控制线路

控制要求如下：某台设备具有手动/自动两种操作方式，分别用于试生产和正式生产。SB3 是操作方式选择开关，当 SB3 处于断开状态时，选择手动操作方式；当 SB3 处于接通状态时，

选择自动操作方式，不同操作方式的进程如下：

（1）手动操作方式。按操作按钮 SB1，电动机 M1 点动运转。按操作按钮 SB2，电动机 M2 点动运转。

（2）自动操作方式。按操作按钮 SB1，电动机 M1 运转，运转 10s 后，电动机 M2 自动运转。按操作按钮 SB2，两台电动机同时停止。

PLC 输入/输出端口分配如表 3-9 所示。

表 3-9　　PLC 输入/输出端口分配

输　入　端　口				输 出 端 口	
输入继电器	输入元件	手动方式	自动方式	输出继电器	输出元件
X0	KH	过载保护	过载保护	Y0	交流接触器 KM1
X1	SB1	点动按钮	启动按钮	Y1	交流接触器 KM2
X2	SB2	点动按钮	停止按钮		
X3	SB3	手动/自动选择开关			

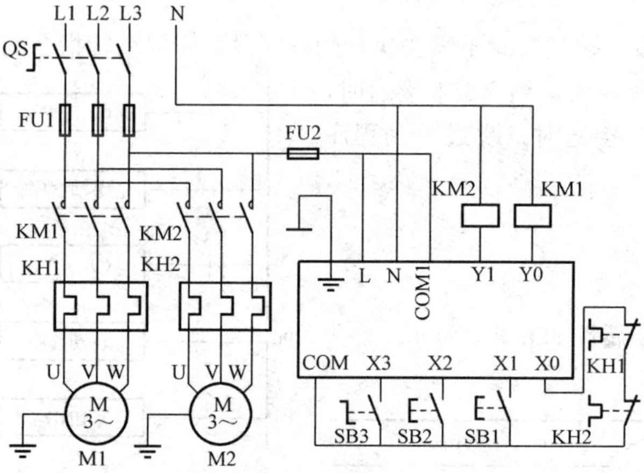

图 3-7　电动机手动/自动选择控制线路

电动机手动/自动选择控制线路如图 3-7 所示。

二、电动机手动/自动选择控制程序

根据电动机的控制要求，结合 PLC 输入/输出端口分配表 3-9，电动机手动/自动选择控制程序梯形图如图 3-8 所示。

程序工作原理如下：

（1）手动工作方式。当 SB3 处于断开状态时，X3 动合触点断开，不执行"CJ P0"指令语句，而顺序执行程序步 4～9 的手动程序段。此时，因 X3 动断触点闭合，执行"CJ P1"指令语句，跳过自动程序段到结束指令语句。

（2）自动工作方式。当 SB3 处于接通状态时，X3 动合触点闭合，执行"CJ P0"指令语句，

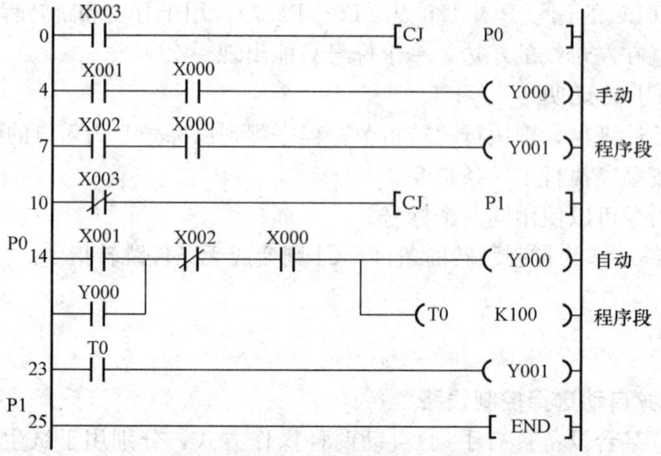

图 3-8　电动机手动/自动选择控制程序梯形图

跳过手动程序段，执行步 14～24 的自动程序段，然后执行结束指令语句。

三、操作步骤

（1）按图 3-7 所示连接三相交流电动机手动/自动选择控制线路。

（2）接通 PLC 电源，使 PLC 处于编程状态。

（3）将图 3-8 所示的程序下载 PLC。

（4）用“遥控运行/停止”方式使 PLC 处于程序运行状态。

（5）进入程序监控状态。

（6）PLC 上输入指示灯 X0 应点亮，表示热继电器 KH 工作状态正常。

（7）选择手动工作方式，断开 SB3，输入指示灯 X3 熄灭。按操作按钮 SB1，电动机 M1 点动运转；按操作按钮 SB2，电动机 M2 点动运转。

（8）选择自动工作方式，接通 SB3，输入指示灯 X3 亮。按操作按钮 SB1，电动机 M1 运转，运转 10s 后，电动机 M2 自动运转。按操作按钮 SB2，两台电动机同时停止。

练习题

1. 在跳转指令中，同一个标号可以出现多次吗？
2. 多个跳转指令可以使用同一个标号吗？
3. 在图 3-8 所示程序中，Y0、Y1 属于“双线圈”吗？

任务 3　应用乘除运算指令编写流水灯光控制程序

任务引入

移位控制常用于多负载的周期性顺序控制场合，如流水灯光，多台电动机顺序启动或停止等。虽然 PLC 也有移位指令，但用乘除指令来编写移位控制程序更为简单实用。本任务的移位控制要求如下：某灯光招牌有 8 盏灯（HL0～HL7）接于输出端 K2Y0，当按下启动按钮时，灯光以正序每隔 1s 轮流点亮，然后以反序每隔 1s 轮流点亮，反复循环。当按下停止按钮时，灯光熄灭。

相关知识

一、数据寄存器 D、V、Z

数据寄存器是存储二进制数值的元件。FX$_{2N}$系列数据寄存器元件编号与功能如表 3-10 所示。

表 3-10　　数据寄存器 D、V、Z 元件编号与功能

通用 （可用程序变更）	停电保持用 （可用程序变更）	停电保持专用 （不可变更）	特殊用	变址用 （不可变更）
D0～D199 共 200 点	D200～D511 共 312 点	D512～D7999 共 7488 点	D8000～D8195 共 106 点	V7～V0、Z7～Z0 共 16 点

对数据寄存器的说明如下：

（1）一般用数据寄存器在 PLC 断电或在状态 RUN→STOP 时复位清 0，断电保持用数据寄存器则数据保持不变。

(2) 一般用数据寄存器和停电保持用数据寄存器可以通过程序变更属性。

(3) 特殊用途的数据寄存器是指写入特定目的的数据，或已事先写入特定内容的数据寄存器，其内容在电源接通时被置为初始值。

(4) FX 系列 PLC 的数据寄存器都是 16 位（最高位为符号位，0 表示正数，1 表示负数），所能表示有符号数的范围为十进制－32 768～32 767，所能表示十六进制数的范围为 H0～H0 FFFF。

两个元件编号相邻的数据寄存器可以组合为 32 位（最高位为符号位）。在指令中确定低位元件编号后，高位元件编号的数据寄存器自动被占用。通常低位数据寄存器用偶数地址编号，如图 3-9 所示。

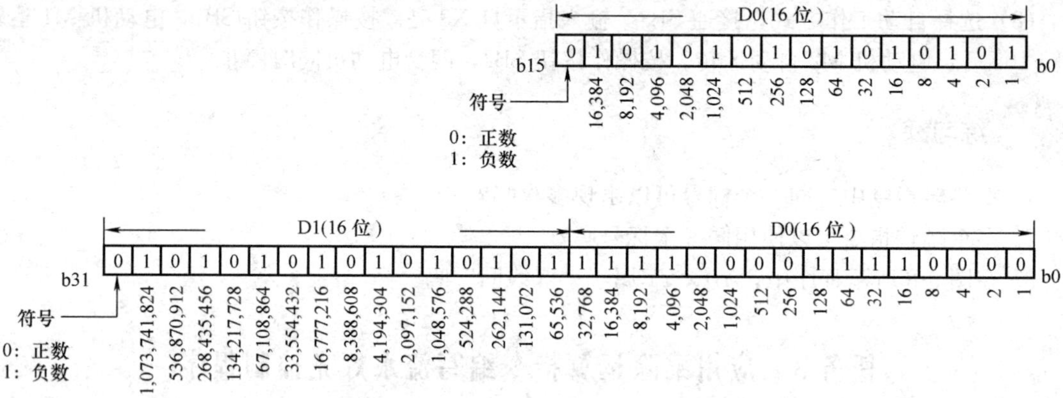

图 3-9 16 位与 32 位数据寄存器结构

32 位数据寄存器所能表示有符号数的范围为十进制－2 147 483 648～ 2 147 483 647，所能表示十六进制数的范围为 H0～H0 FFFF FFFF。

(5) V、Z 寄存器具有变址功能，即地址＝元件编号＋V 或 Z 的值。例如

（V0、Z0 ＝ 5 时） D100V0 ＝ D105 C20Z0 ＝ C25

在 32 位变址寄存器中，Vn 为高 16 位，Zn 为低 16 位。

二、加法指令 ADD

加法指令的助记符、操作数等指令属性如表 3-11 所示。

表 3-11 加法指令 ADD

加法指令		操作数	
D	FNC20 ADD	S1、S2	K、H、KnX、KnY、KnM、knS、T、C、D、V、Z
P		D	KnY、KnM、knS、T、C、D、V、Z

算术运算指令的说明如下：

(1) 加、减、乘、除运算都是代数运算，若算术运算结果为 0，则零标志位 M8020 ＝ 1。例如，两个数（非 0 数）相加运算时，零标志位 M8020 ＝ 1，可判断这两个数是相反数。

(2) 加法指令可以进行 32 位运算。例如，指令语句“DADD D0 D10 D20”的操作数构成如图 3-10 所示。被加数由 D1、D0 构成，加数由 D11、D10 构成，代数和由 D21、D20 构成。

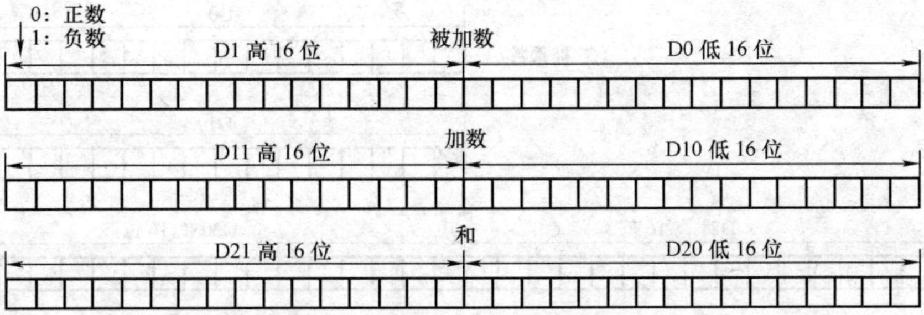

图 3-10　32 位加法指令操作数的构成

（3）算术运算指令的结果可以直接控制字元件。程序如图 3-11 所示，如果 X0 触点闭合，加法运算结果（3＋7 ＝ 10）控制字元件 K1Y0 的状态，使输出继电器 Y3、Y2、Y1、Y0 的二进制状态为 1010。

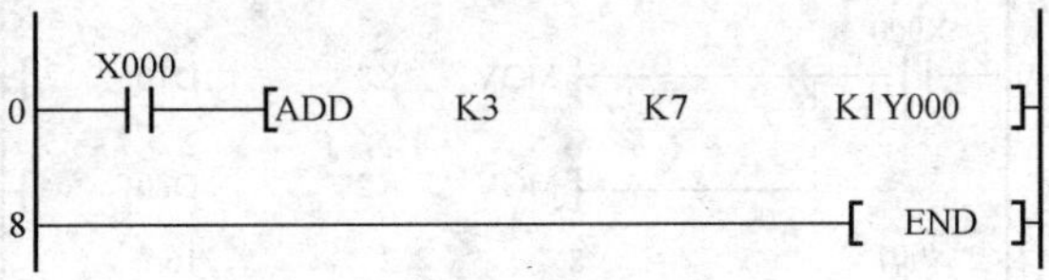

图 3-11　加法指令 ADD 的举例

三、减法指令 SUB

减法指令的助记符、操作数等指令属性如表 3-12 所示。

表 3-12　减法指令 SUB

减法指令		操作数	
D	FNC21	S1、S2	K、H、KnX、KnY、KnM、knS、T、C、D、V、Z
P	SUB	D	KnY、KnM、knS、T、C、D、V、Z

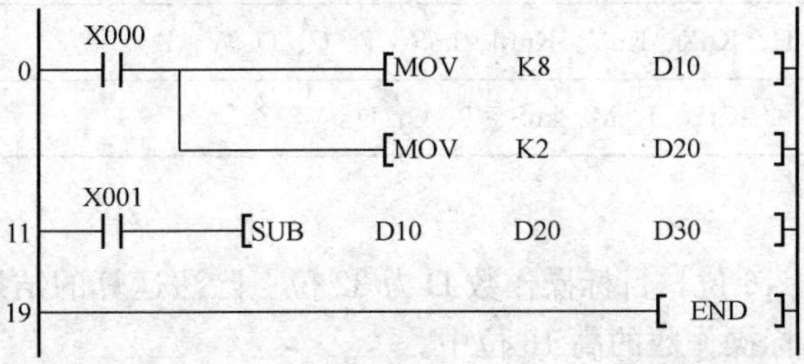

图 3-12　减法指令 SUB 的举例

若两个数相减结果为 0 时，则零标志位 M8020 ＝ 1，可用来判断这两个数相等。

两个数据寄存器作减法运算的程序如图 3-12 所示。如果 X0 触点闭合，执行数据传送指令。如果 X1 触点闭合，执行减法指令，减法运算的结果差（8－2 ＝ 6）存储在 D30。

四、乘法指令 MUL

乘法指令的助记符、操作数等指令属性如表 3-13 所示。

表 3-13　乘法指令 MUL

乘法指令		操作数	
D	FNC22	S1、S2	K、H、KnX、KnY、KnM、knS、T、C、D、V、Z
P	MUL	D	KnY、KnM、knS、T、C、D、V、Z

乘法指令 MUL 的说明如下：

（1）16 位数乘法运算。源操作数 S1、S2 是 16 位，目标操作数 D 则为 32 位。

例如乘法指令语句“MUL D0 D10 D20”，被乘数存储在 D0，乘数存储在 D10，积则存储在由 D21、D20 构成的 32 位存储器中。操作数构成如图 3-13 所示。

乘法指令 MUL 的举例如图 3-14 所示。如果 X0 触点闭合，执行数据传送指令。如果 X1 触点闭合，执行乘法指令，乘法运算的结果（8×2 ＝ 16）存储在 D31、D30 目标操作数中。其中

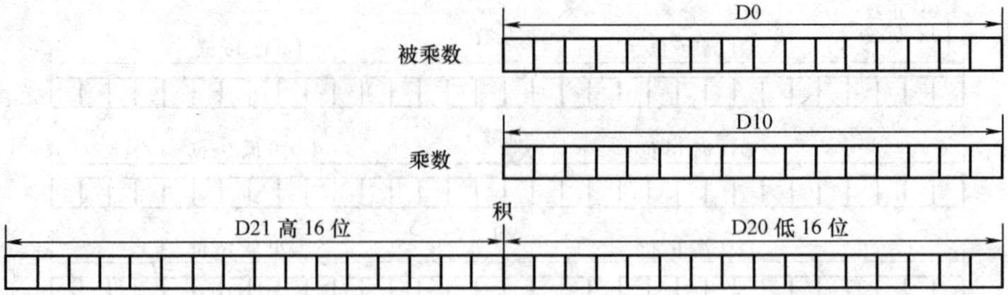

图 3-13　16 位乘法的积为 32 位

D31 存储的数值为 0，D30 存储的数值为 16。

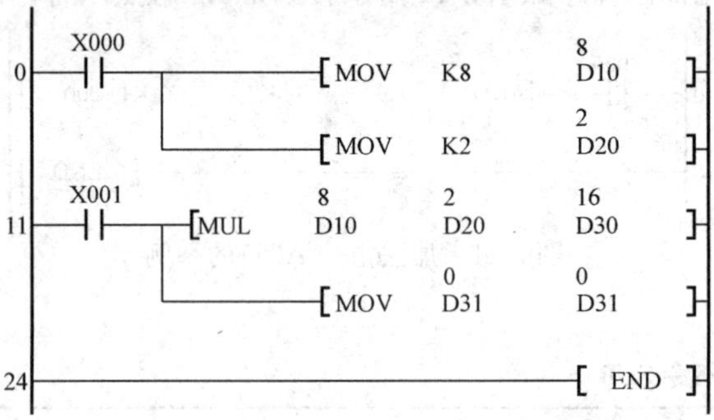

图 3-14　乘法指令 MUL 的举例

（2）32 位数乘法运算。源操作数 S1、S2 是 32 位，运算结果的积则为 64 位。

（3）整数乘法运算使数据向左移位。数据乘以 2，左移 1 位；数据乘以 4，左移 2 位；数据乘以 8，左移 3 位；数据乘以 16，左移 4 位。

五、除法指令 DIV

除法指令的助记符、操作数等指令属性如表 3-14 所示。

表 3-14　　**除法指令 DIV**

除法指令		操　作　数	
D	FNC23 DIV	S1、S2	K、H、KnX、KnY、KnM、knS、T、C、D、V、Z
P		D	KnY、KnM、knS、T、C、D、V、Z

除法指令 DIV 的说明如下：

（1）16 位数除法运算。源操作数 S1、S2 是 16 位，目标操作数 D 为 32 位。除法运算的结果商存储在目标操作数的低 16 位，余数存储在目标操作数的高 16 位中。

例如，除法指令语句“DIV D0 D10 D20”，被除数存储在 D0，除数存储在 D10，商存储在 D20，余数存储在 D21。操作数的构成如图 3-15 所示。

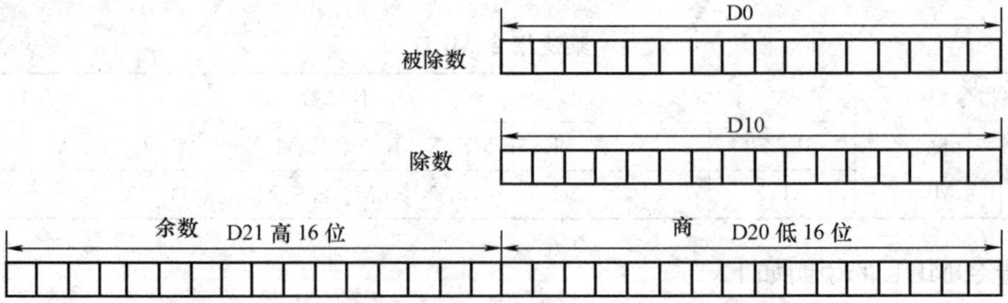

图 3-15　16 位除法的商和余数构成 32 位目标操作数

除法指令 DIV 的举例如图 3-16 所示。如果 X0 触点闭合，执行数据传送指令。如果 X1 触点闭合，执行除法指令。除法运算结果的商 7 存储在 D30，余数 1 存储在 D31。可以看出，数据除 2 后根据余数为 1 或为 0 可判断数据的奇偶性。

（2）32 位数除法运算。源操作数 S1、S2 是 32 位，目标操作数则为 64 位。除法运算的结果商存储在目标操作数的低 32 位，余数存储在目标操作数的高 32 位。

（3）整数除法运算使数据向右移位。数据除以 2，右移 1 位；数据除以 4，右移 2 位；数据除以 8，右移 3 位；数据除以 16，右移 4 位。

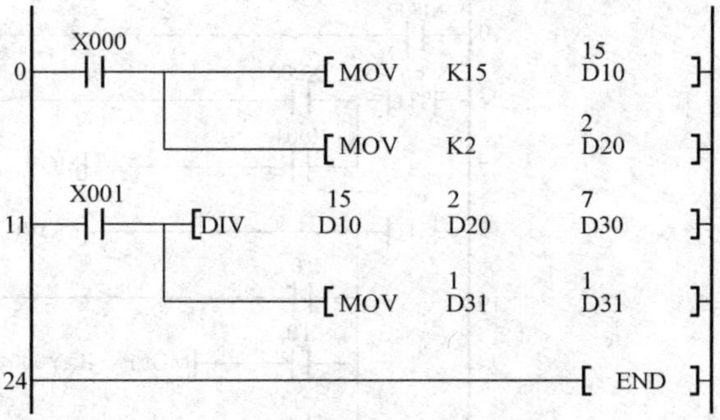

图 3-16 除法指令 DIV 的举例

任务实施

一、流水灯光控制线路

PLC 输入/输出端口分配如表 3-15 所示。

表 3-15 PLC 输入/输出端口分配

输入端口			输出端口	
输入继电器	输入元件	作用	输出继电器	输出元件
X0	SB1	启动按钮	Y7～Y0	HL7～HL0
X1	SB2	停止按钮		

流水灯光控制线路如图 3-17 所示。

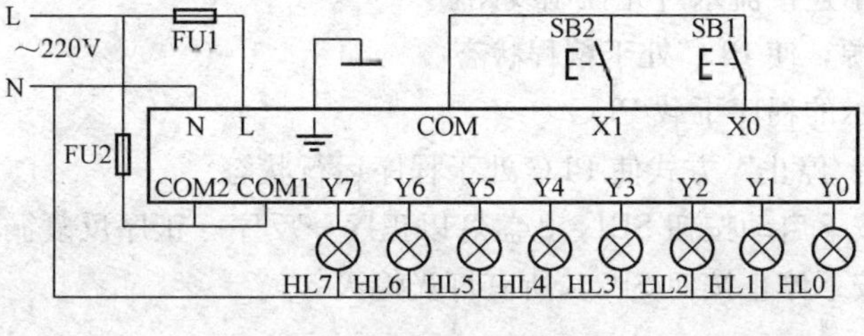

图 3-17 流水灯光控制线路

二、流水灯光控制程序

根据流水灯光控制要求，结合 PLC 输入/输出端口分配表 3-15，流水灯光控制程序梯形图如图 3-18 所示。

程序工作原理如下：

开机自动进入初始状态 S0，按下启动按钮 SB1，X0 动合触点闭合，程序转移至 S21 状态。

（1）灯光正序轮流点亮。在 S21 状态，先传送常数 1 到 K2Y0，第 1 盏灯亮。然后在秒脉冲作用下，K2Y0 作乘以 2 运算，数据向左移位，第 1～7 盏灯以正序轮流点亮。当 Y7 为 1 时，程序转移至 S22 状态。

（2）灯光反序轮流点亮。在 S22 状态，第 8 盏灯亮。然后在秒脉冲作用下，K2Y0 作除以 2 运算，数据向右移位，第 8～2 盏灯以反序轮流点亮。当 Y0 为 1 时，程序转移至 S21 状态，反复循环。

（3）停止。按下停止按钮 SB2，X1 动合触点闭合，程序转移至 S0 状态，K2Y0 清零，灯光熄灭。

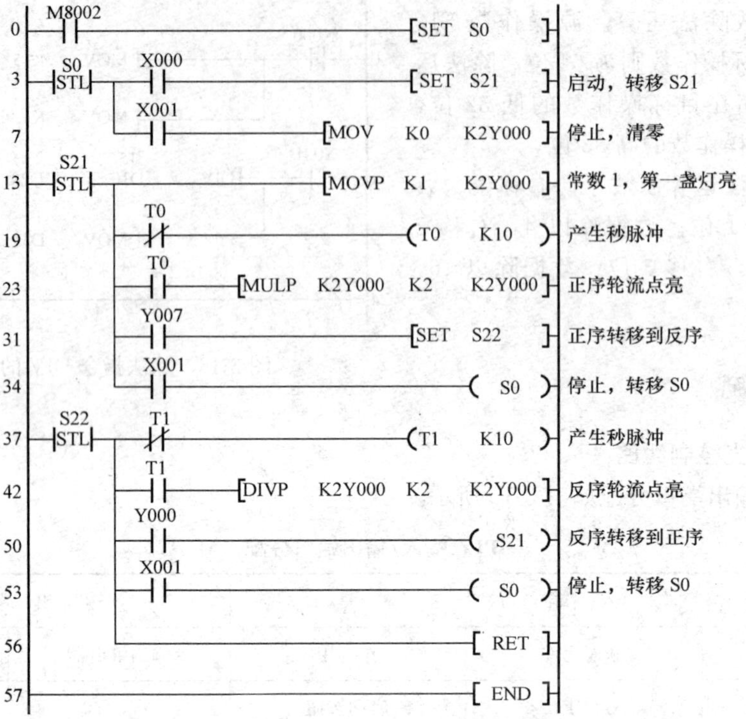

图3-18　流水灯光控制程序梯形图

三、操作步骤

（1）按图3-17所示连接流水灯光控制线路。

（2）接通PLC电源，使PLC处于编程状态。

（3）将图3-18所示的程序下载PLC。

（4）用“遥控运行/停止”方式使PLC处于程序运行状态。

（5）灯光点亮。按下启动按钮SB1，8盏灯以正序→反序→正序反复循环点亮。

（6）灯光熄灭。按下停止按钮SB2，所有灯光熄灭。

练习题

1. 设(V2)＝10，(Z1)＝25，则下列式子各表示什么字元件？

K80V2　　K20Z1　　D8V2　　K1X0V2

2. 设计一个程序，将K85传送到D0，K23传送到D10，并完成以下操作。

（1）求D0与D10的和，结果送到D20存储。

（2）求D0与D10的差，结果送到D30存储。

（3）求D0与D10的积，结果送到D40、D41存储。

（4）求D0与D10的商和余数，结果送到D50、D51存储。

3. 作500×20＋300÷15的运算，并将结果送D100存储。

4. 试设计判断数据奇、偶性的程序。设数据由K1X0构成，如果数据是偶数，则输出Y0状态ON；如果数据是奇数，则Y0状态OFF。

5. 试设计判断两个数据是否相等的程序。设两个数据分别由K1X0、K1X4构成，如果数据相等，则输出Y0状态ON；如果数据不相等，则Y0状态OFF。

任务4 应用加1/减1运算指令编写功率调节控制程序

任务引入

加1/减1指令常用于程序中的单步控制。例如，某加热器的功率调节有7个挡位，分别是0.5kW、1kW、1.5kW、2kW、2.5kW、3kW和3.5kW。每按一次功率增加按钮SB2，功率上升1挡；每按一次功率减少按钮SB3，功率下降1挡；按停止按钮SB1，停止加热。

相关知识

加1/减1指令的助记符、操作数等指令属性如表3-16所示。

表3-16 加1指令INC、减1指令DEC

指令		操作数	
D P	加1指令 FNC24 INC 减1指令 FNC25 DEC	D	KnY、KnM、knS、T、C、D、V、Z

加1/减1指令的说明如下：

(1) INC和DEC指令的执行结果不影响零标志位M8020。

(2) 通常INC和DEC指令要使用脉冲执行方式。

任务实施

一、功率调节控制线路

PLC输入/输出端口分配如表3-17所示。

表3-17 PLC输入/输出端口分配表

输入端口			输出端口	
输入继电器	输入元件	作用	输出继电器	接触器、电热元件
X0	SB1	停止加热	Y0	KM1、R1/0.5kW
X1	SB2	功率增加	Y1	KM2、R2/1kW
X2	SB3	功率减少	Y2	KM3、R3/2kW

功率调节控制线路如图3-19所示。由于负载电流较大，每个接触器的3个主触头要并联使用。

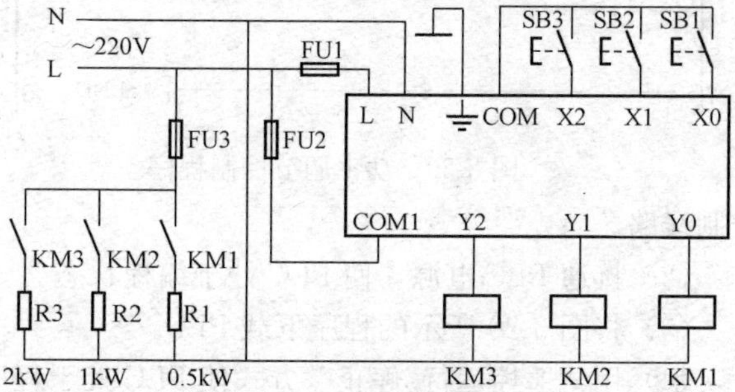

图3-19 功率调节控制线路

二、功率调节工序

功率调节工序如表3-18所示，每按一次功率增加按钮SB2，字元件K1M0的数值增加1，相应功率增加1挡；每按一次功率减少按钮SB3，字元件K1M0的数值减少1，相应功率减少1挡。

表 3-18　功率调节工序

输出功率（kW）	字元件 K1M0				按 SB2/SB3
	M3	M2	M1	M0	
0	0	0	0	0	0
0.5	0	0	0	1	1
1	0	0	1	0	2
1.5	0	0	1	1	3
2	0	1	0	0	4
2.5	0	1	0	1	5
3	0	1	1	0	6
3.5	0	1	1	1	7

三、功率调节控制程序

功率调节控制程序如图 3-20 所示。

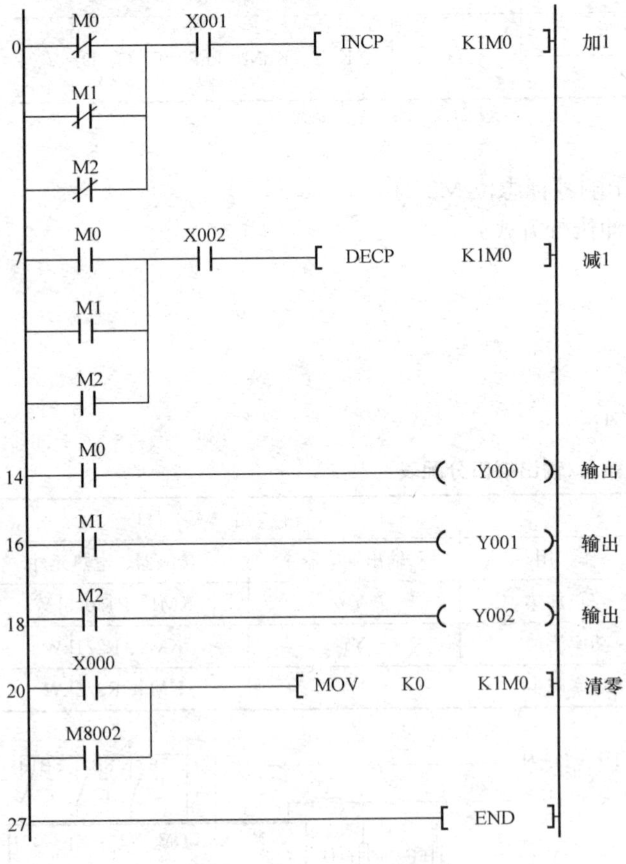

图 3-20　功率调节控制程序

程序工作原理如下：

程序运转后，由于字元件 K1M0＝0，所以 Y2～Y0 无输出。

当每次按下功率增加按钮 SB2 时，X1 动合触点闭合，K1M0 数据加 1，M2～M0 的动合触点对应控制 Y2～Y0 通断电。当达到最大功率时，M2、M1、M0 的状态为 111，M2、M1、M0 的动断触点断开，即使再按下 SB2，功率仍为最大值。

当每次按下功率减少按钮 SB3 时，X2 动合触点闭合，K1M0 数据减 1，M2～M0 的动合触点对应控制 Y2～Y0 通断电。当输出功率为零时，M2、M1、M0 的状态为 000，M2、M1、M0 的动合触点断开，即使再按下 SB3，功率仍为零。

当按下停止按钮 SB1 时，X0 动合触点闭合，K1M0 清零，Y2～Y0 无功率输出。

四、操作步骤

（1）按图 3-19 所示连接功率调节控制线路。

（2）接通 PLC 电源，使 PLC 处于编程状态。

（3）将图 3-20 所示的程序下载 PLC。

（4）用“遥控运行/停止”方式使 PLC 处于程序运行状态。

（5）进入程序监控状态。

(6) 每按一次功率增加按钮 SB2，功率增加 0.5kW；每按一次功率减少按钮 SB3，功率减少 0.5kW；随时按停止按钮 SB1，则停止加热。

练习题

1. 分析图 3-20 所示功率调节控制程序。在程序步 0 行，若无 M2、M1、M0 动断触点的联锁，在输出最大功率情况下，继续按下功率增加按钮 SB2，会出现什么结果？

2. 设计一个寄存器数值随时间变化的程序。D0 的初始值是零，每秒钟 D0 的数值增加 1；D10的初始值是 K1000，每秒钟 D10 的数值减少 1。

任务 5　应用字逻辑运算指令编写数据位控制程序

任务引入

在由多个负载组成的输出字元件中，常常需要对某些负载的通电状态进行特殊控制。例如，某灯光控制器要求用输入继电器 K2X0 控制输出继电器 K2Y0。控制要求为：按下按钮 SB1 时，K2Y0 的状态与 K2X0 相同；按下按钮 SB2 时，K2Y0 呈现 K2X0 的反码状态；按下按钮 SB3 时，虽然仍用 K2X0 控制 K2Y0，但 K2Y0 的高 3 位恒为 0；按下按钮 SB4 时，虽然仍用 K2X0 控制 K2Y0，但 K2Y0 的高 3 位恒为 1；按下按钮 SB5 时，K2Y0 输出为 0。上述控制可用字逻辑运算指令编写的程序实现。

任务 5

相关知识

字逻辑运算指令的助记符、操作数等指令属性如表 3-19 所示。

表 3-19　与指令 WAND、或指令 WOR、非指令 CML

字逻辑运算指令		操作数	
D P	字与指令 FNC26 WAND	S1、S2	K、H、KnX、KnY、KnM、knS、T、C、D、V、Z
		D	KnY、KnM、knS、T、C、D、V、Z
	字或指令 FNC27 WOR	S1、S2	K、H、KnX、KnY、KnM、knS、T、C、D、V、Z
		D	KnY、KnM、knS、T、C、D、V、Z
	取反传送指令 FNC14 CML	S	K、H、KnX、KnY、KnM、knS、T、C、D、V、Z
		D	KnY、KnM、knS、T、C、D、V、Z

字逻辑运算指令的说明如下：

(1) WAND 指令的功能是将两个源操作数的数据，进行二进制按位相“与”，并将运算结果存入目标操作数。

逻辑“与”即逻辑乘，位运算过程如图 3-21 所示。设字元件 K2X0 的数据为 H0AA，与十六进制常数 H1F 相“与”后，传送到字元件 K2Y0 的结果为 H0A。K2Y0 与 K2X0 低 5

	X7	X6	X5	X4	X3	X2	X1	X0
K2X0	1	0	1	0	1	0	1	0
H1F	0	0	0	1	1	1	1	1
与运算								
K2Y0	0	0	0	0	1	0	1	0

图 3-21　字“与”指令的位运算过程

位的状态完全相同，K2Y0的高3位恒为0。由此可得出结论：某位状态与1相“与”，状态不变；与0相“与”，状态为0。

（2）WOR指令的功能是将两个源操作数的数据，进行二进制按位相“或”，并将运算结果存入目标操作数。

逻辑或即逻辑加，位运算过程如图3-22所示。设字元件K2X0的数据为H0AA，与十六进制常数H0E0相“或”后，送到字元件K2Y0的结果为H0EA。K2Y0与K2X0低5位的状态完全相同，K2Y0的高3位恒为1。由此可得出结论：某位状态与0相“或”，状态不变；与1相“或”，状态为1。

（3）CML指令的功能是将源操作数S的数据，进行二进制按位取反，并将运算结果存入目标操作数D，即逻辑“非”运算。例如，设字元件K2X0的数据为H0AA，执行取反指令语句“CML K2X0 K2Y0”后，送入字元件K2Y0的结果为H55，正是字元件K2X0的反码。位运算过程如图3-23所示。

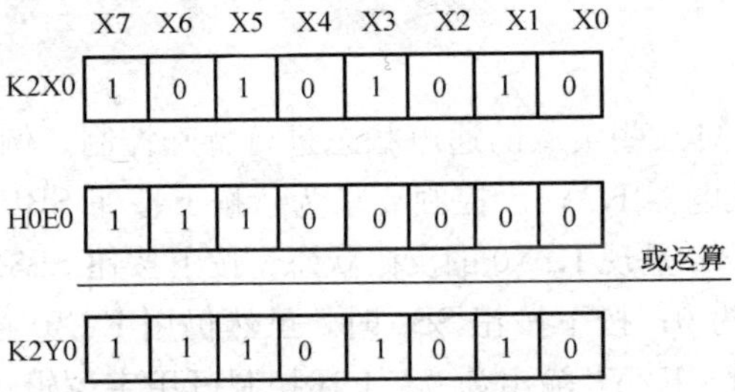

图3-22　字“或”指令的位运算过程

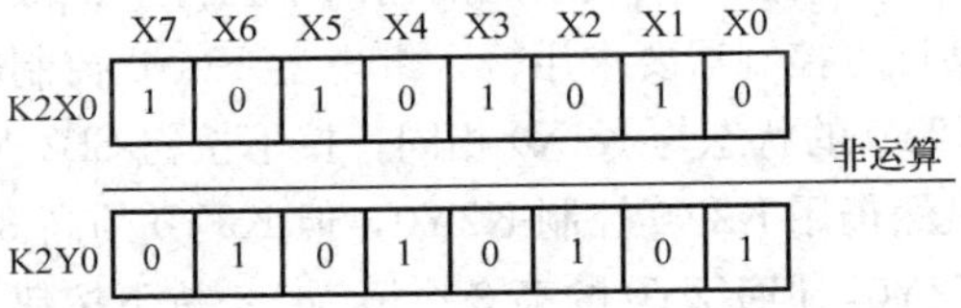

图3-23　取反指令的位运算过程

任务实施

一、灯光控制线路

PLC输入/输出端口分配如表3-20所示。

表3-20　PLC输入/输出端口分配

输　入　端　口			输　出　端　口	
输入继电器	输入元件	作　用	输出继电器	输出元件
X7～X0	拨动开关	设定工作状态	Y7～Y0	HL7～HL0
X10	SB1	K2X0控制K2Y0		
X11	SB2	K2X0的反码控制K2Y0		
X12	SB3	K2Y0高3位恒为0		
X13	SB4	K2Y0高3位恒为1		
X14	SB5	K2Y0＝0		

灯光控制线路如图3-24所示。

二、灯光控制程序

灯光控制程序如图3-25所示。

三、操作步骤

（1）按图3-24所示连接灯光控制线路。

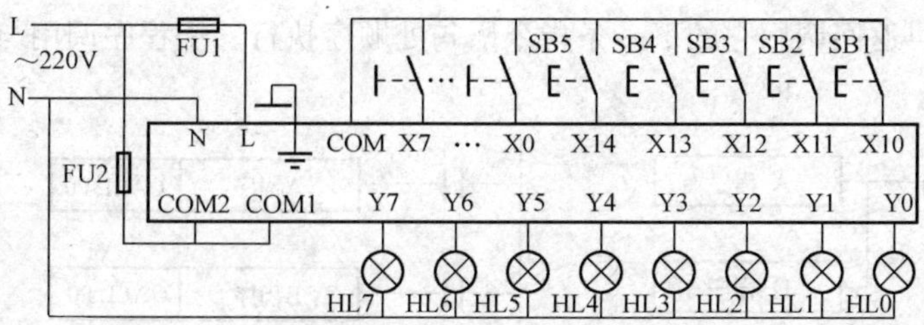

图 3-24 灯光控制线路

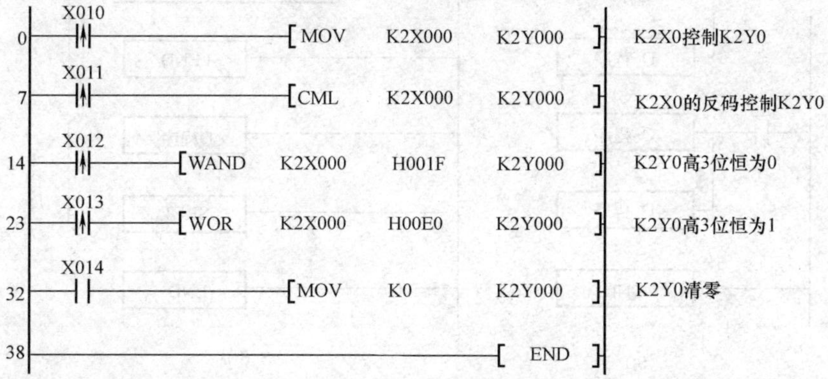

图 3-25 灯光控制程序

（2）接通 PLC 电源，使 PLC 处于编程状态。

（3）将图 3-25 所示的程序下载 PLC。

（4）拨动开关 X7～X0，设定 K2X0 的状态，例如，K2X0 ＝ 1010 1010。

（5）按下按钮 SB1，K2Y0 与 K2X0 的状态相同，即 K2Y0 ＝ 1010 1010。

（6）按下按钮 SB2，K2X0 的反码状态控制 K2Y0，即 K2Y0 ＝ 0101 0101。

（7）按下按钮 SB3，K2Y0 的高 3 位恒为 0，即 K2Y0 ＝ 0000 1010。

（8）按下按钮 SB4，K2Y0 的高 3 位恒为 1，即 K2Y0 ＝ 1110 1010。

（9）按下按钮 SB5，K2Y0 输出为零，即 K2Y0 ＝ 0000 0000。

练习题

1. 试设计一个程序，将 H85 传送到 D0，H23 传送到 D10，并完成以下操作：

（1）将 D0 与 D10 的逻辑“与”结果送到 D20 存储。

（2）将 D0 与 D10 的逻辑“或”结果送到 D30 存储。

2. 试设计一个程序，当 X10 接通时，用字元件 K2X0 的状态控制 K2Y0；当 X10 断开时，用 K2X0 的反码状态控制 K2Y0。

任务 6　应用子程序调用指令编写程序

任务引入

在 PLC 程序中，有时会存在多个逻辑功能完全相同的程序段，如图 3-26（a）所示的 D 程序段。为了简化程序结构，可以将 D 程序段设置为子程序，需要执行 D 程序段时，则调用子程序，子程序执行完毕，再返回调用它的下一条指令语句处顺序执行。子程序调用与返回程序的结构如图 3-26（b）所示。

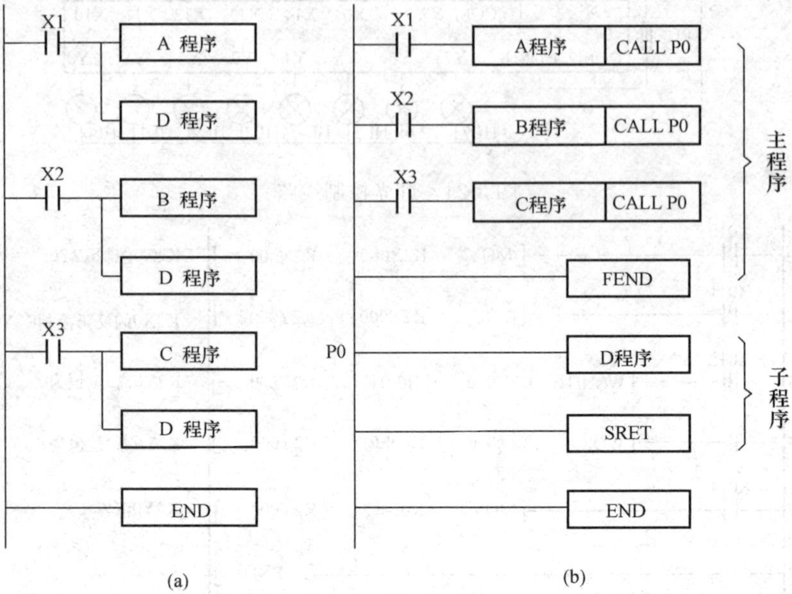

图 3-26 子程序调用与返回程序的结构
（a）程序；（b）子程序调用程序

相关知识

子程序调用指令 CALL、返回指令 SRET、主程序结束指令 FEND 的助记符、操作数等指令属性如表 3-21 所示。

表 3-21 CALL、SRET、FEND 指令

指令助记符		操作数	程序步
P	FNC1 CALL	标号 P0～P62 标号 P64～P127	CALL 3 步 标号 P 1 步
	FNC2 SRET	无	SRET 1 步
	FNC6 FEND	无	FEND 1 步

有关子程序指令的说明如下：

（1）指令 FEND 表示主程序结束，与 END 指令同样，执行输出处理、监视定时器刷新、返回步 0 程序。

（2）程序可以由主程序和子程序共同构成。子程序安排在主程序结束指令 FEND 的后面，标号 P0 和子程序返回指令 SRET 间的程序构成了 P0 子程序。当主程序带有多个子程序时，子程序要依次放置，并以不同的标号相区别。程序结束指令 END 则表示整个程序结束。一个完整的程序可以没有子程序，但一定要有主程序。

（3）如果子程序调用条件满足，则中断主程序去执行子程序，标号是子程序的入口地址。子程序结束时执行返回指令 SRET 返回主程序中断处去继续执行主程序的下一条指令语句。

（4）同一个标号只能使用一次，而不同的 CALL 指令可以多次调用同一标号的子程序。子程序调用指令 CALL 与跳转指令 CJ 不能使用相同的标号。标号 P63 相当于 END。

（5）在子程序中，定时器的使用范围是 T192～T199 和 T246～T249。

（6）如果在子程序中再调用其他子程序称为子程序嵌套，嵌套总数可达 5 级。

任务实施

一、子程序调用举例

应用子程序调用指令的程序如图 3-27 所示。程序功能是：X1、X2、X3 触点分别接通时，将相应的数据传送到 D0、D10，然后调用子程序；在子程序中，将 D0、D10 存储的数据作加法运算后结果存储在 D20，再用 D20 存储数据控制输出字元件 K1Y0。

程序工作原理如下：

程序由主程序和子程序两部分组成。其中，主程序由步 0～步 51 组成，功能是传送数据和对输出字元件 K1Y0 清零；子程序由步 52～步 66 组成，功能是加法运算和控制输出字元

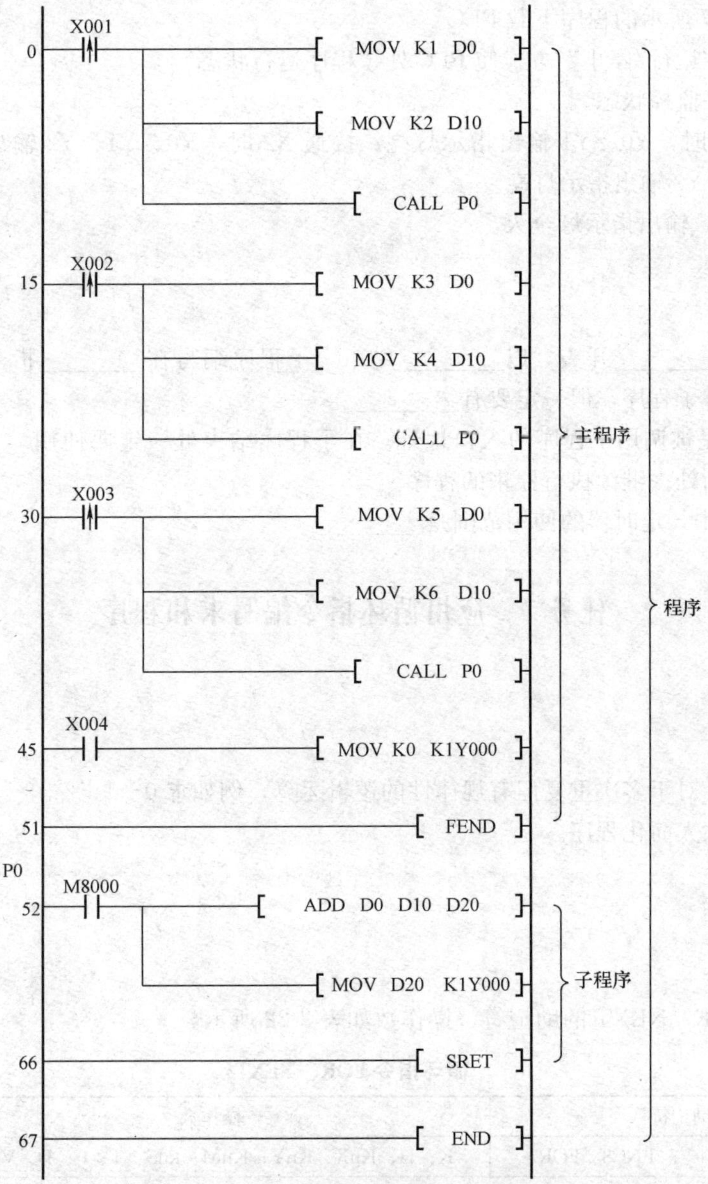

图 3-27 应用子程序调用指令的程序

件 K1Y0。

(1) X1 闭合后的动作。在 X1 上升沿的那个扫描周期，将十进制数值 1 和 2 分别传送到数据寄存器 D0 和 D10 中，然后中断主程序，调用并执行子程序，子程序的入口地址是 P0（步 52)。

在子程序中将 D0 与 D10 的数据相加，数值 3 送到 D20 存储，然后用（D20）中数据控制输出字元件，使 K1Y0 的二进制状态为 0011。子程序的最后一条指令语句是返回指令 SRET，即返回到主程序中断处的下一条指令语句。

程序执行的流程是：步 0→步 14→步 52→步 66→步 15。

同理可分析 X2、X3 闭合时的动作流程。

(2) X4 动合触点闭合时，对输出字元件 K1Y0 清 0。

二、操作步骤

(1) 接通 PLC 电源，使 PLC 处于编程状态。

(2) 将图 3-27 所示的程序下载 PLC。

(3) 用“遥控运行/停止”方式使 PLC 处于程序运行状态。

(4) 进入程序监控状态。

(5) 接通 X1 时，Y0、Y1 输出指示灯亮；接通 X2 时，Y0、Y1、Y2 输出指示灯亮；接通 X3 时，Y0、Y1、Y3 输出指示灯亮。

(6) 接通 X4，输出指示灯全灭。

练习题

1. 子程序以________开头，以________结束，子程序编写在________指令的后面。一个完整的程序可以没有子程序，但一定要有________。

2. ________是被调用子程序的入口地址。在子程序结束处一定要使用________指令，意思是返回主程序中断处去继续执行原来的程序。

3. 在子程序中，定时器的使用范围是________。

任务 7　应用循环指令编写求和程序

任务引入

编写程序时，对于多次重复但有规律性的逻辑运算，例如求 0＋1＋2＋3＋…＋100 的和，使用循环指令可以大大简化程序。

相关知识

一、循环指令

循环指令 FOR、NEXT 的助记符、操作数如表 3-22 所示。

表 3-22　　循环指令 FOR、NEXT

指令助记符		操作数	程序步
循环开始	FNC8　FOR	K、H、KnX、KnY、KnM、knS、T、C、D、V、Z	3
循环结束	FNC9　NEXT	无	1

循环指令的说明如下：

（1）FOR、NEXT 指令必须成对出现，缺一不可。位于 FOR、NEXT 之间的程序称为循环体，在一个扫描周期内，循环体反复被执行。

（2）FOR 指令的操作数用于指定循环的次数，循环的次数的范围为 1～32 767，如循环次数小于 1 时，被当作 1 处理，只循环 1 次。只有执行完循环次数后，才执行 NEXT 的下一条指令语句。

二、区间复位指令

区间复位指令 ZRST 的助记符、操作数等指令属性如表 3-23 所示。

表 3-23　区间复位指令 ZRST

区间复位指令		操作数	操作数范围
P	FNC40　ZRST	D1、D2	Y、M、S、T、C、D

复位指令 RST 是将某个位元件复位，而区间复位指令 ZRST 是将操作数 D1 与 D2 指定区间的元件全部复位，D2 的地址码应大于 D1。

任务实施

一、循环程序举例

【例 3-2】 求 0＋1＋2＋3＋…＋100 的和，并将和存入 D0。

解　用循环指令编写的程序如图 3-28 所示，数据寄存器 D1 作为循环增量。

在程序中，循环次数 100 次。每循环 1 次，D1 中的数据自动加 1，D0 与 D1 相加，结果存入 D0 中，循环结束后，D0 中存储的数据为 5050。X0 是计算控制端，X1 是清 0 控制端。

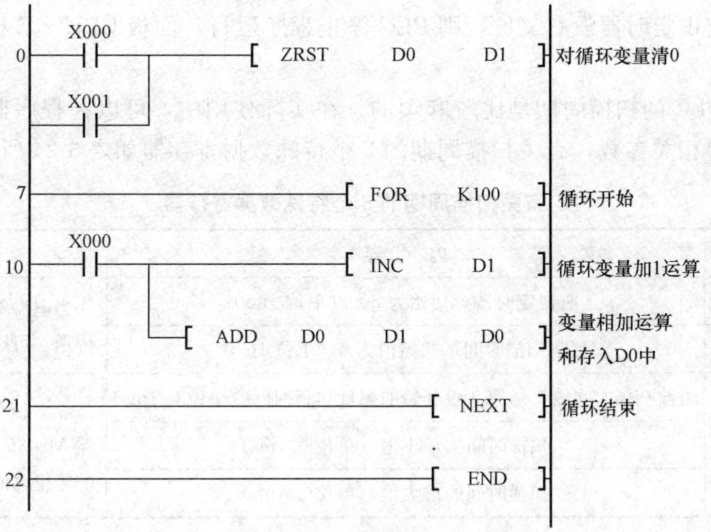

图 3-28　应用循环指令求和的程序

如果在循环体内又包含了另外一个完整的循环，称为循环嵌套，循环指令最多允许 5 级循环嵌套。

【例 3-3】 求 0＋1＋2＋3＋…＋100 的和，并将和存入 D0。

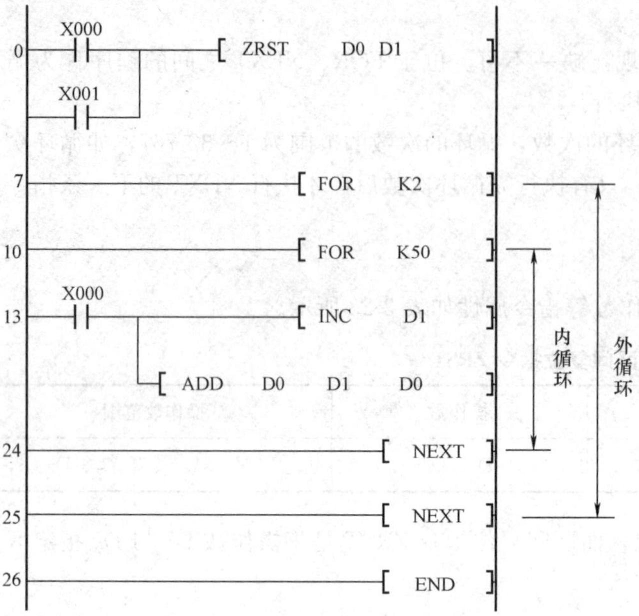

图3-29 应用循环嵌套求和的程序

解 在图3-29所示的程序中，使用了两级循环嵌套，外循环的次数为2，内循环的次数为50，总循环的次数为2×50＝100。循环结束后，D0中存储的数据为5050。

二、操作步骤

（1）接通PLC电源，使PLC处于编程状态。

（2）将图3-28或图3-29所示的程序下载PLC。

（3）用“遥控运行/停止”方式使PLC处于程序运行状态。

（4）进入程序监控状态。

（5）接通X0，数据寄存器D0显示的数值为5050。

（6）接通X1，数据寄存器D0显示的数值为0。

知识扩展　PLC监视定时器刷新指令WDT的应用

FX系列PLC监视定时器的默认时间为200ms（该数据存储在特殊数据寄存器D8000中）。当PLC工作状态STOP→RUN时，CPU从程序的第0步开始扫描，到执行FEND或END指令时，监视定时器复位。如果由于程序指令语句数量过多或其他原因导致扫描时间超过监视定时器的设定时间，而监视定时器没有复位，则PLC停止程序运行，面板CPU－E指示灯亮，发出报警信号。

要精确计算PLC的扫描周期是比较麻烦的，在实际使用中，可以在程序监控状态下从有关数据寄存器处获得相关参数，有关扫描周期的5个特殊数据寄存器如表3-24所示。

表3-24　有关扫描周期的5个特殊数据寄存器

数据寄存器编号	内　容	备　注
D8000	监视定时器，初始为200（单位1ms）	当电源ON时，由系统ROM传送，可以通过程序更改
D8039	恒定扫描时间，初始值为0（单位1ms）	
D8010	当前扫描时间值，由第0步开始的累计执行时间（单位0.1ms）	显示值包括当特殊辅助继电器M8039驱动时恒定扫描运行的等待时间
D8011	扫描时间的最小值（单位0.1ms）	
D8012	扫描时间的最大值（单位0.1ms）	

如图3-30所示循环次数为100的加法程序，从监控数据可以看出，监视定时器D8000的数值为200，即200ms；扫描时间的当前值D8010是73，即7.3ms，该程序的扫描周期值不超过监视定时器的设定值，程序正常运行；扫描时间的最小值D8011是40，即4ms；扫描时间的最大值D8012是83，即8.3ms。

当程序的扫描周期值超过监视定时器的设定值时，必须在程序中插入数个监视定时器刷新指令 WDT，将程序分成若干段，让每段程序运行的扫描周期时间小于监视定时器的设定值即可。

监视定时器刷新指令 WDT 的助记符、操作数等指令属性如表 3-25 所示。

表 3-25　　监视定时器刷新指令 WDT

监视定时器刷新指令		操作数	步　数
P	FNC07　WDT	无	1

如图 3-31 所示循环次数为 5000 的加法程序，从监控数据可以看出，监视定时器 D8000 是 200ms；扫描时间的最大值 D8012 是 455.7ms；扫描时间的最小值 D8011 是 300.1ms；扫描时间的当前值 D8010 是 454.1ms。该程序的扫描周期值超过了监视定时器的设定值，因此，将 WDT 指令置于 FOR—NEST 循环之中，使每一个循环过程中，监视定时器复位刷新一次。

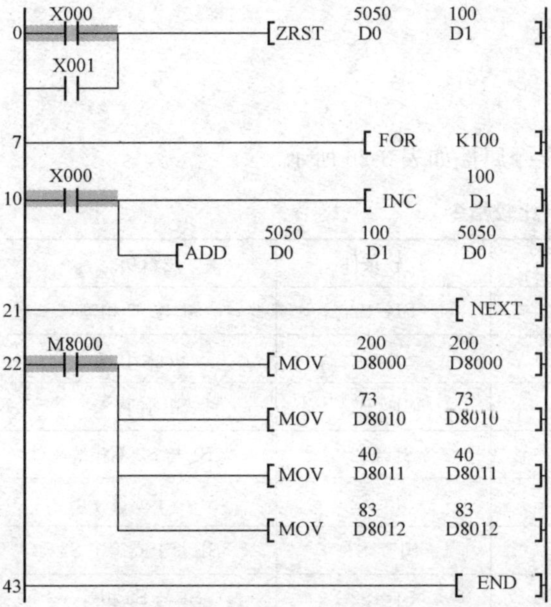

图 3-30　程序扫描周期不超过监视定时器

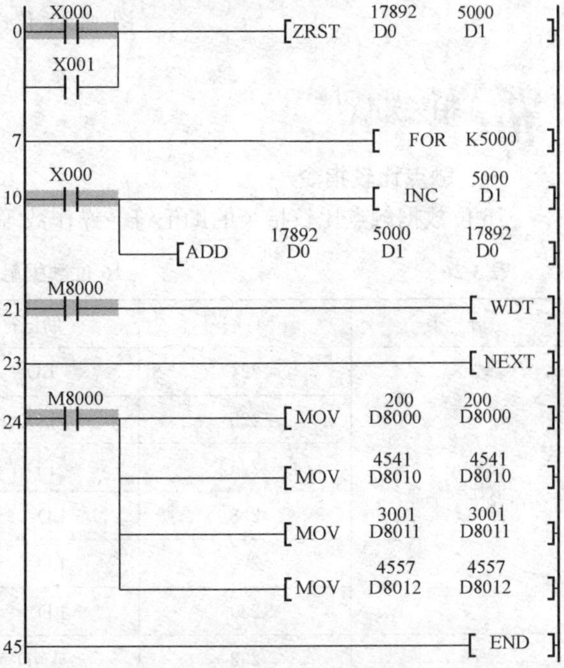

图 3-31　程序扫描周期超过监控定时器

练习题

1. 循环指令________必须成对出现，缺一不可。位于循环指令之间的程序称为________。
2. 使用循环指令求 0+1+2+3+…+50 的和。
3. 试写出对数据寄存器 D0～D100 的清零指令语句。
4. PLC 监视定时器的默认时间是多少？在什么情况下应用 WDT 指令？

任务 8　应用触点比较指令编写工件计数控制程序

任务引入

触点比较指令是根据比较结果来控制相应的对象，在自动控制方面应用较多。比较触点是一个动合触点，当比较条件满足时，比较触点接通，执行比较触点后面的指令，否则不能执行指令。

例如，用触点比较指令编写工件计数程序。如图 3-32 所示的传送带输送工件，数量为 20 个。连接 X0 端子的光电传感器对工件进行计数，当计件数量小于 15 时，指示灯常亮；当计件数量等于或大于 15 时，指示灯闪烁；当计件数量为 20 时，10s 后传送带停止，同时指示灯熄灭。

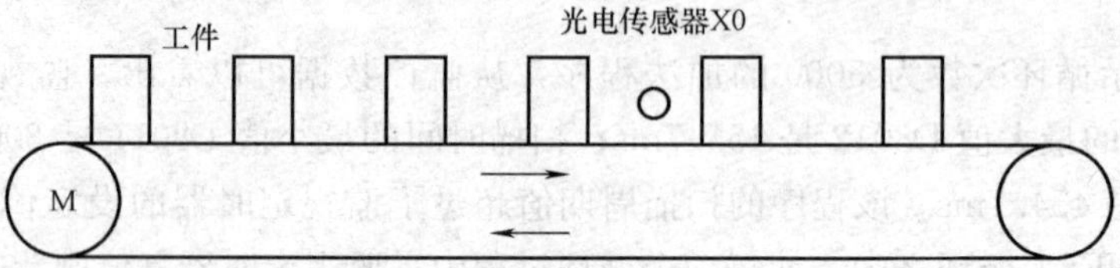

图 3-32 传送带输送工件

相关知识

一、触点比较指令

16 位数据触点比较指令的助记符、操作数等指令属性如表 3-26 所示。

表 3-26 16 位数据触点比较指令

分　类	FNC 编号	助记符	比较条件	逻辑功能
取比较触点	224	LD=	S1=S2	S1 与 S2 相等
	225	LD>	S1>S2	S1 大于 S2
	226	LD<	S1<S2	S1 小于 S2
	228	LD<>	S1≠S2	S1 与 S2 不相等
	229	LD<=	S1≤S2	S1 小于或等于 S2
	230	LD>=	S1≥ S2	S1 大于或等于 S2
串联比较触点	232	AND=	S1=S2	S1 与 S2 相等
	233	AND>	S1>S2	S1 大于 S2
	234	AND<	S1<S2	S1 小于 S2
	236	AND<>	S1≠ S2	S1 与 S2 不相等
	237	AND <=	S1≤ S2	S1 小于或等于 S2
	238	AND >=	S1≥ S2	S1 大于或等于 S2
并联比较触点	240	OR=	S1=S2	S1 与 S2 相等
	241	OR>	S1>S2	S1 大于 S2
	242	OR<	S1<S2	S1 小于 S2
	244	OR<>	S1≠S2	S1 与 S2 不相等
	245	OR<=	S1≤S2	S1 小于或等于 S2
	246	OR>=	S1≥S2	S1 大于或等于 S2

比较触点指令分为 3 类，即取比较触点、串联比较触点和并联比较触点指令，分别适用于从

左母线取触点、串联触点和并联触点的情况。

使用 32 位数据触点比较指令时，在比较符号前加上前缀 D，例如，32 位触点相等取比较指令为“LDD＝D0 D10”，即 D1、D0 与 D11、D10 进行 32 位存储数据比较。

二、触点比较指令应用举例

【例 3-4】 应用触点比较指令产生断电 6s、通电 4s 的脉冲输出信号。

解 程序与时序图如图 3-33 所示。T0 的设定值为 100，接成自复位电路，产生 10s 的振荡周期信号。当 T0 的当前值等于或大于 60 时，比较触点接通，Y0 通电；当 T0 等于 10s 时，T0 复位，Y0 断电。

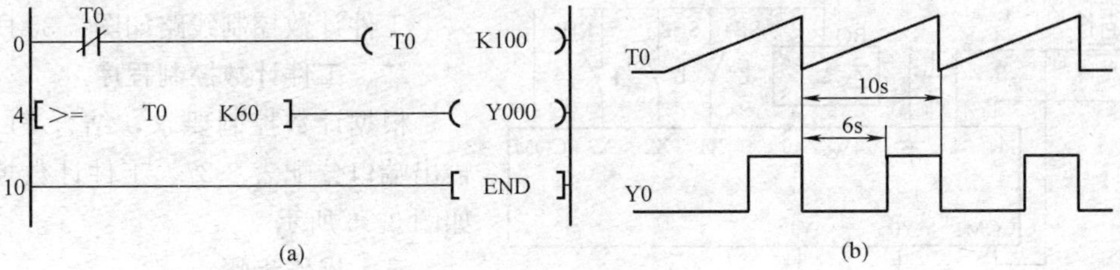

图 3-33 ［例 3-4］程序与时序图

（a）程序；（b）时序图

【例 3-5】 某生产线有 5 台电动机，要求每台电动机间隔 5s 启动，试用触点比较指令编写控制程序。设输出端口为 Y0～Y4，启动按钮接入 X0 端口，停止按钮和过载保护均使用动断触点，分别接入 X1、X2 端口。

解 控制程序如图 3-34 所示。按下启动按钮 X0，第 1 台电动机通电自锁，T0 开始延时。当 T0 的当前值等于或大于比较触点指令的设定值时，比较触点闭合，各台电动机依次启动。当按下停止按钮 X1 或发生过载保护时，全部输出端口复位，所有电动机停止。

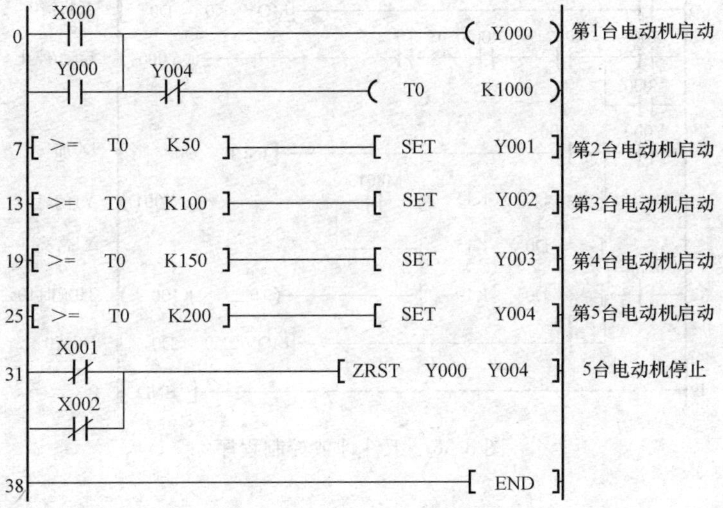

图 3-34 ［例 3-5］程序

任务实施

一、工件计数控制线路

PLC 输入/输出端口分配如表 3-27 所示。

表3-27　　输入/输出端口分配

输入端口			输出端口		
输入继电器	输入元件	作用	输出继电器	控制元件	控制对象
X0	光电传感器	计数	Y0	接触器KM	电动机M
X1	SB1	启动按钮	Y1	HL	指示灯
X2	SB2	停止按钮			
X3	KH	过载保护			

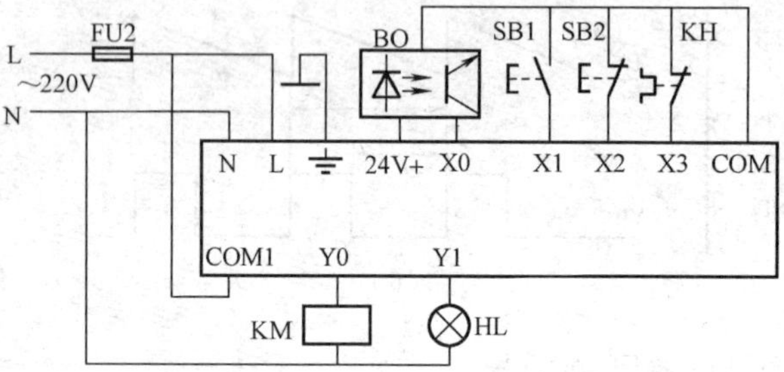

图3-35　工件计数控制线路

工件计数控制线路如图3-35所示。

二、工件计数控制程序

根据计数控制要求，结合PLC输入/输出端口分配表3-27，工件计数控制程序如图3-36所示。

三、操作步骤

（1）接通PLC电源，使PLC处于编程状态。

（2）将图3-36所示的程序下载PLC。

（3）用“遥控运行/停止”方式使PLC处于程序运行状态。

（4）进入程序监控状态。

（5）按下启动按钮SB1，Y0、Y1输出指示灯亮。

（6）反复通断X0，模拟光电开关计数，当X0接通15次后，Y1输出指示灯闪烁。当X0接通20次后，定时器T0开始延时，10s后，Y0、Y1断电，输出指示灯灭。

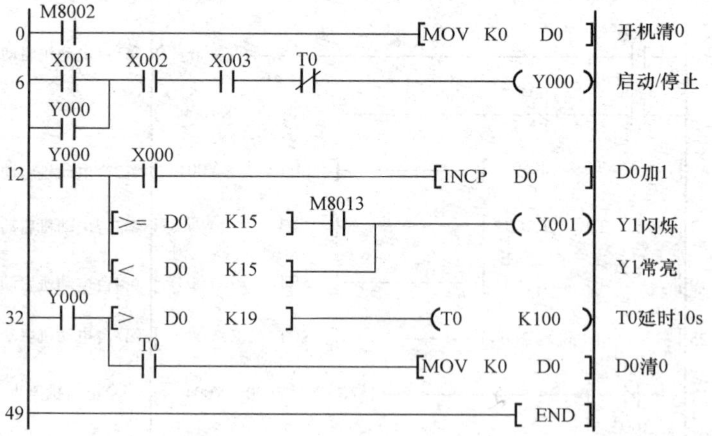

图3-36　工件计数控制程序

练习题

1．某台设备有6台电动机，为了减小电动机同时启动对电源的冲击，要求每台电动机间隔5s顺序启动。按下停止按钮时，间隔1s顺序断电停止。试用触点比较指令编写控制程序。

2．设计一个工件计数程序。连接X0端子的光电传感器对工件进行计数。当计件数量小于950时，指示灯常亮；当计件数量等于或大于950以上时，指示灯闪烁；当计件数量为1000时，自动停机，同时指示灯熄灭。试用触点比较指令编写控制程序。

任务8

任务 9 应用区间比较指令编写马路照明灯时钟控制程序

任务引入

区间比较指令是根据数据在一个区间的位置（即小于区间下限、在区间内和大于区间上限），影响相应的标志位，从而控制操作对象。例如，在对工件进行分类时可用来判别工件的大、中、小，在温度控制中可用来判别温度低、温度合适或温度高。

相关知识

一、区间比较指令

区间比较指令 ZCP 的助记符、操作数等指令属性如表 3-28 所示。

表 3-28 区间比较指令 ZCP

区间比较指令		操作数	
D	FNC11 ZCP	S1、S2、S3	K、H、KnX、KnY、KnM、knS、T、C、D、V、Z
P		D	Y、M、S

区间比较指令的说明如下：

两个源操作数 S1、S2 分别为区间的下限和上限（通常下限 S1 应小于上限 S2），S3 与区间数据作比较，比较结果影响目标操作数 D 相邻的 3 个标志位。

图 3-37 是区间比较指令 ZCP 应用。当 X0 触点闭合时，计数器 C0 的当前值从 0 开始每秒增加 1。在程序第 6 步，（C0）与 K50 和 K100 形成的区间作比较，再将比较结果写入相邻的 3 个标志位 M0、M1 和 M2 中，3 个标志位中必定有一个是 1，其余两个是 0。

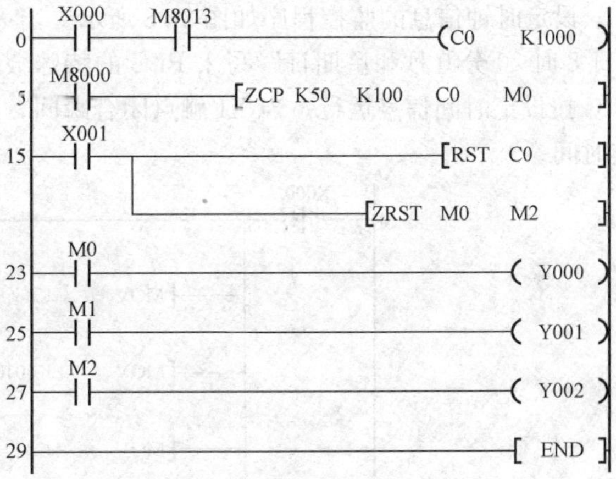

图 3-37 区间比较指令 ZCP 应用

若（C0）＜K50，即（C0）小于区间下限，则 M0 置 1。

若 K50≤（C0）≤K100，即（C0）在区间内，则 M1 置 1。

若（C0）＞K100，即（C0）大于区间上限，则 M2 置 1。

例如，若计数器 C0 的当前值为 70，则标志位 M1 置 1，输出端 Y1 通电；M0 和 M2 置 0，Y0 和 Y2 断电。

X1 为复位端口，当 X1 触点接通时，停止输出。

二、时钟专用特殊辅助继电器和特殊数据寄存器

FX 系列 PLC 具有实钟控制功能，时钟专用特殊辅助继电器和特殊数据寄存器如表 3-29 和表 3-30 所示。

表 3-29　时钟专用特殊辅助继电器

特殊辅助继电器	名　称	功　能
M8015	时钟停止和改写	=1 时钟停止，改写时钟数据
M8016	时钟显示停止	=1 停止显示
M8017	秒复位清 0	上升沿时修正秒数
M8018	内装 RTC 检测	平时为 1
M8019	内装 RTC 错误	改写时间数据超出范围时=1

表 3-30　时钟专用特殊数据寄存器

特殊数据寄存器	名　称	范　围
D8013	秒设定值或当前值	0～59
D8014	分设定值或当前值	0～59
D8015	时设定值或当前值	0～23
D8016	日设定值或当前值	1～31
D8017	月设定值或当前值	1～12
D8018	年设定值或当前值	公历 4 位
D8019	星期设定值或当前值	0～6（周日～周六）

任务实施

一、设定时钟信息

设定时钟信息的监控程序如图 3-38 所示。当 X0 触点闭合时，把即时时钟信息“2010 年 2 月 7 日 8 时 20 分 0 秒和星期日”写入 PLC 的特殊数据寄存器 D8013～D8019；当 X0 触点断开后，PLC 按设定时间信息运行。当 X1 触点闭合瞬间，D8013 中的秒数值复位为零，可以用来精确调整时间。

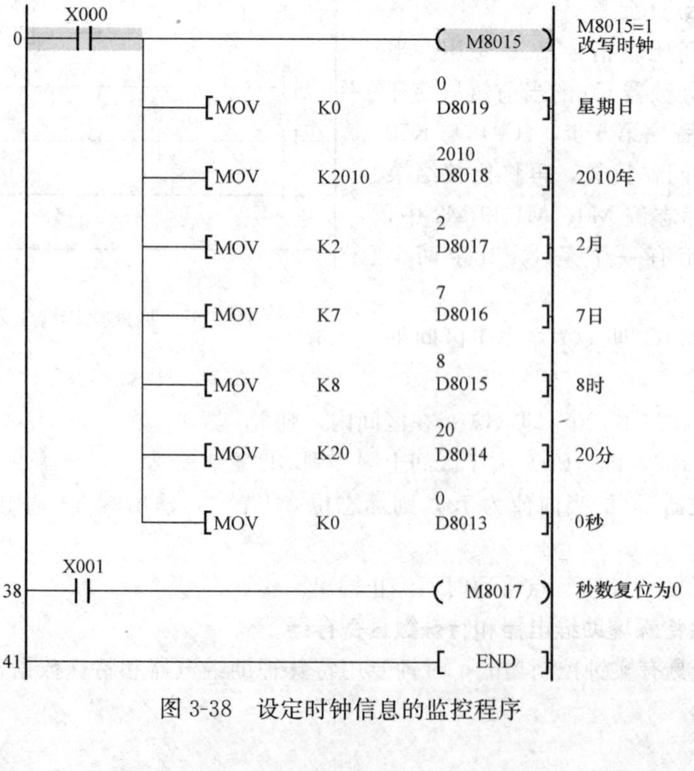

图 3-38　设定时钟信息的监控程序

任务9

二、马路照明灯时钟控制程序

设马路照明灯由 PLC 输出端口 Y0、Y1 各控制一半。每年夏季（7～9 月）每天 19 时 0 分至次日 0 时 0 分灯全部开，0 时 0 分至 5 时 30 分开一半灯。其余季节每天 18 时 0 分至次日 0 时 0 分灯全部开，0 时 0 分至 7 时 0 分各开一半灯。马路照明灯时钟控制程序如图 3-39 所示。

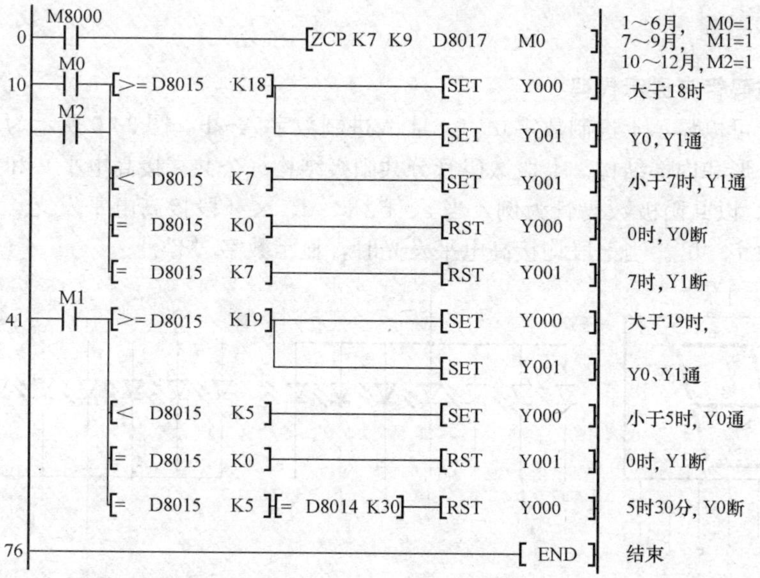

图 3-39 马路照明灯时钟控制程序

程序步 0～9，应用区间比较指令 ZCP 划分月份段，1～6 月，M0＝1；7～9 月，M1＝1；10～12月，M2＝1。

程序步 10～40，除夏季以外的时钟控制段，当时钟等于或大于 18 时，Y0、Y1 通电，全部灯亮；到次日 0 时 0 分，Y0 断电，只有一半灯亮；到次日 7 时 0 分，Y1 断电，全部灯灭。指令语句“AND＜ D8015 K7”、“SET Y1”是为了保证 PLC 在 0 时以后断电重新启动后在规定的亮灯时间段内灯亮。

程序步 41～75，是夏季的时钟控制段，分析方法同上。

练习题

1. 区间比较指令的结果影响相邻的________个标志位。

2. 某区间比较指令语句为“ZCP K10 K100 C0 M10”。当 C0 复位时，________标志位置 1；当 C0 当前值为 1 时，________标志位置 1；当 C0 当前值为 10 时，________标志位置 1；当 C0 当前值为 50 时，________标志位置 1；当 C0 当前值为 100 时，________标志位置 1；当 C0 当前值为 200 时，________标志位置 1。

3. 将当前的时钟信息写入 PLC。

任务 10 应用七段编码指令编写抢答器控制程序

任务引入

在生产实际中，数码显示是人机对话的主要方式之一。由于人们对十进制最熟悉，所以常采用十进制数码来显示各种工作参数、进程或结果。例如，设计一个数码显示的5人智力竞赛抢答器，某参赛选手抢先按下自己的按钮时，则显示该选手的号码，同时联锁其他参赛选手的输入信号无效。主持人按复位按钮显示数码“0”后，比赛继续进行。

相关知识

一、七段数码管与显示代码

七段数码管可以显示十进制数字0～9，十六进制数字A～F。图3-40所示为发光二极管组成的七段数码管外形和内部结构。七段数码管分共阳极结构（公共端接高电平）和共阴极结构（公共端接低电平）。以共阴极数码管为例，当a、b、c、d、e、f段接高电平发光，g段接低电平不发光时，显示数字“0”。当七段均接高电平发光时，显示数字“8”。

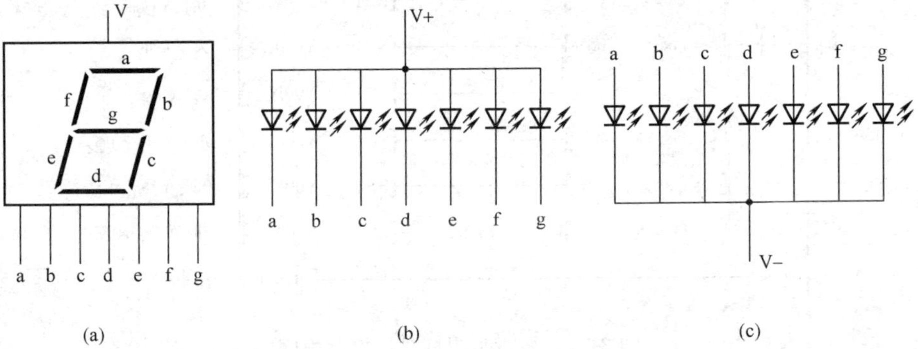

图3-40　七段数码管外形和内部结构
（a）外形；（b）共阳极结构；（c）共阴极结构

表3-31列出了十进制数字的显示图形、七段显示电平和十六进制显示代码的逻辑关系。

表3-31　　十进制数字的显示图形、七段显示电平和十六进制显示代码的逻辑关系

十进制数字		七段显示电平							十六进制显示代码
数码	显示图形	g	f	e	d	c	b	a	
0	0	0	1	1	1	1	1	1	H3F
1	1	0	0	0	0	1	1	0	H06
2	2	1	0	1	1	0	1	1	H5B
3	3	1	0	0	1	1	1	1	H4F
4	4	1	1	0	0	1	1	0	H66
5	5	1	1	0	1	1	0	1	H6D
6	6	1	1	1	1	1	0	1	H7D
7	7	0	1	0	0	1	1	1	H27
8	8	1	1	1	1	1	1	1	H7F
9	9	1	1	0	1	1	1	1	H6F

二、七段编码指令SEGD

编码指令SEGD可以自动编出数字的七段显示代码，编码指令的助记符、操作数等指令属性如表3-32所示。

表 3-32　　七段编码指令 SEGD

七段编码指令		操作数	
P	FNC73 SEGD	S	K、H、KnX、KnY、KnM、knS、T、C、D、V、Z
		D	KnY、KnM、knS、T、C、D、V、Z

七段编码指令的说明如下：

（1）S 为要编码的源操作数，D 为存储七段编码的目标操作数。

（2）SEGD 指令是对 4 位二进制数编码，如果源操作数大于 4 位，只对最低 4 位编码。

（3）SEGD 指令的编码范围为十六进制数字 0～9、A～F，数字 0～9 的七段显示代码如表 3-31 所示。对数字 A～F 的七段编码本书不作介绍，有兴趣的读者可计算出数字 A～F 的显示代码后在 PLC 上用 SEGD 指令验证。

任务实施

一、竞赛抢答器控制线路

5 人智力竞赛抢答器控制线路需要 6 个输入端口，7 个输出端口。PLC 输入/输出端口的分配如表 3-33 所示。PLC 可选择继电器输出型或晶体管输出型。

表 3-33　　PLC 输入/输出端口分配

输入端口			输出端口	
输入继电器	输入元件	作用	输出继电器	控制对象
X0	SB1	主持人复位	Y0～Y6	a～g 七段显示代码
X1～X5	SB2～SB6	选手 1～5		

注　如果 PLC 是晶体管输出源型（晶体管的发射极为公共端，公共端 COM 接直流电源负极，称为源型连接），则使用共阳极数码管；如果 PLC 是晶体管输出漏型（晶体管的集电极为公共端，称为漏型连接，公共端 COM 接直流电源正极），则使用共阴极数码管。

竞赛抢答器控制线路如图 3-41 所示。PLC 使用继电器输出型，使用共阳极数码管。PLC 输出端接外部直流电源（5～24V）。每段发光二极管的电流通常是 10mA 左右，应根据直流电压数值高低确定限流电阻的阻值。

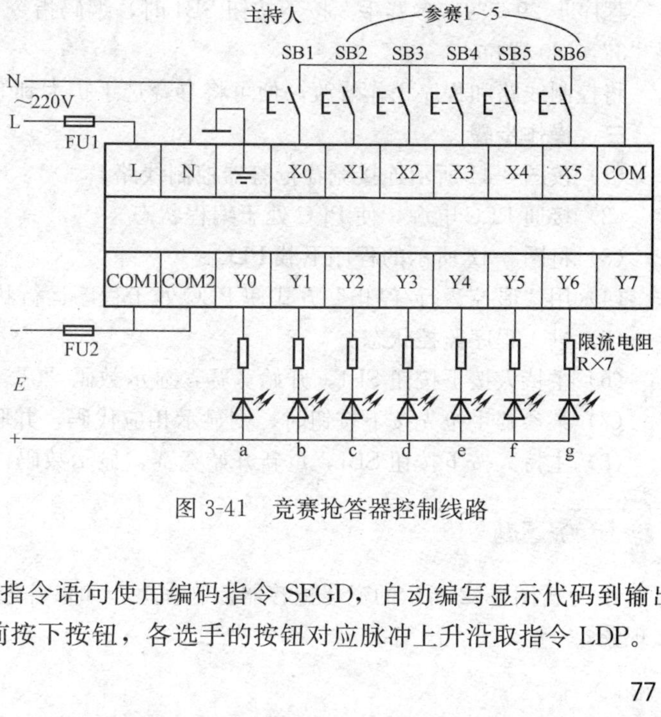

图 3-41　竞赛抢答器控制线路

二、竞赛抢答器控制程序

结合 PLC 输入/输出端口分配表 3-33，竞赛抢答器控制程序如图 3-42 所示。

程序工作原理如下：

主持人和选手 1、2 的指令语句使用传送指令 MOV，将人工编写的显示代码传送到输出端。选手 3～5 的指令语句使用编码指令 SEGD，自动编写显示代码到输出端，因此更为方便。为了防止选手提前按下按钮，各选手的按钮对应脉冲上升沿取指令 LDP。

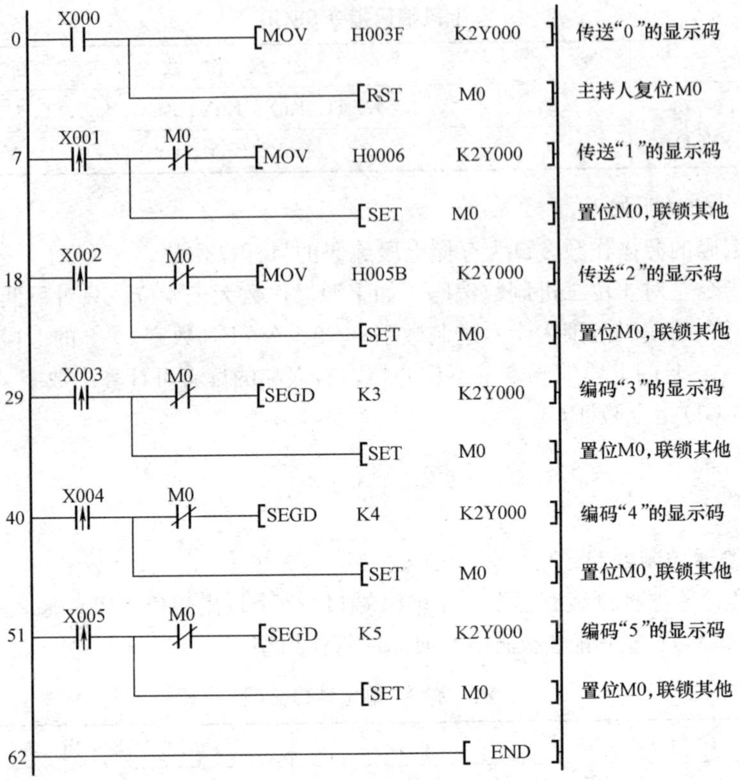

图 3-42　竞赛抢答器控制程序

程序步 0～6，主持人按下复位按钮 SB1 时，X0 触点闭合，将“0”的显示代码“H3F”传送到 K2Y0，显示数码“0”，并对 M0 复位。

程序步 7～17，参赛手 1 按下按钮 SB2 时，先将“1”的显示代码“H06”传送到 K2Y0，显示数码“1”，然后使 M0 置位。M0 动断触点断开其他选手的编码电路，起到联锁作用。

程序步 29～39，参赛手 3 按下按钮 SB4 时，编码指令对 K3 进行编码并送到 K2Y0，显示数码“3”，M0 置位。

将控制线路和程序稍作修改，便可将参赛选手扩大到 9 人。

三、操作步骤

（1）按图 3-41 所示连接竞赛抢答器控制线路。

（2）接通 PLC 电源，使 PLC 处于编程状态。

（3）将图 3-42 所示的程序下载 PLC。

（4）用“遥控运行/停止”方式使 PLC 处于程序运行状态。

（5）进入程序监控状态。

（6）主持人按下按钮 SB1，开始竞赛，显示数码“0”。

（7）某参赛手抢先按下按钮时，则显示相应代码，并联锁其他选手。

（8）主持人按下按钮 SB1，重新开始竞赛，显示数码“0”。

练习题

1. 分析图 3-42 所示的竞赛抢答器控制程序，如果各选手的按钮仅对应取指令 LD，会出现什么现象？

2. 应用七段编码指令 SEGD 设计一个用数码显示的 9 人智力竞赛抢答器程序。

任务 11　应用 BCD 码指令编写停车场数码显示控制程序

任务引入

当显示的数码不止一位时，就要使用多个数码管。以两位数码显示为例，可以显示的十进制数值范围为 0～99。

在 PLC 中，参加运算和存储的数据都是以二进制形式存在的。如果直接使用 SEGD 指令对数据进行编码，则会出现差错。例如，十进制数 21 的二进制形式是 0001 0101，对高 4 位应用 SEGD 指令编码，则得到“1”的七段显示码；对低 4 位应用 SEGD 指令编码，则得到“5”的七段显示码，显示的数码“15”是十六进制数，而不是十进制数 21。显然，要想显示“21”，就要先将二进制数 0001 0101 转换成反映十进制进位关系（即逢十进一）的 0010 0001，然后对高 4 位“2”和低 4 位“1”分别用 SEGD 指令编出七段显示码。

这种用二进制形式反映十进制进位关系的代码称为 BCD 码，其中最常用的是 8421BCD 码，它是用 4 位二进制数来表示 1 位十进制数。8421BCD 码从高位至低位的权分别是 8、4、2、1，故称为 8421BCD 码。

相关知识

一、BCD 码

十进制数、十六进制数、二进制数与 8421BCD 码的对应关系如表 3-34 所示。

表 3-34　　十进制数、十六进制数、二进制数与 8421BCD 码的对应关系

十进制数	十六进制数	二进制数	8421BCD 码
0	0	0000	0000
1	1	0001	0001
2	2	0010	0010
3	3	0011	0011
4	4	0100	0100
5	5	0101	0101
6	6	0110	0110
7	7	0111	0111
8	8	1000	1000
9	9	1001	1001
10	A	1010	0001 0000
11	B	1011	0001 0001
12	C	1100	0001 0010
13	D	1101	0001 0011
14	E	1110	0001 0100
15	F	1111	0001 0101
16	10	1 0000	0001 0110

续表

十进制数	十六进制数	二进制数	8421BCD 码
17	11	1 0001	0001 0111
20	14	1 0100	0010 0000
50	32	11 0010	0101 0000
100	64	110 0100	0001 0000 0000
150	96	1001 0110	0001 0101 0000
258	102	1 0000 0010	0010 0101 1000

从表 3-34 中可以看出，8421BCD 码从低位起每 4 位为一组，高位不足 4 位补 0，每组表示 1 位十进制数。8421BCD 码与二进制数的形式相同，但概念完全不同，虽然在一组 8421BCD 码中，每位的进位也是二进制，但在组与组之间的进位，8421BCD 码则是十进制。

二、BCD 码转换指令 BCD

要想正确地显示十进制数码，必须先用 BCD 转换指令将二进制形式的数据转换成 8421BCD 码，然后再利用 SEGD 指令编成七段显示码，最后输出控制数码管发光。BCD 码转换指令的助记符、操作数等指令属性如表 3-35 所示。

表 3-35　　BCD 码转换指令 BCD

BCD 码转换指令		操　作　数	
D	FNC18	S	KnX、KnY、KnM、knS、T、C、D、V、Z
P	BCD	D	KnY、KnM、knS、T、C、D、V、Z

BCD 码转换指令的说明如下：

（1）S 为要转换的源操作数，D 为存储 BCD 编码的目标操作数。

（2）BCD 指令是将源操作数的数据转换成 8421BCD 码存入目标操作数中。在目标操作数中每 4 位表示 1 位十进制数，从低至高分别表示个位、十位、百位、千位等。16 位数据表示的范围为 0～9999，32 位数据表示的范围为 0～9999 9999。

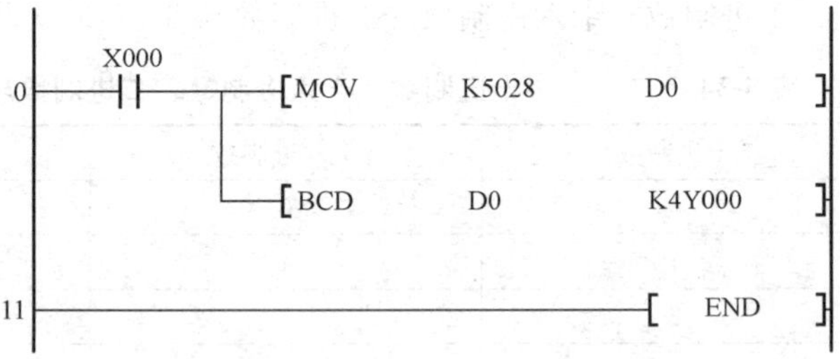

图 3-43　BCD 转换指令应用举例

BCD 码指令应用举例如图 3-43 所示。当 X0 触点闭合时，先将 K5028 存入 D0，然后将（D0）＝5028 编为 BCD 码写入字元件 K4Y0。执行结果如图 3-44 所示。从图中可以看出，D0 中存储的二进制数据与 K4Y0 中存储的 BCD 码完全不同。K4Y0 以 4 位 BCD 码为 1 组，从高位至低位分别为千位、百位、十位和个位的 BCD 码。

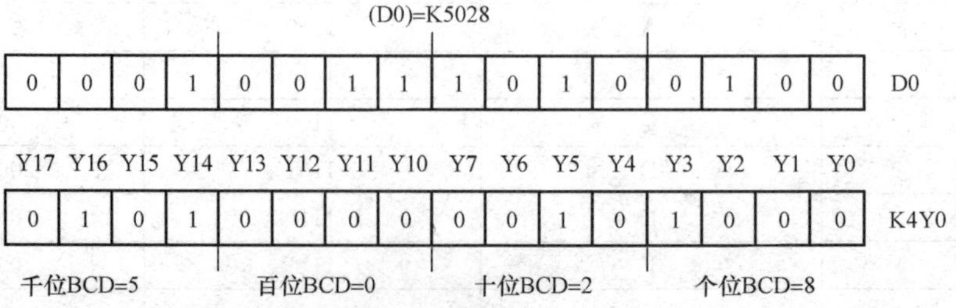

图 3-44　BCD 转换指令应用结果

任务实施

一、停车场控制线路

某停车场最多可停 50 辆车，用两位数码管显示空车位的数量。用出/入传感器检测进出车辆数，每进一辆车后空车位的数量减 1，每出一辆车后空车位的数量增 1。场内空车位的数量大于 5 时，入口处绿灯亮，允许入场；等于和小于 5 时，绿灯闪烁，提醒待进场车辆注意将满场；等于 0 时，红灯亮，禁止车辆入场。控制线路需要 2 个输入端口，16 个输出端口。PLC 输入/输出端口分配如表 3-36 所示。

表 3-36　　PLC 输入/输出端口分配表

输入端口			输出端口	
输入继电器	输入元件	作用	输出继电器	控制对象
X0	传感器 IN	检测进场车辆	Y6～Y0	个位数显示
X1	传感器 OUT	检测出场车辆	Y16～Y10	十位数显示
			Y20	绿灯，允许信号
			Y21	红灯，禁行信号

停车场 PLC 控制线路如图 3-45 所示。

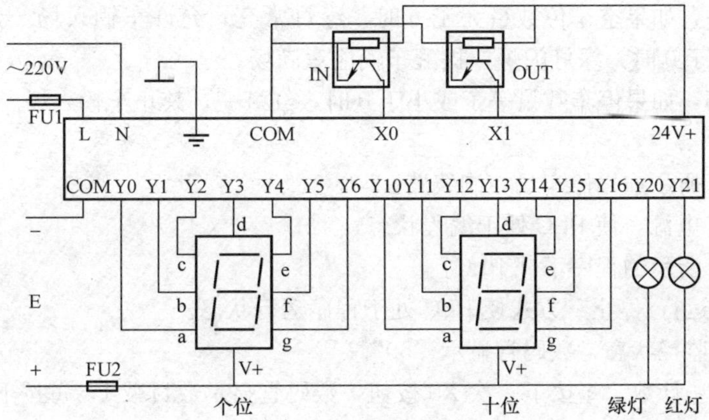

图 3-45　停车场 PLC 控制线路

通常传感器有 3 个端子，分别接 PLC 内部直流电源 24V 的正极、输入公共端 COM（0V）和输入信号端 X。在图 3-45 中，入口传感器 IN 接 X0，出口传感器 OUT 接 X1。

两个共阳极数码管（内置限流电阻）的公共端 V＋接外部直流电源正极，个位数码管 a～g 段接输出端口 Y0～Y6，十位数码管 a～g 段接 Y10～Y16。输出公共端 COM 接外部直流电源负极，由于 PLC 输出动作较频繁，继电器输出型的触点容易损坏，所以宜选用晶体管输出型。红、绿信号灯分别接 Y20 和 Y21 输出端口。

二、停车场控制程序

根据控制要求，结合 PLC 输入/输出端口分配表 3-36，停车场控制程序如图 3-46 所示。

程序步 0～5，空车位的初值为 50，数据存储在 D0。

程序步 6～15，传感器检测车辆进出，数据寄存器 D0 的数据减少或增加。

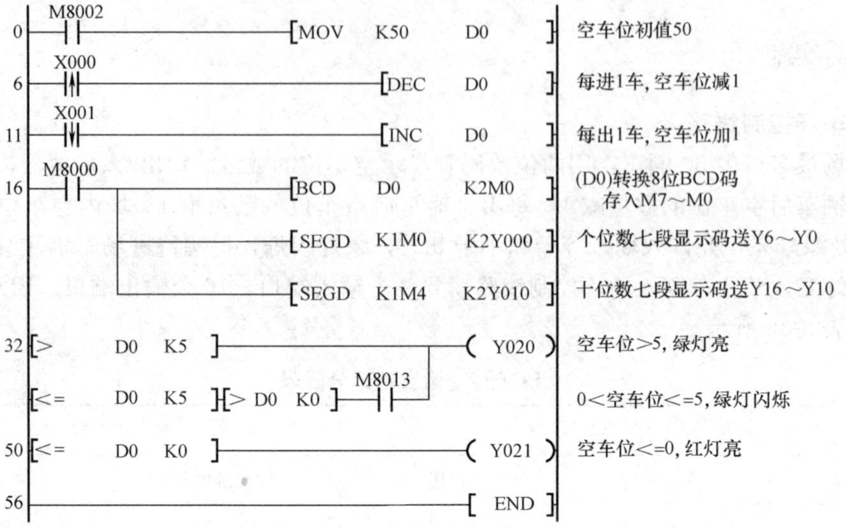

图 3-46 停车场控制程序

程序步 16～31，将（D0）编为 8421BCD 码存入 8 位字元件 K2M0，将该字元件的低 4 位 M3～M0编为七段显示码写入输出字元件 K2Y0，控制个位数码管显示；将该字元件的高 4 位 M7～M4编为七段显示码控制十位数码管显示。

程序步 32～49，如果空车位数量大于 5 时，绿灯常亮，允许车辆入场。如果空车位数量等于和小于 5 并且大于 0 时，绿灯闪烁，提醒车辆注意满场。

程序步 50～55，如果停车数量等于或小于 0 时，红灯亮，禁止车辆入场。

三、操作步骤

（1）按图 3-45 所示连接停车场控制线路。

（2）接通 PLC 电源，使 PLC 处于编程状态。

（3）将图 3-46 所示的程序下载 PLC。

（4）用“遥控运行/停止”方式使 PLC 处于程序运行状态。

（5）进入程序监控状态，数码管显示“50”。

（6）模拟停车场计数。每按下一次 X0 按钮，数码管显示数目减 1，每按下一次 X1 按钮，数码管显示数目加 1。数目大于 5 时，绿灯亮；等于和小于 5 时，绿灯闪烁；等于和小于 0 时，红灯亮。

练习题

1. 编写下列各数的 8421BCD 码。

K35　　K2345　　K987　　K5679

2. 设(D0)＝K3498，将 D0 中的数据编为 8421BCD 码后存储到 D10 中，并将该数据的千位、百位、十位、个位的七段显示码分别存储到 D14、D13、D12、D11 中。试设计控制程序。

3. 某生产线的工件班产量为 80，用两位数码管递增显示。用接入 X0 端的传感器检测工件数量，当工件数量小于 75 时，绿灯亮；当等于和大于 75 时，绿灯闪烁；当等于 80 时，红灯亮，1min 后生产线自动停机。X1、X2 是启动/停机按钮，Y20 是生产线输出控制端，Y22、Y21 是红、绿灯输出端。Y6～Y0 和 Y16～Y10 分别是个、十位显示码控制端。试编写控制程序。

任务 12 使用外部设备调整程序参数

任务引入

在实际生产中，当生产工艺发生变化或生产设备状况差异较大时，往往需要调整 PLC 控制程序的参数，例如电动机启动或停止时间的调整、工作台上升或下降距离的调整、产品数目的调整等。解决的方法是重新下载新的 PLC 程序，或者使用外部设备（如内置电位器、拨码开关和示教定时器指令）调整程序的相关参数，显然，应用后者简便易行。

相关知识

一、内置电位器的使用方法

FX_{1S}或 FX_{1N}系列 PLC 有两个内置电位器 VR1 和 VR2，可以使用仪表用小螺丝刀旋转调节，其电压模拟值通过 PLC 内部模数转换电路变为 8 位二进制数字信号，分别存储于特殊数据寄存器 D8030 和 D8031 中，数值范围为十进制 0～＋255。在 PLC 程序中编入 D8030 和 D8031，就可以通过调节电位器的方法修改程序参数。

【例 3-6】 设 X0 接通 0～25s 内 Y0 状态 ON，延时时间用内置电位器 VR1 进行调节，编写相应的 PLC 程序。

解 使用内置电位器的定时程序如图 3-47 所示。用特殊数据寄存器 D8030 存储的数据作为定时器 T0 的设定值。调节内置电位器 VR1 时，设定值变化范围为 0～255，所以 T0 的延时时间为 0～25.5s。

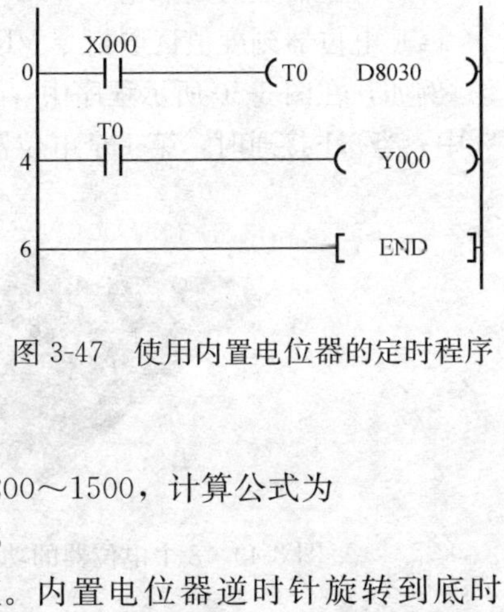

图 3-47 使用内置电位器的定时程序

通过算术运算可以扩大内置电位器的调节范围。

【例 3-7】 要求 X0 接通 120～150s 内 Y0 状态 ON，延时时间用内置电位器 VR1 进行调节，编写相应的 PLC 程序。

解 定时时间为 120～150s，定时器 T0 的设定值应为 1200～1500，计算公式为

$$1200+(D8030)\times 300/255$$

计算结果存储在数据寄存器 D2 中，作为 T0 的设定值。内置电位器逆时针旋转到底时，(D8030) ＝0，设定值为 1200，定时时间为 120s，监控程序如图 3-48（a）所示。内置电位器顺时针旋转到底时，(D8030) ＝255，设定值为 1500，定时时间为 150s，监控程序如图 3-48（b）所示。

二、内置电位器板和电位器读取指令 VRRD、VRSC

FX_{2N}系列的 PLC 没有内置电位器，如果需要可以在 PLC 上安装如图 3-49 所示的电位器功能扩展板，型号为 FX_{2N}-8AV-BD，板上配置了 8 个电位器。

电位器数值读取指令 VRRD、刻度值读取指令 VRSC 的助记符、操作数等指令属性如表 3-37 所示。

表 3-37 **VRRD、VRSC 指令**

电位器读取指令		操 作 数	数据范围
P	FNC85 VRRD	S：K、H（0～7） D：KnY、KnM、knS、T、C、D、V、Z	0～255
P	FNC86 VRSC		0～10

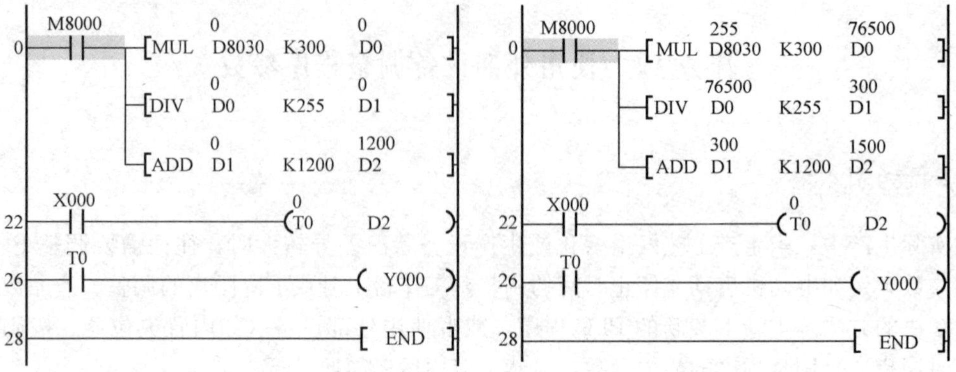

(a) (b)

图 3-48 使用内置电位器的监控程序

（a）最短延时时间 120s；（b）最长延时时间 150s

电位器读取指令的说明如下：

（1）S 为源操作数，常数 0～7 对应电位器 VR0～VR7。

（2）D 为存放二进制数据的目标操作数。

（3）电位器数值读取指令 VRRD 的数据范围是 0～255。

（4）电位器刻度值读取指令 VRSC 的数据范围是 0～10。

例如，在图 3-50 所示程序中，当 X0 接通时，第 0 个电位器的当前数值存储到数据寄存器 D0 中；当 X1 接通时，第 1 个电位器的当前刻度值存储到数据寄存器 D10 中。

图 3-49 8 个电位器的功能扩展板

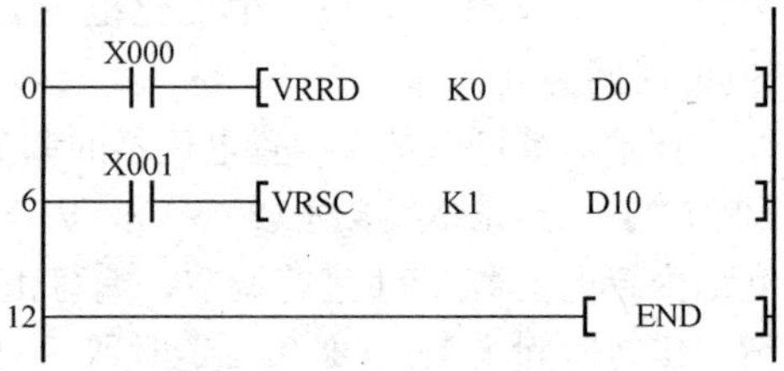

图 3-50 VRRD、VRSC 指令应用程序

三、拨码开关与 BIN 指令

在生产设备中，拨码开关常用作 PLC 的数据输入器件，两位拨码开关接线图如图 3-51 所示。个位拨码开关占用 X3～X0 输入端口，十位拨码开关占用 X7～X4 输入端口。按下拨码开关的加/减按键可以向 PLC 输入十进制数码（0～9），例如，图 3-51 中两位拨码开关设置为十进制数据 53，相应输入端口 X7～X0 的位状态为 0101 0011。

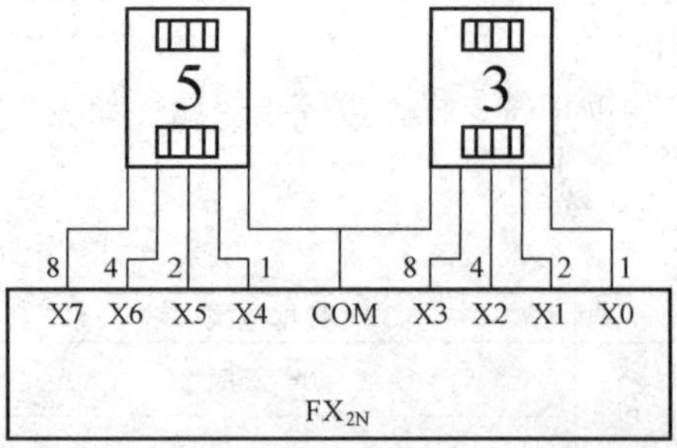

图 3-51 两位拨码开关接线图

拨码开关产生的是 BCD 代码，代码组间是十进制，而在 PLC 程序中数据的存储和操作都是二进制形式。因此，要使用 BIN 指令将拨码开关产生的 BCD 码变换为二进制数据。

BIN 变换指令的助记符、操作数等指令属性如表 3-38 所示。

表 3-38 **BIN 变换指令 BIN**

BIN 变换指令		操作数	
D P	FNC19 BIN	S	KnX、KnY、KnM、knS、T、C、D、V、Z
		D	KnY、KnM、knS、T、C、D、V、Z

BIN 变换指令的说明如下：

(1) BIN 指令是将源操作数 S 中的 BCD 码变换成二进制数据，存储在目标操作数 D 中。

(2) BIN 变换指令最多可以转换 32 位 BCD 码。

(3) 如果被转换的不是 BCD 码就会出错。

【例 3-8】

(1) 将图 3-51 所示的拨码开关数据“53”经 BIN 变换后存储到数据寄存器 D0 中。

(2) 将图 3-51 所示的拨码开关数据“53”直接存储到数据寄存器 D10 中。

解 在图 3-52 所示的程序监控中可以看出，当拨码开关的输出数据是“53”时，经 BIN 变换后数据寄存器 D0 中的数据也是“53”。而不经 BIN 变换，直接传送到数据寄存器 D10 中的数据“83”则是错误的。

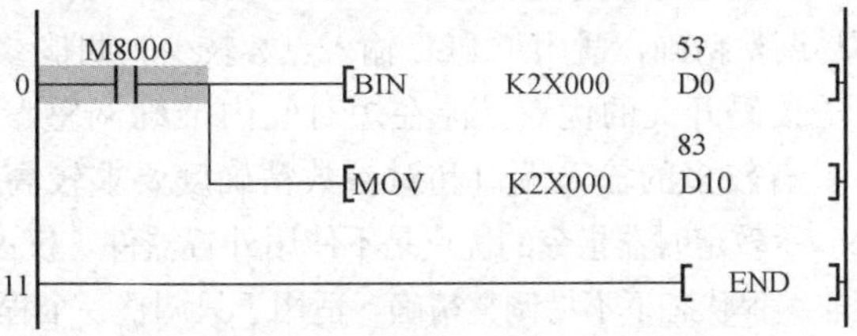

图 3-52 拨码开关数据存储程序的监控

四、示教定时器指令的使用方法

示教定时器指令 TTMR 的助记符、操作数等指令属性如表 3-39 所示，指令格式如图 3-53 所示。

表 3-39 **TTMR 指令**

示教定时器指令		操作数	
	FNC64 TTMR	D	双字元件：D
		n	K、H：n=0～2

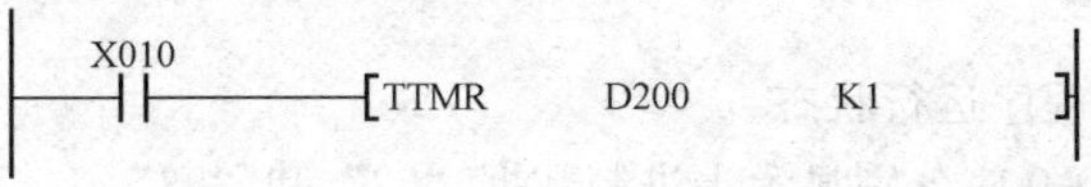

图 3-53 示教定时器指令格式

在图 3-53 所示的程序行中，D201 对 X10 接通的时间进行计时，时间单位为 100ms，即每秒钟的数值为 10。该数值乘以 n 中指定的倍数后传送到 D200 中。当 X10 断开时，D201 自动复位，D200 的数值保持。

n 中指定的倍数和每秒计数值如表 3-40 所示。

表 3-40 **示教定时器指令操作数的倍数**

n	倍数	数值
0	0.1	每秒计 1
1	1	每秒计 10
2	10	每秒计 100

示教定时器指令应用举例如图 3-54 所示。设某台设备有 Y0、Y1 两个输出端，要求 Y1 延时启动，延时时间由定时器 T0 控制，T0 的设定值用示教定时器指令调整，调整按钮为 X10。设备启动/停止按钮为 X0、X1。

在设备启动前，应先调整 Y1 的延时启动时间。假如延时时间为 20s，则按下 X10 按钮 20s，D200 和 D201 的数值均为 200；松开按钮 X10 时，D201 复位，D200 数值保持。

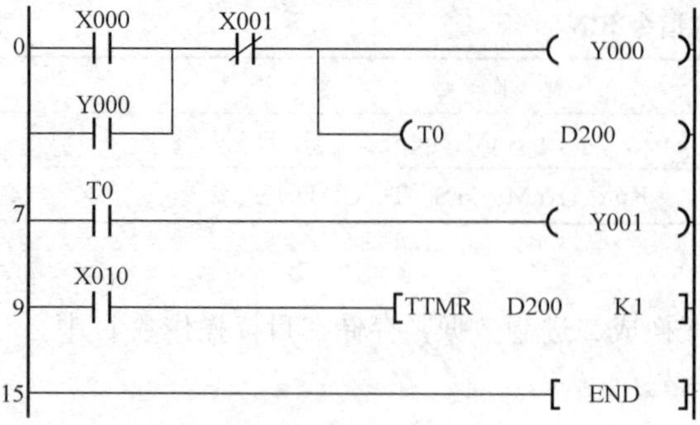

图 3-54 示教定时器指令指令应用举例

按下启动按钮 X0，Y0 通电自锁，T0 延时。T0 延时 20s 后，T0 触点闭合，Y1 通电。按下停止按钮，Y1、Y1 均断电。

在图 3-54 所示的程序中，因为 D200 是停电保持用数据寄存器，所以只需要在第一次开机前调整好程序参数，以后再开机不必重新调整。

用示教定时器指令调整的参数，不仅可以用于定时器，也可以用于计数器。

五、内置电位器、拨码开关和示教定时器指令适用场合

内置电位器的优点是不占用 PLC 的输入端口，能够调整多个程序参数，缺点是在非编程状态下不易调整精确，适用于 PLC 输入点数较少、调整参数较多和对程序参数精确度要求较低的场合。

拨码开关的优点是能在短时间内准确调整参数，缺点是占用了过多的 PLC 输入点，适用于 PLC 有较多的输入端口和对参数精确度要求较高的场合。

示教定时器指令的优点是不使用外置器件，仅占用一个输入端口，缺点是只能调整一个程序参数，在非编程状态下不易调整精确，适用于只调整一个程序参数和对程序参数精确度要求较低的场合。

任务实施

操作步骤

(1) 按图 3-51 所示连接两位拨码开关控制线路，触动按键，调整拨码开关输出数据为“53”。如果没有拨码开关器件，可以通过开关或导线将 PLC 输入继电器端口 X7～X0 的状态设置为 BCD 代码“0101 0011”。

(2) 接通 PLC 电源，使 PLC 处于编程状态。

(3) 将图 3-52 所示的程序下载 PLC。

(4) 用“遥控运行/停止”方式使 PLC 处于程序运行状态。

(5) 进入程序监控状态，数据寄存器 D0、D10 应分别显示十进制数据“53”和“83”。

(6) 重新输入新的十进制数据进行验证。

练习题

1. PLC 内置电位器的数值变化范围是多少？刻度值变化范围是多少？

2. 某设备用内置电位器 VR1 调整程序运行参数，范围为 400～500，作为计数器 C0 的设定值。试编写出相应程序。

3. 某拨码开关显示的数据为 19，经 BIN 变换后存储到数据寄存器 D10 中，试绘出 D10 的位状态图，问现在 D10 中的十进制数值是多少？

4. 某拨码开关显示的数据为 34，不经 BIN 变换即存储到数据寄存器 D20 中，试绘出 D20 的位状态图，问现在 D20 中的十进制数值是多少？

5. 在用示教定时器指令 TTMR 编写程序时使用通用数据寄存器和停电保持用数据寄存器有什么区别？

6. 简述内置电位器、拨码开关和示教定时器指令的适用场合。

模块四　中断与高速计数器的应用

有很多 PLC 内部或外部的事件是随机发生的。例如，接入某个输入继电器端口的传感器发生动作，PLC 内部定时器设定时间到达时刻，高速计数器的输入脉冲个数等于其设定值的时刻。事先并不知道这些事件何时发生，但是它们出现时又需要立即处理，PLC 用中断的方法来解决上述问题。

所谓中断就是当 CPU 执行正常程序时，系统中出现了某些急需处理的特殊请求（称为中断事件，产生中断事件的部件称为中断源），这时 CPU 暂时停止正在执行的程序，转去处理中断事件，当该事件处理完毕后，CPU 自动返回原来被中断的程序处继续执行。

三菱 FX_{2N} 型 PLC 有三种类型的中断，即外部输入中断、内部定时器中断和高速计数器中断。各类中断指针编号、事件描述与优先级如表 4-1 所示。同类型中 0 级的优先级别最高。

表 4-1　各类中断指针编号、事件描述与优先级

中断类型	中断指针编号	中断事件描述	优先级	优先级
外部输入中断	I00×	×＝0，X0 下降沿；×＝1，X0 上升沿	最高	0
	I10×	×＝0，X1 下降沿；×＝1，X1 上升沿		1
	I20×	×＝0，X2 下降沿；×＝1，X2 上升沿		2
	I30×	×＝0，X3 下降沿；×＝1，X3 上升沿		3
	I40×	×＝0，X4 下降沿；×＝1，X4 上升沿		4
	I50×	×＝0，X5 下降沿；×＝1，X5 上升沿		5
内部定时器中断	I6××	每隔××ms 循环中断一次	中等	0
	I7××	每隔××ms 循环中断一次		1
	I8××	每隔××ms 循环中断一次		2
高速计数器中断	I010	C235～C255 当前值等于设定值	最低	0
	I020	C235～C255 当前值等于设定值		1
	I030	C235～C255 当前值等于设定值		2
	I040	C235～C255 当前值等于设定值		3
	I050	C235～C255 当前值等于设定值		4
	I060	C235～C255 当前值等于设定值		5

任务 1　应用外部输入中断构成报警程序

任务引入

外部输入中断能够不受 PLC 扫描周期的影响立即处理外部输入信号，适用于报警、调整控制及短时间脉冲信号的拾取。

相关知识

一、中断指令

中断指令共有 3 条，如表 4-2 所示。

表 4-2　　中　断　指　令

指令名称	功能号　助记符	操　作　数
中断返回	FNC03　IRET	无
开中断	FNC04　EI	无
关中断	FNC05　DI	无

中断指令的说明如下：

(1) 通常 PLC 程序默认全局禁止中断，如果要使用中断功能必须使用开中断指令 EI 开放中断。

(2) 在程序某些局部禁止中断可使用关中断指令 DI。在 DI 与 EI 指令间（中断禁止区间）发生的中断被记忆，在 EI 指令后继续执行中断。如果中断禁止区间时间长，接受中断就滞后。不需要中断禁止时，不必对 DI 指令编程。

(3) 中断子程序应在主程序结束指令 FEND 的后面。中断子程序从它唯一的中断指针编号开始，到第一条中断返回指令 IRET 结束。

(4) 在中断子程序中，定时器的使用范围是 T192～T199 和 T246～T249。

二、外部中断输入继电器、中断指针编号与禁止中断辅助继电器

外部中断输入继电器、中断指针编号与局部禁止中断特殊辅助继电器如表 4-3 所示。

表 4-3　　外部中断输入继电器、中断指针编号与局部禁止中断特殊辅助继电器

中断输入继电器	要求最短脉冲宽度	指　针　编　号		局部禁止中断特殊辅助继电器
		下降沿中断	上升沿中断	
X0	FX_1：10μs 以上 FX_2：20μs 以上	I000	I001	M8050
X1		I100	I101	M8051
X2	50μs 以上	I200	I201	M8052
X3		I300	I301	M8053
X4		I400	I401	M8054
X5		I500	I501	M8055

外部中断输入说明如下：

(1) 外部中断源共有 6 个，即 X0～X5，它们对脉冲信号最小宽度的要求不同。

(2) 中断指针编号代表不同的中断源产生的中断事件，中断指针编号不能重复使用。

(3) 对于同一个中断源，程序中不能同时使用上升沿中断指针编号和下降沿中断指针编号。例如，不能同时使用 I000 和 I001。

(4) 当 M8050～M8055 接通时，禁止对应的局部中断，而关中断指令 DI 是禁止所有中断。

(5) 中断优先级。多个中断依次发生时，以先发生的为优先响应，在处理中断过程中，禁止其他中断。完全同时发生的，外部中断优先级最高，其次是内部定时器中断，高速计数器中断最

低。在同类型中断中，中断指针编号数小的优先级高。

三、外部中断应用举例

【例 4-1】 某脉冲信号接入输入继电器 X1 端口，用中断指令编写对该脉冲信号上升沿计数的程序，计数值存入数据寄存器 D0，X10 是数据清零端。

解 输入中断计数程序如图 4-1 所示。输入继电器 X1 的信号上升沿中断指针编号为 I101，在中断子程序 I101 中，执行 INC 指令后 D0 的数值加 1。因为产生中断事件时中断程序只能执行一次，所以不必设定为 INCP（脉冲执行型）。程序运行后，每次 X1 的状态由 OFF→ON 时，执行中断子程序 I101 一次，D0 的数据加 1。当 X10 接通时，D0 的数据清零。

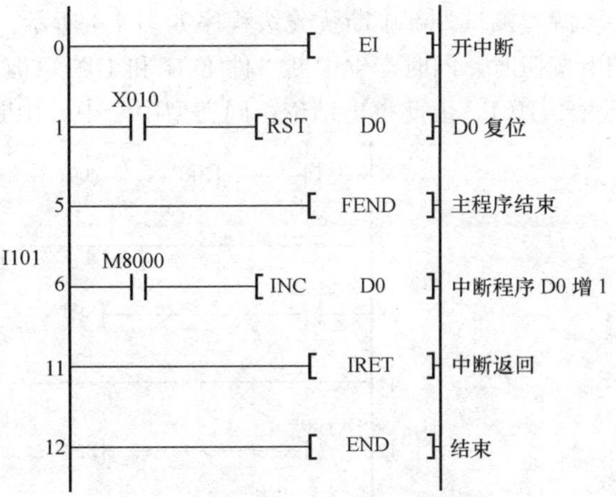

图 4-1 输入中断计数程序

【例 4-2】 编写短时间脉冲捕捉程序，利用外部中断功能，在指定时间内（例如 2s）保持短时间脉冲。输入/输出信号波形如图 4-2 所示。

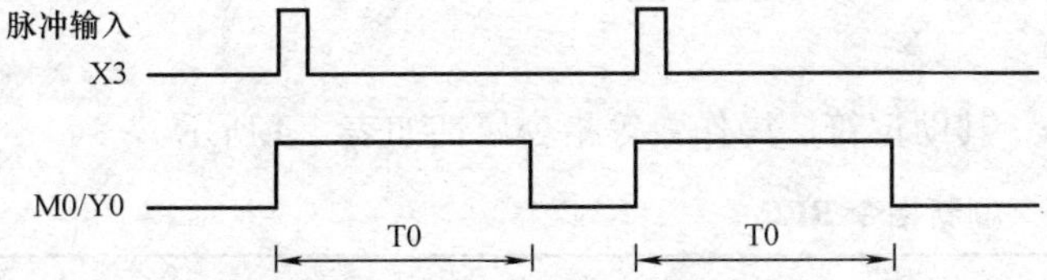

图 4-2 输入/输出信号波形

解 短时间脉冲捕捉程序如图4-3 所示。要求输入继电器 X3 的信号脉冲宽度大于 50μs 以上，当 X3 的状态由 OFF→ON 时，执行中断子程序 I301，M0 置位。在主程序中，M0 触点闭合，Y0 通电，T0 通电延时，T0 延时 2s 后动作，M0 复位，Y0 断电。Y0 的脉冲宽度可以远远大于 X3 的脉冲宽度。

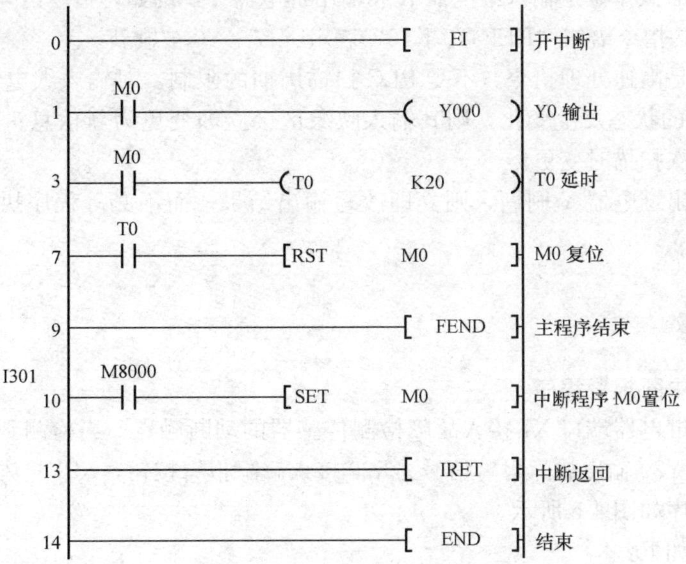

图 4-3 短时间脉冲捕捉程序

【例 4-3】 编写测试外部输入中断 I001 和 I101 优先级的程序，X10 为复位端。

解 测试外部中断优先级程序如图 4-4 所示。用同一个按钮将 X0、X1 端口连接在一起，当按下按钮时，同时产生中断事件 I001 和 I101，但程序输出结果总是 Y1 置位，说明 I001 的优先级大于 I101。由此得出结论：同类型中断中，中断指针编号小的优先级高。

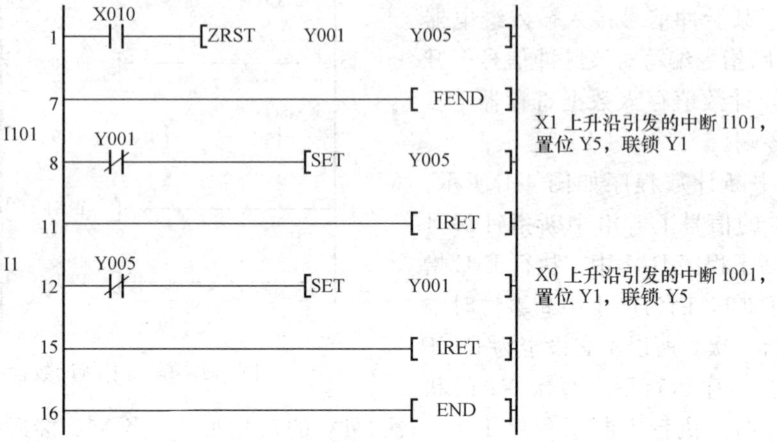

图 4-4 测试外部中断优先级程序

四、刷新指令 REF

刷新指令 REF 属于高速处理类指令，其助记符、操作数等指令属性如表 4-4 所示。

表 4-4 **刷新指令 REF**

输入/输出刷新指令		操作数	
		D（标号低位为 0）	n（K、H：8 的倍数）
P	FNC50 REF	X0，X10，…，Y0，Y10，…	8、16、…、256

刷新指令的说明如下：

（1）刷新指令的操作数是输入继电器 X 和输出继电器 Y，例如，指令语句“REF X0 K8”表示 X7～X0 被刷新；指令语句“REF Y0 K16”表示 Y17～Y0 被刷新。

（2）刷新指令是高速处理指令，不受 PLC 扫描周期的限制。对输入继电器 X 来说，执行刷新指令之后，若 X 的状态发生变化，则其输入映象区会立即变更为新信息；若没有执行刷新指令，就要等到下一次扫描时变更。

（3）若是对输出继电器 Y 刷新，则立即改写输出结果，而不必等程序执行结束指令 FEND 或 END 后。

任务实施

一、外部输入中断报警程序

某台设备输入继电器端口 X1 接入故障检测传感器的动断触点，当检测到“通”→“断”状态变化时，立即从 Y20 输出故障报警信号。X20 接入解除报警按钮，X21 接入禁止报警开关。外部输入中断报警程序如图 4-5 所示。

程序工作原理如下：

程序由主程序（步 0～6）和外部输入中断子程序（步 7～15）构成。

程序步 0，EI 指令开放中断，允许执行中断指令。

程序步 1，按下按钮 X20，Y20 复位，解除报警信号。

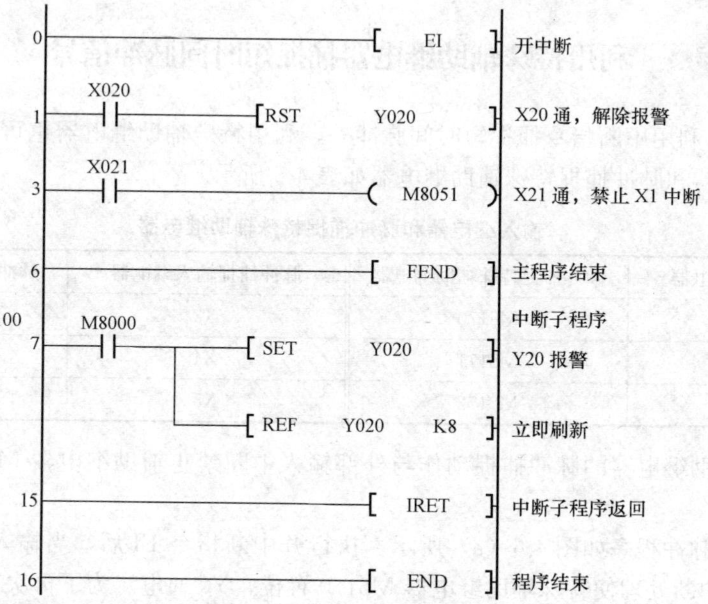

图 4-5 外部输入中断报警程序

程序步 3，如果开关 X21 闭合，特殊辅助继电器 M8051 通电，禁止 X1 中断。反之，允许中断。

程序步 6，主程序结束指令 FEND。

程序步 7，中断指针编号 I100 表示中断信号由输入继电器 X1 的下降沿产生。当发生故障时，传感器的动断触点断开，产生中断事件 I100，CPU 执行 I100 中断子程序，Y20 立即置位（Y27～Y20 的状态立即刷新输出）发出报警信号。如果程序中无刷新指令 REF，则程序执行结束指令 END 或 FEND 后 Y20 才置位报警。若无故障，则不产生中断事件。

程序步 15，结束中断子程序，返回主程序中断处继续执行主程序。

程序步 16，结束指令 END。

二、操作步骤

(1) 接通 PLC 电源，使 PLC 处于编程状态。

(2) 将图 4-5 所示的程序下载 PLC。

(3) 用“遥控运行/停止”方式使 PLC 处于程序运行状态。

(4) 进入程序监控状态。

(5) 用开关接通 X1，PLC 上输入指示灯 X1 应点亮，表示故障检测传感器的动断触点连接正常。

(6) 断开 X21 开关，使特殊继电器 M8051 断电，允许中断源 X1 产生中断。

(7) 断开 X1 的开关，模拟故障现象，当 X1 状态由 ON→OFF 瞬间产生中断事件，执行外部输入中断子程序 I100，Y20 输出指示灯亮，发出故障报警信号。

(8) 按下按钮 X20，Y20 输出指示灯灭，解除报警信号。

(9) 接通 X21，使 M8051 通电，禁止中断源 X1 产生中断。此时，无论断开或接通 X1 开关，都不会产生中断事件，Y20 无输出。

任务 1

知识扩展　利用特殊辅助继电器捕捉短时间脉冲信号

除［例 4-2］利用中断指令捕捉短时间脉冲外，利用特殊辅助继电器也可以捕捉短时间脉冲信号，输入继电器和脉冲捕捉特殊辅助继电器如表 4-5 所示。

表 4-5　输入继电器和脉冲捕捉特殊辅助继电器

脉冲捕捉输入继电器	脉冲捕捉特殊辅助继电器	脉冲捕捉输入继电器	脉冲捕捉特殊辅助继电器
X0	M8170	X3	M8173
X1	M8171	X4	M8174
X2	M8172	X5	M8175

应用特殊辅助继电器的脉冲捕捉动作与外部输入中断禁止辅助继电器 M8050～M8055 的动作无关。

捕捉短时间脉冲程序如图 4-6（a）所示。执行开中断指令 EI 后，当输入继电器 X0 状态由 OFF→ON 时，中断处理使特殊辅助继电器 M8170 置位，Y0 通电。为了再次获得输入，利用 X2 进行复位操作。输入/输出波形图如图 4-6（b）所示。

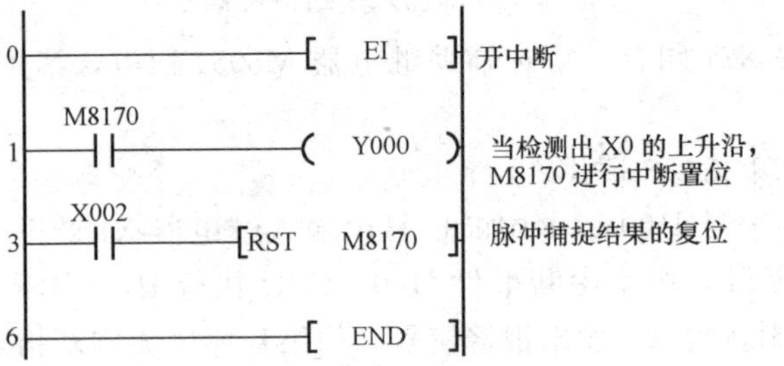

(a)

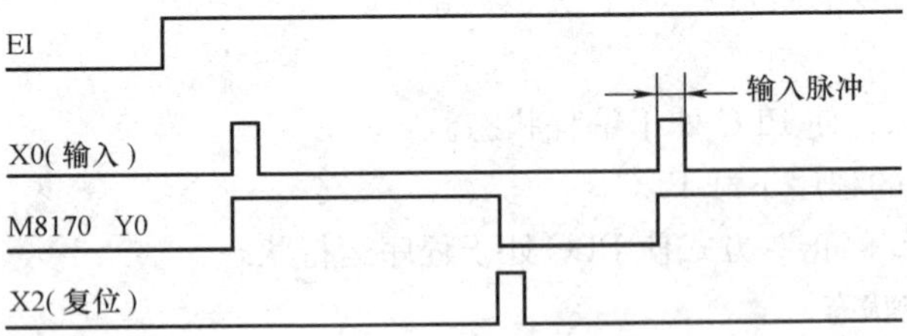

(b)

图 4-6　捕捉短时间脉冲程序和波形图
（a）程序；（b）波形图

练习题

1. 什么是中断？有哪几种类型的中断？外部输入中断有几个中断源？外部输入中断中，哪一个中断指针编号的优先级最高？哪一个中断指针编号的优先级最低？

2. 试编写外部输入中断故障报警程序。某台设备输入继电器端口 X0 接入故障检测传感器的动断触点，当检测到传感器状态 ON→OFF 时，立即从 Y0 输出故障报警信号。X1 接入解除报警按钮，X2 接入禁止报警开关。

任务 2　应用内部定时中断构成秒脉冲输出程序

任务引入

内部定时中断可以不受 PLC 扫描周期的影响，每隔 10～99ms 定时执行中断子程序一次，适用于在主程序运算周期很长的情况下，需要每隔一定时间执行的程序。利用内部定时中断功能可以构成精确度较高的秒脉冲输出程序。

相关知识

内部定时中断指针编号、设定中断周期和禁止中断特殊辅助继电器如表 4-6 所示。

表 4-6　　内部定时中断

中断指针编号	设定中断周期	禁止中断特殊继电器
I6××	在中断指针编号××处选择 10～99ms 的整数，例如 I810 表示每 10ms 执行 I810 中断子程序一次	M8056
I7××		M8057
I8××		M8058

内部定时中断的说明如下：

（1）FX_2系列的 PLC 具有内部定时中断功能，FX_1系列 PLC 不具有该功能。

（2）中断指针编号 I6××、I7××和 I8××在程序中不能重复使用。

任务实施

一、内部定时中断实现秒脉冲输出程序

利用内部定时中断实现周期为 1s 的高精度定时，并在 Y0 端口输出。X0、X1 分别是计时启动、停止按钮。内部定时中断实现秒脉冲输出程序如图 4-7 所示。

程序工作原理如下：

程序由主程序（步 0～9）和内部定时中断子程序（步 10～26）构成。

程序步 0，开中断。

程序步 1，按下启动按钮 X0，辅助继电器 M0 置位，在程序步 10 的 M0 动合触点闭合，中断子程序 I610 可以增 1 计数。

程序步 3，按下停止按钮 X1，M0、D0、Y0 复位。

程序步 9，主程序结束指令 FEND。

程序步 10，内部定时中断指针编号 I610 表示每隔 10ms 产生一个中断信号，执行一次 I610 中断子程序。当 M0 触点闭合时，中断子程序中 D0 增 1 计数。D0 当前值等于 50 时，即延时时间为 500ms，Y0 状态翻转一次，同时 D0 复位，再次从 0 开始计数。所以 Y0 的周期为 1000ms＝1s。

程序 26 步，结束中断子程序，返回主程序中断处继续执行主程序。

二、操作步骤

（1）接通 PLC 电源，使 PLC 处于编程状态。

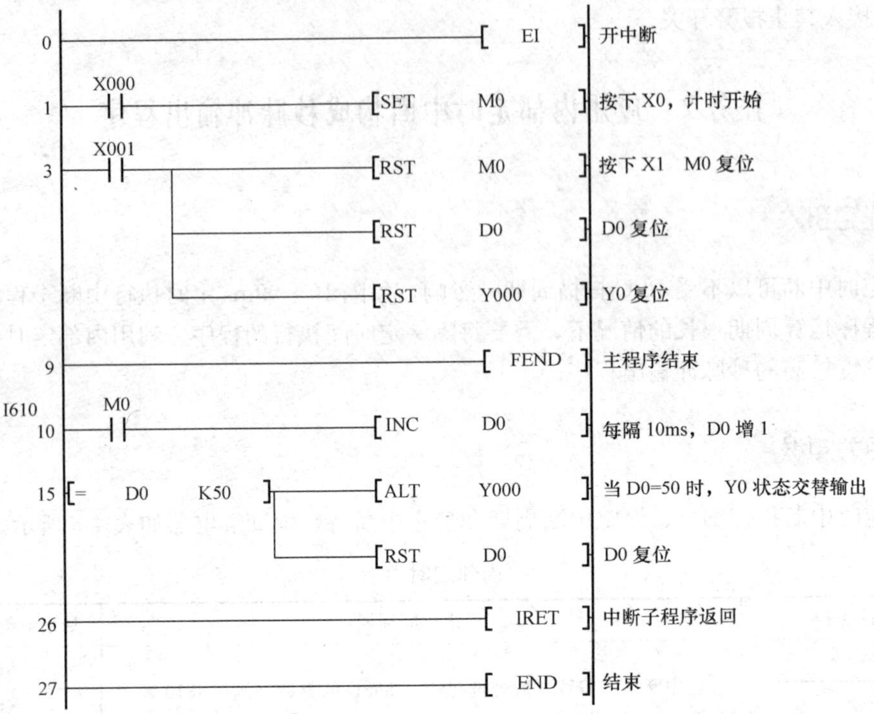

图 4-7　内部定时中断实现秒脉冲输出程序

（2）将图 4-7 所示的程序下载 PLC。

（3）用“遥控运行/停止”方式使 PLC 处于程序运行状态。

（4）进入程序监控状态。

（5）按下计时启动按钮 X0，PLC 输出端口 Y0 的状态以 1s 为单位周期变化。

（6）按下停止按钮 X1，Y0 的输出状态为 0。

练习题

1. 内部定时器中断有几个中断源？哪一个中断源的优先级最高？

2. 试用内部定时中断功能编写产生 800ms 周期方波信号的控制程序。X0/X1 是启动/停止按钮，Y0 是输出端口。

任务 3　高速计数器的一般应用程序

任务引入

一般情况下，PLC 的普通计数器只能接收频率为几十赫兹以下的低频脉冲信号。对于大多数控制系统来说，可以满足控制要求。只能接收低频（速）信号的原因有两点，一是与 PLC 输入端连接的按钮开关或触点在接通瞬间会因簧片抖动产生数个连续的脉冲信号，为了消除抖动信号的影响，PLC 的系统程序为输入端设置了 10ms 的延迟滤波器；二是因为 PLC 工作于周期性扫描方式，PLC 只在输入采样阶段接收外部输入信号，一般 PLC 用户程序的扫描周期在几十毫秒左右，小于扫描周期的信号不能有效地接收。

但在实际生产中，PLC可能要处理高频脉冲信号。例如，常见机械设备的主轴转速每分钟可高达上千转，PLC对主轴转速进行测速、计数和调速控制。为此，FX系列PLC专门设置了21个高速计数器。使用高速计数器时其输入端的延迟时间自动变为20μs（X0、X1）或50μs（X2～X5），同时为了不受PLC周期性扫描工作方式的影响，对高速计数器的输入信号采用中断处理。因此，高速计数器可以对频率高达60kHz的脉冲信号计数。

相关知识

高速计数器的编号为C235～C255（与之配合的特殊辅助继电器为M8235～M8255），都是32位断电保持型双向计数器，计数范围为－2147483648～＋2147483647。高速计数器分为单相单计数输入、单相双计数输入和双相双计数输入三类。

一、单相单计数输入的高速计数器

单相单计数输入的高速计数器如表4-7所示。

表4-7　单相单计数输入的高速计数器

计数输入	无复位/开始计数端						有复位/开始计数端				
	C235	C236	C237	C238	C239	C240	C241	C242	C243	C244	C245
X0	U/D						U/D			U/D	
X1		U/D					R			R	
X2			U/D					U/D			U/D
X3				U/D				R			R
X4					U/D				U/D		
X5						U/D			R		
X6										S	
X7											S

注　U—增计数；D—减计数；R—复位输入；S—启动输入。

高速计数器C235～C255的说明如下：

（1）高速计数器的信号输入端使用X0～X7，但只有X0～X5能用于计数脉冲信号输入，并且不能重复地在高速计数器C235～C255之间使用，因此，高速计数器最多只能使用6个。

（2）使用某个高速计数器后，相应的输入端自动被占用。例如，使用C235，X0被占用，则不可使用C241、C244、C246、C247、C249、C251、C252、C254和外部中断指针编号I00×或者M8170（脉冲捕捉）。

（3）通过触点控制高速计数器的输出指令（OUT C×××），就可以控制计数开始/停止。高速计数器输出指令要在主程序内编程，不要在子程序或中断子程序内编程。

（4）由于高速计数器的计数值可以断电保持，所以清除计数值要用复位指令。

（5）高速计数器C235～C245的功能是增计数还是减计数由特殊辅助继电器M8235～M8245的状态决定，M8235～M8245状态ON是减计数，状态OFF或者程序中不出现M8235～M8245是增计数。

【例4-4】　接线图如图4-8（a）所示，分析图4-8（b）所示的程序。

解　在图4-8（b）所示的程序中，X10接通C235开始计数，C235的当前值等于或大于100时其常开接点闭合，输出端口Y0通电；C235的当前值小于100时，Y0断电。系统自动分配X0

为C235的脉冲信号输入端。X1是工作方式选择端，断开是增计数，闭合是减计数。X2是C235的复位端。

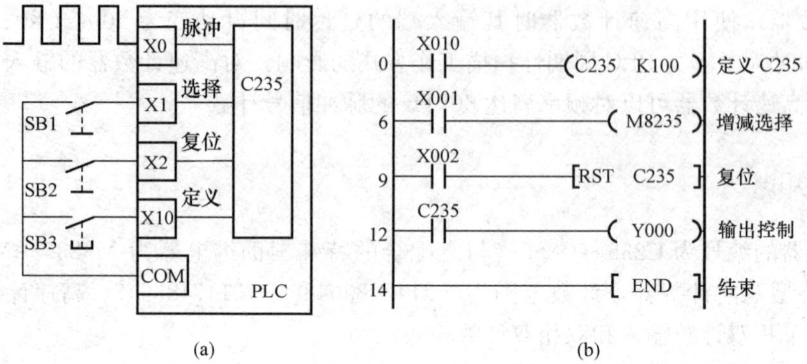

图4-8 使用高速计数器C235
（a）接线图；（b）程序梯形图

【例4-5】 接线图如图4-9（a）所示，分析图4-9（b）所示的程序。

解 在图4-9（b）所示的程序中，C245的当前值等于或大于100时Y0通电，否则断电。系统自动分配X2为C245的脉冲信号输入端，X3为C245复位端，X7为C245启动计数控制端。X1是工作方式选择端。

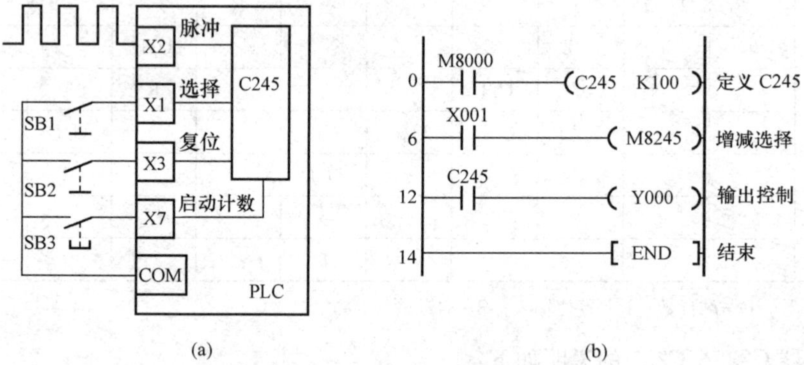

图4-9 使用高速计数器C245
（a）接线图；（b）程序梯形图

二、单相双计数输入的高速计数器

单相双计数输入的高速计数器如表4-8所示。

表4-8 单相双计数输入的高速计数器

计数输入	C246	C247	C248	C249	C250
X0	U	U		U	
X1	D	D		D	
X2		R		R	
X3			U		U
X4			D		D
X5			R		R
X6				S	
X7					S

高速计数器 C246～C250 的说明如下：

（1）对应于增计数脉冲输入或减计数脉冲输入，计数器自动地增、减计数。

（2）通过监控 M8246～M8250，可以知道计数器的工作方式。M8246～M8250 状态 ON 表明是减计数，状态 OFF 是增计数。

【例 4-6】 接线图如图 4-10（a）所示，分析图 4-10（b）所示的程序。

解 在图 4-10（b）所示的程序中，C247 等于或大于 100 时 Y0 通电，否则断电。系统自动分配 X0、X1 为 C247 的增、减脉冲信号输入端，X2 为 C247 的复位端。用 M8247 的状态表示增、减方式，当 C247 为增计数时，M8247 不动作，其动断触点闭合，Y1 通电；当 C247 为减计数时，M8247 动作，其动合触点闭合，Y2 通电。

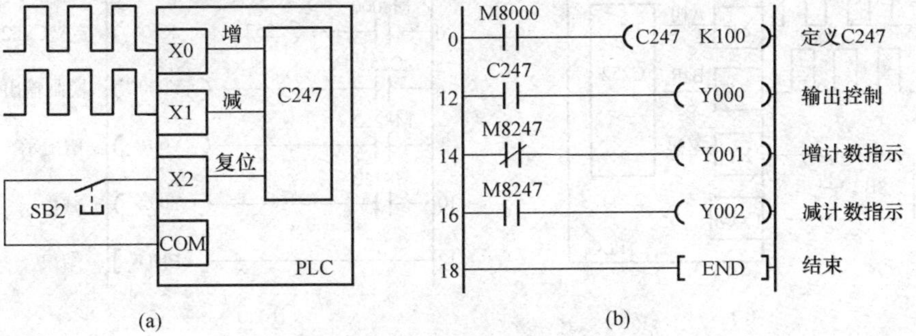

图 4-10 使用高速计数器 C247

（a）接线图；（b）程序梯形图

三、双相双计数输入的高速计数器

双相双计数输入的高速计数器如表 4-9 所示。

表 4-9 双相双计数输入的高速计数器

计数输入	C251	C252	C253	C254	C255
X0	A	A		A	
X1	B	B		B	
X2		R		R	
X3			A		A
X4			B		B
X5			R		R
X6				S	
X7					S

注 A—A 相输入；B—B 相输入；R—复位输入；S—启动输入。

高速计数器 C251～C255 的说明如下：

（1）通过监控 M8251～M8255，可以知道计数器工作方式。M8251～M8255 状态 ON 表明是减计数，状态 OFF 是增计数。

（2）双相计数器的两个脉冲端子是同时工作的，增、减计数方式由两相脉冲间的相位决定。如图 4-11 所示，在 A 相状态 ON，B 相状态从 OFF→ON（即上升沿）时增计数；反之，B 相状态从 ON→OFF（即下降沿）时减计数。

【例 4-7】 接线图如图 4-12（a）所示，分析图 4-12（b）所示的程序。

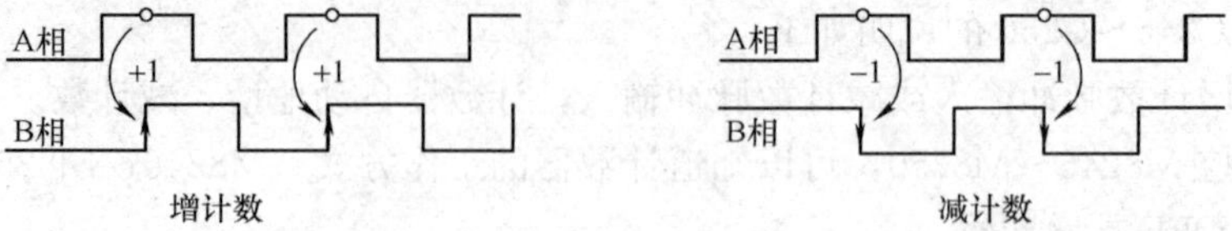

图 4-11　双相计数波形图

解　在图 4-12（b）所示的程序中，高速计数器 C252 等于或大于 100 时 Y0 通电，否则断电。系统自动分配 X0、X1 为 C252 的 A 相、B 相脉冲信号输入端，X2 为 C252 的复位端。用 M8252 的状态指示增、减状态，当 C252 为增计数时，Y1 通电；当 C252 为减计数时，Y2 通电。

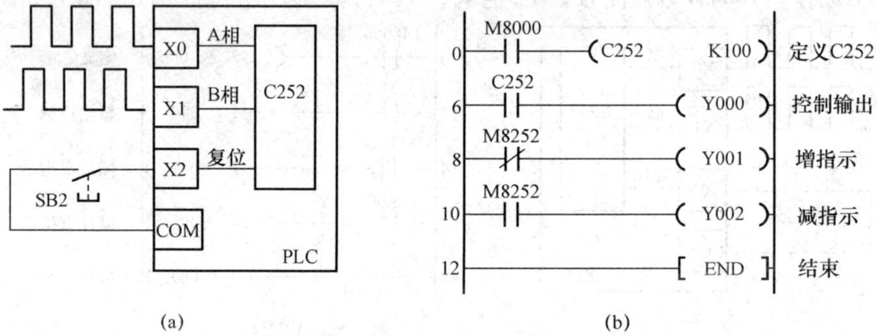

图 4-12　使用高速计数器 C252
（a）接线图；（b）程序梯形图

任务实施

使用高速计数器 C247 计数的操作步骤如下：

（1）按图 4-10（a）所示连接 PLC 控制电路。

（2）接通 PLC 电源，使 PLC 处于编程状态。

（3）将图 4-10（b）所示的程序下载 PLC。

（4）用“遥控运行/停止”方式使 PLC 处于程序运行状态。

（5）进入程序监控状态。

（6）按下增计数按钮 X0，C247 的当前值增加计数，Y1 通电表示工作方式为增计数，当 C247 当前值等于或大于 100 时，C247 动合触点闭合，Y0 通电。

（7）按下减计数按钮 X1，C247 的当前值减少计数，Y2 通电表示工作方式为减计数，当 C247 当前值小于 100 时，C247 动合触点断开，Y0 断电。

（8）按下复位按钮 X2，C247 复位，Y0 断电。

练习题

1. 在 FX 系列 PLC 中已有普通计数器，为什么还要设置高速计数器？

2. 高速计数器分为哪几类？高速计数器的计数范围是多少？

3. 对于单计数输入的高速计数器，怎样设置其增或减计数方式？

4. 对于双计数输入的高速计数器，怎样显示其增或减计数方式？

5. 高速计数器 C236 的初始值是 0，达到设定值 K100 000 时，输出端 Y10 状态 ON，X10/X11 分别为启动/复位端，试编写控制程序。

任务 4　应用高速计数器高速处理指令的程序

任务引入

由于高速计数器的输入信号采用中断处理方式，所以不受扫描周期的影响。但如果对高速计数器的控制对象采用普通的输出指令 OUT、置位指令 SET、复位指令 RST 和区间比较指令 ZCP，则要执行 END 指令后输出状态才能刷新。为了使输出状态的变化与计数脉冲同步，PLC 为高速计数器设置了采用中断方式的高速处理指令。

相关知识

一、高速计数器比较置位指令

高速计数器比较置位指令 HSCS 的助记符、操作数等指令属性如表 4-10 所示。

表 4-10　　HSCS 指 令

高速比较置位指令		操作数		
D	FNC53 HSCS	S1	S2	D
		K、H、KnX、KnY、KnM、knS、T、C、D、V、Z	C235～C255	Y、M、S

高速计数器比较置位指令 HSCS 的说明如下：

（1）该指令是 32 位专用指令，必须作为 DHSCS 指令输入。

（2）指令是在脉冲输入时比较结果动作，若高速计数器脉冲计数端没有脉冲输入，即使比较条件（S1＝S2）满足，目标操作数也无输出。

（3）FNC53、FNC54、FNC55 与普通指令一样可以多次使用，但这些指令同时驱动的个数限制在总计 6 个以下。

（4）目标操作数也可以是高速计数器中断指针编号 I010～I060。

（5）由于继电器输出型的 PLC 有 10ms 的延迟时间，所以为了输出同步，应使用晶体管输出型的 PLC。

【例 4-8】 分析图 4-13 所示两个程序的区别。

解 高速计数器是根据计数输入脉冲以中断方式计数。计数器 C247 的当前值等于或大于设定值时，计数器的动合触点立即闭合，但在图 4-13（a）所示程序中，Y10 的输出受扫描周期的

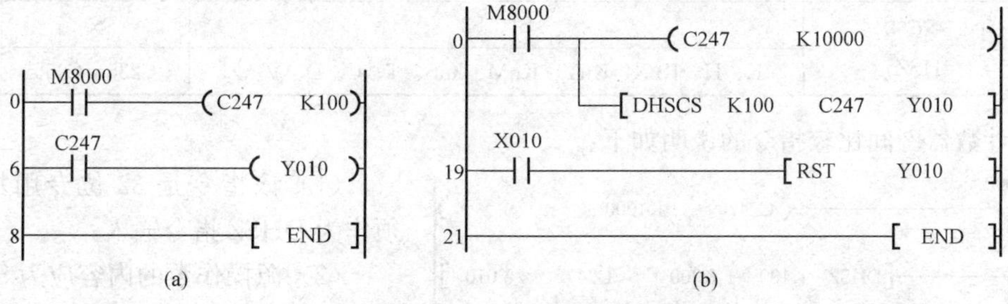

图 4-13　输出指令与比较置位指令的程序
（a）使用输出指令；（b）使用高速计数比较置位指令

影响，只有在执行指令 END 后才能通电。在图 4-13（b）所示程序中，使用比较置位指令 DHSCS，能中断处理比较、立即外部输出，所以当 C247 的当前值变为 99→100 或 101→100 时，Y10 不受扫描周期的影响，立即置位。

二、高速计数器比较复位指令

高速计数器比较复位指令 HSCR 的助记符、操作数等指令属性如表 4-11 所示。

表 4-11　　HSCR 指令

高速比较复位指令		操作数		
D	FNC54 HSCR	S1 K、H、KnX、KnY、KnM、knS、T、C、D、V、Z	S2 C235～C255	D Y、M、S

高速计数器比较复位指令的说明如下：

（1）该指令是 32 位专用指令，必须作为 DHSCR 指令输入。

（2）目标操作数 D 也可以是与源操作数 S2 一样的高速计数器。

例如，指令语句“DHSCR K200 C235 Y10”表示，由于比较、外部输出采用中断处理，C235 的当前值为 199→200 或 201→200 时，不受扫描周期的影响，Y10 立即复位。

【例 4-9】 分析图 4-14（a）所示程序的功能，绘出波形图。

解　当高速计数器 C247 的当前值等于或大于 30 时，C247 动合触点闭合，Y10 通电；当 C247 的当前值增加为 40 时，C247 立即复位，C247 动合触点断开，Y0 断电。波形图如图 4-14（b）所示。

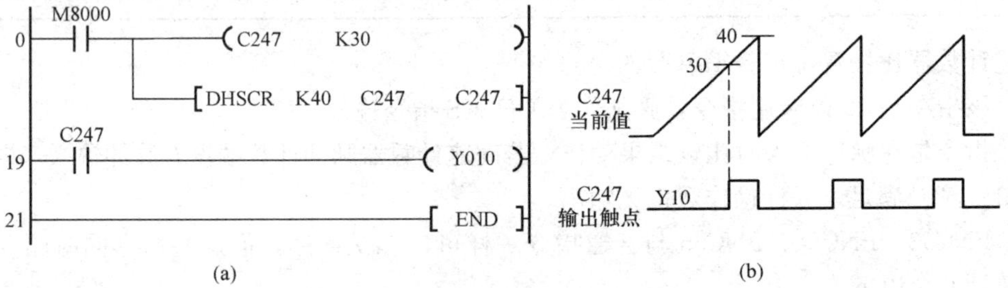

图 4-14　使用高速计数器比较复位指令

（a）使用输出指令；（b）波形图

三、高速计数器区间比较指令

高速计数器区间比较指令 HSZ 的助记符、操作数等指令属性如表 4-12 所示。

表 4-12　　HSZ 指令

高速区间比较指令		操作数		
D	FNC55 HSZ	S1、S2 K、H、KnX、KnY、KnM、knS、T、C、D、V、Z	S3 C235～C255	D Y、M、S

高速计数器区间比较指令的说明如下：

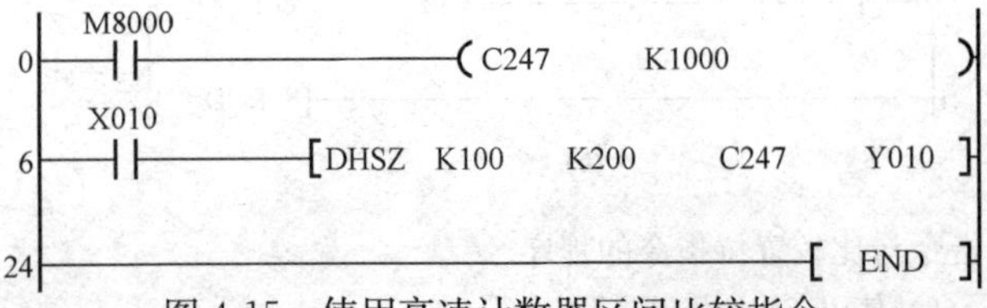

图 4-15　使用高速计数器区间比较指令

（1）该指令是 32 位专用指令，必须作为 DHSZ 指令输入。

（2）源操作数的内容应为 S1≤S2。

【例 4-10】 分析图 4-15 所示程序的功能。

解 当 X10 闭合并且至少输入一个脉冲信号时，执行高速计数器区间比较指令。

（1）高速计数器 C247 的当前值<100，Y10 状态 ON。

（2）100≤高速计数器 C247 的当前值≤200，Y11 状态 ON。

（3）高速计数器 C247 的当前值>200，Y12 状态 ON。

任务实施

使用高速计数器区间比较指令的操作步骤如下：

（1）接通 PLC 电源，使 PLC 处于编程状态。

（2）将图 4-15 所示的程序下载 PLC。

（3）用“遥控运行/停止”方式使 PLC 处于程序运行状态。

（4）接通 X10。

（5）按下增计数按钮 X0，C247 的当前值增加计数。

（6）按下减计数按钮 X1，C247 的当前值减少计数。

（7）按下复位按钮 X2，C247 复位。

（8）当高速计数器 C247 的当前值<100 时，Y10 通电；当 100≤高速计数器 C247 的当前值≤200 时，Y11 通电；当高速计数器 C247 的当前值>200 时，Y12 通电。

练习题

设高速计数器 C248 的控制要求如下，试编写控制程序。

（1）高速计数器 C248 的当前值<50，Y0 状态 ON。

（2）50≤高速计数器 C248 的当前值≤100，Y1 状态 ON。

（3）高速计数器 C248 的当前值>100，Y2 状态 ON。

任务 5 应用高速计数器中断构成特定数值检测程序

任务引入

高速计数器的中断处理是利用高速计数器当前值实施的中断，与高速计数器比较置位指令并用。当高速计数器的当前值等于比较置位指令的设定值时，执行中断子程序。

相关知识

一、高速计数器中断指针编号

高速计数器中断指针编号如表 4-13 所示。

表 4-13　　高速计数器中断指针编号

中断指针编号	禁止中断特殊辅助继电器	中断指针编号	禁止中断特殊辅助继电器
I010	M8059	I040	M8059
I020		I050	
I030		I060	

高速计数器中断指令的说明如下：

（1）高速计数器中断指针编号共有 6 个，不可重复使用。

（2）若禁止中断特殊辅助继电器 M8059 通电，则禁止所有的高速计数器中断。

（3）对应于高速计数器的当前值，若只进行输出继电器或辅助继电器的接通/断开控制时，可利用高速处理指令 FNC53～55 简单编程。

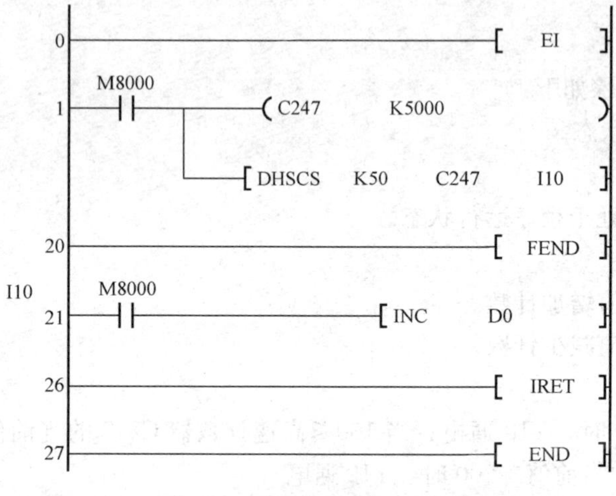

图 4-16　用高速计数器中断构成特定值检测程序

【例 4-11】 分析如图 4-16 所示程序的功能。

解　图 4-16 所示是一个特定数值为 50 的检测程序，当高速计数器 C247 的当前值为 49→50 或 51→50 时，高速比较置位指令启动中断子程序 I010。在中断子程序 I010 中，数据寄存器 D0 的数据增 1，D0 数据表示在程序运转中共出现多少次特定值。

【例 4-12】 试编写测试外部输入中断和高速计数器中断优先级的程序。

解　程序如图 4-17 所示。通过 X11 将 C235 置 0，用同一个按钮将 X0、X1 端口连接在一起，数次按下按钮，总是 Y1 输出，说明 I101 的优先级大于 I010。由此得出结论：外部输入中断的优先级高于高速计数器中断。

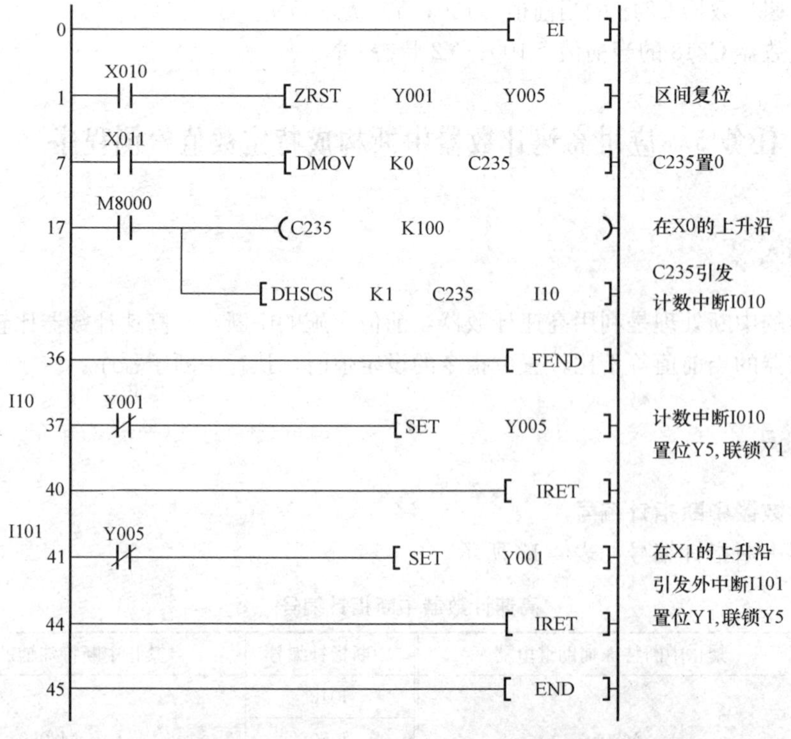

图 4-17　外部输入中断与高速计数器中断的优先级测试程序

二、高速计数器的响应频率

在程序中不使用高速处理指令 FNC53～55 时，使用单个高速计数器的响应频率为：

C235，C236，C246（单相）： 最高 60kHz。

C251（双相）： 最高 30kHz。

C237～C245，C247～C250（单相）： 最高 10kHz。

C252～C255（双相）： 最高 5kHz。

使用多个高速计数器时，综合频率不要超过 60kHz；双相信号的频率应乘以 2。

【例 4-13】 在不使用高速指令 FNC53～55 时，求使用高速计数器 C235 输入 30kHz，C237 输入 10kHz，C253 输入 5kHz 时的综合频率。

解 高速计数器 C235、C237 和 C253 占用的输入点没有冲突，可以同时使用，其综合频率为 $30+10+2\times5=50$（kHz），小于 60（kHz），满足系统要求。

如果在程序中使用高速处理指令 FNC53～55 时，单相频率不要超过 10kHz，双相频率不要超过 5kHz，综合频率不要超过 20kHz。双相信号的频率应乘以 2。

【例 4-14】 在使用高速指令 FNC53～55 时，求使用单相 5kHz、7kHz 各 1 点，1 点双相 3kHz 时的综合频率。

解 综合频率为 $5+7+3\times2=18$（kHz），小于 20（kHz），满足系统要求。

任务实施

1. 应用高速计数器中断功能检测特定数值程序的操作步骤如下：

（1）接通 PLC 电源，使 PLC 处于编程状态。

（2）将图 4-16 所示的程序下载 PLC。

（3）用“遥控运行/停止”方式使 PLC 处于程序运行状态。

（4）进入程序监控状态。

（5）按下增计数按钮 X0，C247 的当前值增加计数，当 C247 的当前值由 49→50 时，执行 I010 中断子程序，D0 数值加 1。

（6）按下减计数按钮 X1，C247 的当前值减少计数，当 C247 的当前值由 51→50 时，执行 I010 中断子程序，D0 数值加 1。

（7）D0 的数值表示在程序运转中出现了多少次特定值。

（8）按下复位按钮 X2，C247 复位。

2. 外部输入中断与高速计数器中断优先级测试程序的操作步骤如下：

（1）用同一个按钮将 X0、X1 端口连接在一起。

（2）接通 PLC 电源，使 PLC 处于编程状态。

（3）将图 4-17 所示的程序下载 PLC。

（4）用“遥控运行/停止”方式使 PLC 处于程序运行状态。

（5）进入程序监控状态。

（6）按下按钮 X10，将 Y1、Y5 复位。

（7）按下按钮 X11，将 C235 置 0。

（8）按下按钮 X0（X1），总是 Y1 置位，证明外部输入中断的优先级高于高速计数器中断。

练习题

1. 高速计数器有几个中断指针编号？哪一个中断指针编号的优先级最高？

2. 特殊辅助继电器 M8059 能替代关中断指令 DI 吗？

3. 在使用高速处理指令 FNC53～55 时，求使用 C236 输入 6kHz，C237 输入 5kHz，C255 输入 3kHz 时的综合频率，并检查高速计数器占用的输入点是否符合程序要求。

模块五　模拟量扩展模块的应用

生产过程中的各类传感器或控制器，常用连续变化的模拟信号来表示或控制温度、流量、转速、压力等工艺参数的大小。通常标准化模拟信号以电压或电流的形式表现，并在规定范围内变化，如0～±10V电压、0～±5V电压或4～20mA电流。

由于PLC的基本单元只配置了数字量I/O接口，所以不能直接接收或输出模拟信号。如果需要处理模拟信号，必须在基本单元的基础上扩展模拟量输入模块、输出模块或输入/输出混合模块。

任务1　将输入模拟电压转换为数字值

任务引入

模拟量输入模块的功能是模/数（A/D）转换，将传感器输入的模拟量转换为相应的二进制数据保存在缓冲存储器单元中，以便PLC随时读取。模拟量输出模块的功能是数/模（D/A）转换，将写入其缓冲存储器单元的二进制数据转换为相应的模拟信号去控制现场设备。

相关知识

一、扩展模块的规格

PLC常用普通模拟量扩展模块规格如表5-1所示。这些扩展模块可与FX_{0N}、FX_{1N}、FX_{2N}、FX_{2NC}系列的PLC连接使用。

表5-1　**PLC常用普通模拟量扩展模块规格**

型　号	模拟输入点	模拟输出点	数字位	数字范围	耗电（5V）
FX_{2N}-2AD	2		12	0～4000	20mA
FX_{2N}-4AD	4		12	－2000～＋2000	30mA
FX_{2N}-8AD	8		16	－16 384～＋16 383	50mA
FX_{2N}-2DA		2	12	0～4000	20mA
FX_{2N}-4DA		4	12	－2000～＋2000	30mA
FX_{0N}-3A	2	1	8	0～250	30mA

模拟量扩展模块和其他使用FROM/TO指令的扩展模块统称为特殊模块。表5-1中特殊模块的5V用电由PLC基本单元或扩展单元的内部电源通过扩展电缆供电，不需要另外接线。

二、扩展模块的连接与编号

用扩展电缆将特殊模块连接到PLC基本单元、扩展单元或扩展模块的右侧，如图5-1所示。I/O扩展单元或扩展模块的序号是由基本单元开始，按连接顺序分配八进制数码。特殊模块是根据靠近PLC基本单元的位置，依次从0到7编号，最多可以连接8个特殊模块。例如，FX_{2N}-

2AD为特殊模块0，FX_{0N}-3A为特殊模块1。PLC和特殊模块之间的通信由光电耦合器保护。

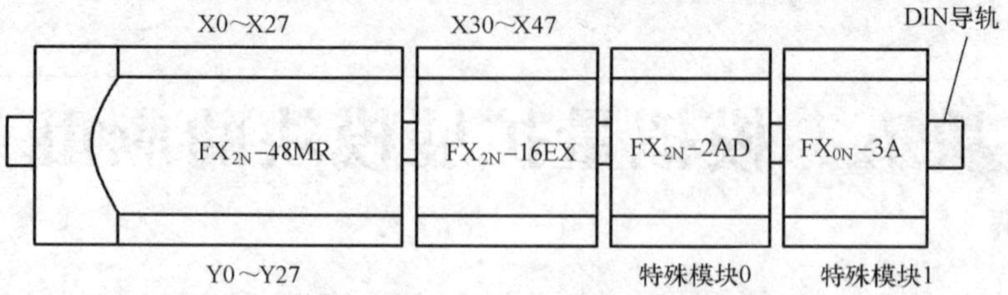

图5-1　I/O扩展模块、特殊模块与基本单元的连接与编号

三、模拟量输入/输出扩展模块FX_{0N}-3A

FX_{0N}-3A有2个模拟输入通道和1个模拟输出通道，接线端如图5-2所示。

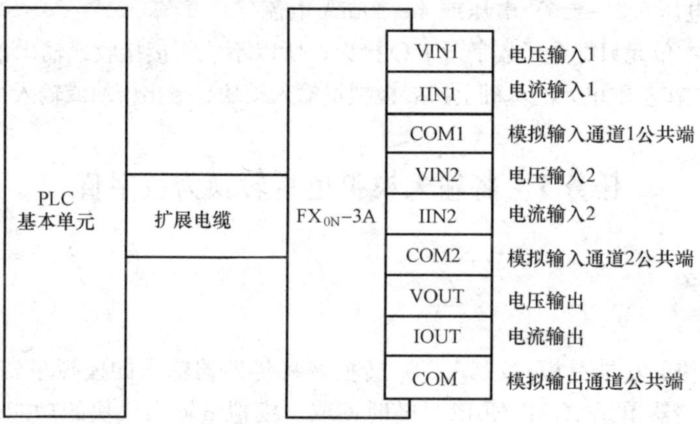

图5-2　FX_{0N}-3A的接线端

2个模拟输入通道用数字1、2区分，可以通过接线方式选择模拟电压输入或模拟电流输入，但不能将一个通道作为模拟电压输入而另一个通道作为模拟电流输入，因为这两个通道使用相同的偏置量和增益值。当使用电压输入时，输入信号连接VIN端子；当使用电流输入时，输入信号连接IIN端子，同时应确保VIN和IIN端子短路。

模拟输出通道用以将8位二进制数字值转换为模拟量输出，根据接线方式可在电压输出或电流输出中选择一种。当使用电压输出时，输出信号连接VOUT端子；当使用电流输出时，输出信号连接IOUT端子，注意不要短路VOUT和IOUT端子。

当电压输入/输出存在波动或有大量噪声时，在电压与COM端子间连接一个25V、0.1～0.47μF的电容。而电流输入/输出具有较高的抗干扰能力。

最多4个FX_{0N}-3A可以连接FX_{0N}系列PLC，最多5个连接FX_{1N}系列PLC，最多8个连接FX_{2N}系列PLC，最多4个连接FX_{2NC}系列PLC。

FX_{0N}-3A输入性能规格如表5-2所示。

表5-2　FX_{0N}-3A输入性能规格

项　目	电压输入	电流输入
模拟输入范围	出厂时，已为0～10V直流电压输入选择了0～250范围。 如果用于电流输入或0～10V DC之外的电压输入，则需要重新调整偏置和增益。 模块不允许两个输入通道有不同的输入特性	
	0～10V、0～5V，电阻200kΩ 警告：输入电压超过－0.5、＋15V就可能损坏该模块	4～20mA，电阻250Ω 警告：输入电流超过－2、＋60mA就可能损坏该模块

续表

项　目	电 压 输 入	电 流 输 入
数字分辨率	8 位	8 位
最小输入信号分辨率	40mV：0～10V/0～250（出厂时） 依据输入特性而变	64μA：4～20mA /0～250 依据输入特性而变
总精度	±0.1V	±0.16mA
处理时间	TO 指令处理时间×2+FROM 指令处理时间	

FX_{0N}-3A 输入特性如图 5-3（a）所示，横坐标表示输入模拟信号，纵坐标表示经 A/D 转换后的数字值。FX_{0N}-3A 出厂时，已为 0～10V 直流电压输入选择了 0～250 范围。当输入电压为 0.040V 时，数字值为 1；当输入电压为 10.0V 时，数字值为 250；当输入电压大于 10.2V 时，数字值最大为 255，数据表明输入信号与数值成线性正比关系。通过调整偏置和增益，也可以选择 0～5V 直流电压输入，输入特性如图 5-3（b）所示。

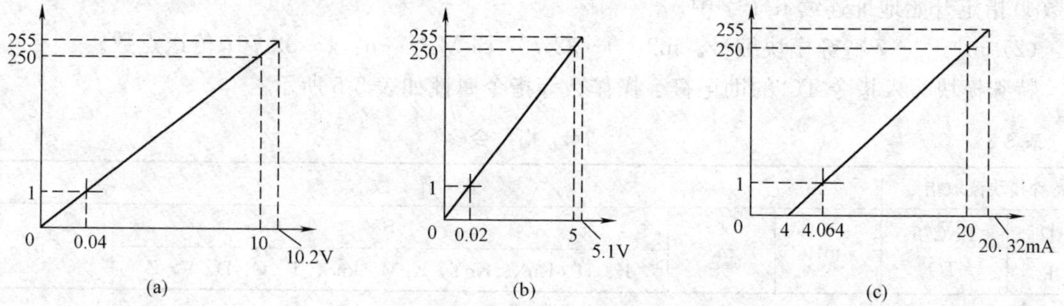

图 5-3　模拟电压、电流输入特性

（a）模拟输入电压 10V 特性；（b）模拟输入电压 5V 特性；（c）模拟输入电流 20mA 特性

通过调整偏置和增益，也可以选择 4～20mA 直流电流输入，输入特性如图 5-3（c）所示。当输入电流为 4mA 时，数字值为 0；当输入电流为 4.064mA 时，数字值为 1；当输入电流为 20mA 时，数字值为 250；当输入电流大于 20.32mA 时，数字值最大为 255。

四、缓冲存储器（BFM）

FX_{0N}-3A 内部共有 32 个缓冲存储器（BFM），每个 BFM 均为 16 位，其高 8 位全部保留。FX_{0N}-3A 缓冲存储器的分配如表 5-3 所示。

表 5-3　　FX_{0N}-3A 缓冲存储器的分配

BFM	b15～b8	b7	b6	b5	b4	b3	b2	b1	b0
0	保留	存储 A/D 通道的当前值输入数据（8 位、0～255）							
16	保留	存储 D/A 通道的当前值输出数据（8 位、0～255）							
17	保留	保留					D/A 启动	A/D 启动	A/D 通道
1～5、18～31	保留	保留							

对缓冲存储器的说明如下：

（1）BFM 0 的低 8 位 b7～b0 存储 A/D 通道输入数据的当前值。

（2）BFM 16 的低 8 位 b7～b0 存储 D/A 通道输出数据的当前值。

（3）BFM 17 的低 3 位：

b0 = 0，选择模拟输入通道 1；b0 = 1，选择模拟输入通道 2。

b1 ＝ 1，启动 A/D 转换处理。

b2 ＝ 1，启动 D/A 转换处理。

五、特殊模块读取、写入指令

PLC 基本单元和 FX_{0N}-3A 所有数据和参数设置都是通过 PLC 的特殊模块读/写指令 FROM/TO 完成的，特殊模块读取指令 FROM 的助记符、操作数等指令属性如表 5-4 所示。

表 5-4　　FROM 指　令

特殊模块读取指令		操作数			
D	FNC78	m1	m2	D	n
P	FROM			KnX、KnY、KnM、knS、T、C、D、V、Z	

特殊模块读取指令的说明如下：

（1）FROM 指令执行时，读取 m1 指定的模块号中第 m2 个 BFM 开始连续 n 个数据到目标操作数 D 指定开始地址连续 n 个字中。

（2）m1：0～7 特殊模块编号。m2：0～32 767 BFM 号。n：1～32 767 传送点数。

特殊模块写入指令 TO 的助记符、操作数等指令属性如表 5-5 所示。

表 5-5　　TO 指　令

特殊模块读取指令		操作数			
D	FNC79	m1	m2	S	n
P	TO			K、H、KnX、KnY、KnM、knS、T、C、D、V、Z	

特殊模块写入指令的说明如下：

（1）TO 指令执行时，写源操作数 S 指定开始连续地址 n 个字数据到 m1 指定的模块号中第 m2 个 BFM 开始连续 n 个字中。

（2）m1：0～7 特殊模块编号。m2：0～32 767 BFM 号。n：1～32 767 传送点数。

任务实施

一、将模拟电压转换成数字值的程序

FX_{2N}系列 PLC 基本单元连接一个 FX_{0N}-3A 模拟量扩展模块，通过直流可调电源输入 0～10V 模拟电压，将 A/D 转换的数字值存储 PLC 的数据寄存器 D10，并在程序监控状态下读取输入电压分别为 0、2、4、5、6、8、10、10.2V 时的数字值。X10 接入 A/D 转换开关，控制程序如图 5-4 所示。

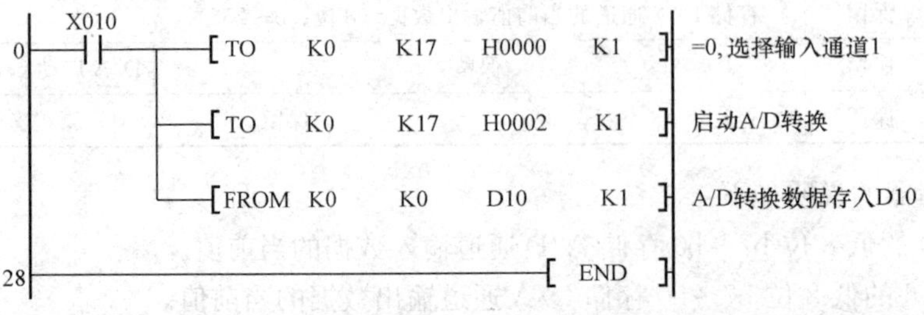

图 5-4　模拟电压转换为 8 位数据的程序

程序工作原理如下：

当 X10 接通时，第 1 个 TO 指令将常数 H0 写入编号为 0 的特殊模块的 BFM 17 中，使 b0 = 0，选择模拟输入通道 1。

第 2 个 TO 指令将常数 H2 写入编号为 0 的特殊模块的 BFM 17 中，使 b1 = 1，启动 A/D 转换处理。

FROM 指令将编号为 0 的特殊模块的 BFM 0 中对应当前输入模拟电压的 A/D 转换值写入 PLC 的数据寄存器 D10 中。

二、操作步骤

（1）使用扩展电缆连接 PLC 和 FX_{0N}-3A。

（2）将直流电源的正极与 FX_{0N}-3A 的 VIN1 连接，负极与 FX_{0N}-3A 的 COM1 连接。

（3）接通 PLC 电源，使 PLC 处于编程状态。

（4）将图 5-4 所示的程序下载 PLC。

（5）用“遥控运行/停止”方式使 PLC 处于程序运行状态。

（6）进入程序监控状态。

（7）在数字电压表的测试下调节直流电源的输出电压，当电压为 0 时，D10 数据为 0；当电压为 2V 时，D10 数据为 50，将数据记录在表 5-6 中。改变不同的电压值，重复操作。

（8）测试数据与图 5-3（a）所示输入特性一致。如果测试数据与输入特性差别较大，请检查 FX_{0N}-3A 的接线和扩展电缆的连接是否正确。

表 5-6　　输入电压与转换数值记录

输入电压（V）	0	2	4	5	6	8	10	10.2
D10 参考数据	0	50	100	125	150	200	250	255
D10 测试数据								

练习题

1. 模拟量输入、输出模块的功能是什么？
2. 什么是特殊模块？特殊模块如何连接与编号？
3. 模拟量混合模块 FX_{0N}-3A 的输入电压和电流有哪几种规格？出厂设定规格是哪一种？
4. 模/数通道的当前二进制数值保存在 BFM 的什么位置？二进制数值范围是多少？

任务 2　将数字值转换为模拟电压输出

任务引入

在生产过程中，常常将控制数据转换为模拟电压或模拟电流去控制现场设备。例如，通过调节电压高低来控制温度，或通过变频器的模拟信号控制端口来调节电动机的转速等。

相关知识

FX_{0N}-3A 输出性能规格如表 5-7 所示。

表 5-7　　FX$_{0N}$-3A 输出性能规格

项　目	电压输出	电流输出
模拟输出范围	出厂时，已为 0～10V DC 输出选择了 0～250 范围。 如果用于电流输出或 0～10V DC 之外的电压输出，则需要重新偏置和增益	
	0～10V、0～5V 外部负载：1kΩ～1MΩ	4～20mA 外部负载：500Ω 或更小
数字分辨率	8 位	8 位
最小输出信号分辨率	40mV：0～10V/0～250（出厂时） 依据输出特性而变	64μA：4～20mA /0～250 依据输出特性而变
总精度	±0.1V	±0.16mA
处理时间	TO 指令处理时间×3	
输出特点	如果使用大于 8 位的数据，则只有低于 8 位的数据有效，高位将被忽略掉	

FX$_{0N}$-3A 的输出特性如图 5-5（a）所示。横坐标表示数字值，纵坐标表示经 D/A 转换后的模拟信号。FX$_{0N}$-3A 出厂时，已为 0～10V 直流电压输出选择了 0～250 范围。当数字值为 1 时，输出电压为 0.040V；当数字值为 250 时，输出电压为 10.0V；当数字值最大为 255 时，输出电压为 10.2V，说明数字值与输出电压为线性正比关系。通过调整偏置和增益，也可以选择 0～5V 直流电压输出，输出特性如图 5-5（b）所示。

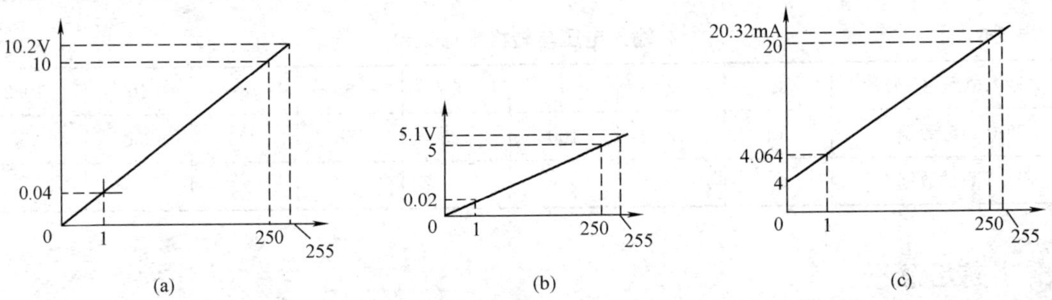

图 5-5　模拟电压、电流输出特性

（a）模拟输出电压 10V 特性；（b）模拟输出电压 5V 特性；（c）模拟输出电流 20mA 特性

通过调整偏置和增益，也可以选择 4～20mA 直流电流输出，输出特性如图 5-5（c）所示。当数字值为 0 时，输出电流为 4mA；当数字值为 1 时，输出电流为 4.064mA；当数字值为 250 时，输出电流为 20mA；当数字值最大为 255 时，输出电流为 20.32mA。

任务实施

一、将数字值转换成模拟电压的程序

FX$_{2N}$系列 PLC 基本单元连接一个 FX$_{0N}$-3A 模拟量扩展模块，将数字值 0、50、100、150、200、250、255 转换为模拟电压输出，用数字电压表测量和记录输出电压值，并且分析是否符合图 5-5（a）所示的输出特性。

X0 连接清 0 按钮，X1 连接 D/A 转换按钮，控制程序如图 5-6 所示。

程序工作原理如下：

程序步 0，程序初次运行时或按下清零按钮 X0 时，数据寄存器 D0 清零。

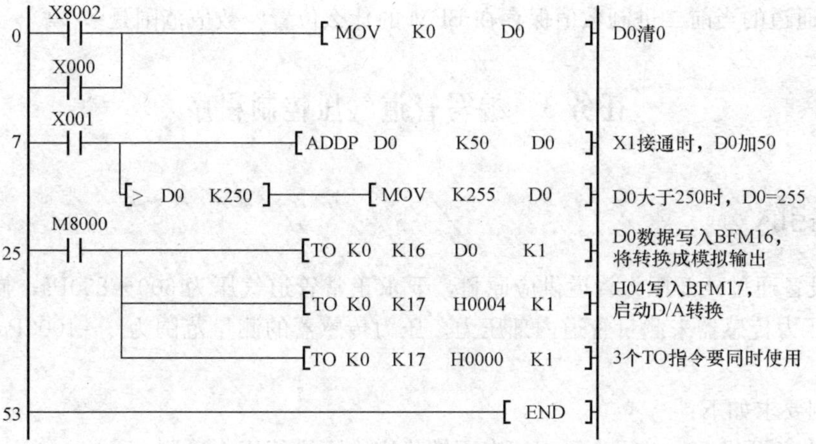

图 5-6 数字值转换为模拟电压的程序

程序步 7，每次按下 D/A 转换按钮 X1 时，D0 数据加 50。当 D0 数据大于 250 时，D0 数值为 255。

程序步 25，第 1 个 TO 指令将 D0 数据写入编号为 0 的特殊模块的 BFM 16 中，该数据将转换成模拟电压信号输出。

第 2 个 TO 指令将常数 H4 写入编号为 0 的特殊模块的 BFM 17 中，使 b2 ＝ 1，启动 D/A 转换。

当进行 D/A 转换时，3 个 TO 指令要同时使用，否则程序不能运行。

二、操作步骤

（1）通过扩展电缆连接 PLC 和 FX_{0N}-3A。

（2）将数字电压表的正极与 FX_{0N}-3A 的 VOUT 连接，负极与 FX_{0N}-3A 的 COM 连接。

（3）接通 PLC 电源，使 PLC 处于编程状态。

（4）将图 5-6 所示的程序下载 PLC。

（5）用“遥控运行/停止”方式使 PLC 处于程序运行状态。

（6）进入程序监控状态。

（7）按下按钮 X0，用数字电压表 20V DC 挡位测试 FX_{0N}-3A 的输出电压。当 D0 数据为 0 时，输出电压为 0，将数据记录在表 5-8 中。

（8）按下按钮 X1，用数字电压表测试 FX_{0N}-3A 的输出电压。当 D0 数据为 50 时，电压为 2V，将数据记录在表 5-8 中。再次按下按钮 X1，重复操作。

（9）测试数据与图 5-5（a）所示输出特性一致，说明数字值与模拟电压成线性正比关系。如果测试数据与输出特性差别较大，请检查 FX_{0N}-3A 的接线和扩展电缆的连接是否正确。

表 5-8　　　数值与输出电压记录

数值	0	50	100	150	200	250	255
输出参考电压（V）	0	2	4	6	8	10	10.20
输出测试电压							

练习题

1. 模拟量混合模块 FX_{0N}-3A 的输出电压和电流有哪几种规格？出厂设定规格是哪一种？

2. D/A 通道的当前二进制数值保存在 BFM 的什么位置？数值范围是多少？

任务 3　编写管道气压控制程序

任务引入

某生产设备通过外部压力管道供应原料，要求正常管道气压为 600～850Pa，使用西特（Setra 267 型）压力传感器来测量管道内部压力。压力传感器的测量范围为 0～1000Pa，输出为 0～10V DC。

设备控制要求如下：

1. 由于设备开机 30s 时间内压力状态不够稳定，不进行压力检测。
2. 当压力欠压或超压时间 10s 以上时，设备停止工作，并且用灯光表示故障现象。

任务实施

PLC 的基本单元与 FX_{0N}-3A 连接，压力传感器连接到 FX_{0N}-3A 的模拟通道 1，基本单元的输入/输出端口分配如表 5-9 所示。

表 5-9　PLC 输入/输出端口分配

输入端口			输出端口		
输入继电器	输入器件	作用	输出继电器	输出器件	作用
X0	SB1 动合触点	启动按钮	Y0	接触器 KM1	生产设备
X1	SB2 动断触点	停止按钮	Y10	指示灯（红色）	欠压指示
			Y11	指示灯（绿色）	压力正常指示
			Y12	指示灯（黄色）	超压指示

一、计算控制参数

压力下限对应的模拟电压为 600×10/1000 ＝6（V）。

压力上限对应的模拟电压为 850×10/1000 ＝ 8.5（V）。

压力下限对应的数值为 600×250/1000 ＝ 150。

压力上限对应的数值为 850×250/1000 ＝ 212.5。

为了保证控制精度和编写程序方便，将压力下限和上限对应的数值扩大 10 倍，使控制参数转为整数表示 150×10 ＝1500，212.5×10 ＝ 2125。

二、管道压力控制程序

管道压力控制程序如图 5-7 所示。

程序工作原理如下：

程序步 0，为启动/停止控制。当按下启动按钮 X0 时，Y0 通电自锁，设备工作；当按下停止按钮 X1 或欠压、超压 10s 以上时，Y0 断电，设备停止工作。当设备开始运转时，需要一定的时间稳定工作状态，所以 T0 延时 30s。

程序步 11，当按下停止按钮 X1 时，应用区间复位指令使 M10～M12、Y10～Y12 复位。

程序步 22，当 T0 延时 30s 后，动合触点闭合，进行 A/D 转换，将输入通道 1 的模拟电压值

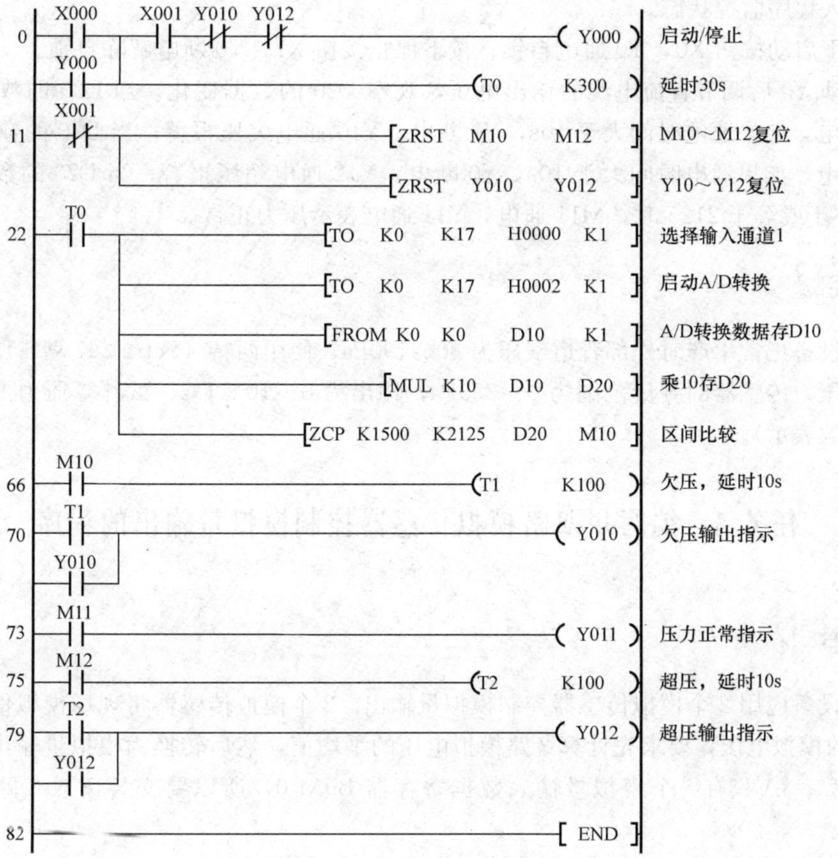

图 5-7　管道压力控制程序

转换为二进制数据存入 D10，D10 数据扩大 10 倍存入 D20。对 D20 数据进行区间比较。当压力低于压力值的下限控制参数 1500 时，M10 通电；当压力正常时，M11 通电；当压力高于压力值的上限控制参数 2125 时，M12 通电。

程序步 66，为了防止压力波动造成的误动作，采用延时控制。当 M10 触点闭合时，T1 通电，如果 T1 连续通电 10s 以上，说明欠压现象真实存在；如果 T1 通电时间不足 10s，说明压力已恢复正常。

程序步 70，当 T1 连续通电 10s 以上时，T1 触点闭合，Y10 通电自锁，欠压转出指示灯亮报警，同时联锁 Y0 断电，设备停止工作。

程序步 73，当压力正常时，M11 触点闭合，Y11 通电，压力正常指示灯亮。

超压处理程序段的工作原理同欠压处理程序段。

三、模拟生产设备的操作步骤

（1）通过扩展电缆连接 PLC 和 FX_{0N}-3A。

（2）将直流电源的正极与 FX_{0N}-3A 的 VIN1 连接，负极与 FX_{0N}-3A 的 COM1 连接，模拟压力传感器工作状态。

（3）接通 PLC 电源，使 PLC 处于编程状态。

（4）将图 5-7 所示的程序下载 PLC。

（5）用“遥控运行/停止”方式使 PLC 处于程序运行状态。

（6）进入程序监控状态。

（7）按下启动按钮 X0，Y0 通电自锁；按下停止按钮 X1，Y0 断电解除自锁。

（8）启动 Y0 后调节直流电源的输出电压，观察 D20 的数据变化。当 D20 的数值小于 1500 时，M10 通电，如果通电时间大于 10s，Y0 断电，Y10 通电欠压报警；当 D20 的数值大于 2125 时，M12 通电，如果通电时间大于 10s，Y0 断电，Y12 通电超压报警；当 D20 的数值大于或等于 1500 且小于或等于 2125 时，M11 通电，Y11 通电表示压力正常。

练习题

某生产设备正常生产时外部管道气压为 80～190Pa，使用西特（Setra 267 型）压力传感器来测量压力。压力传感器的测量范围为 0～250Pa，输出为 0～10V DC。试计算压力上、下限控制参数（用整数表示）。

任务 4　编写用双路模拟传感器控制模拟量输出的程序

任务引入

某生产设备应用 2 个模拟传感器控制模拟量输出。2 个模拟传感器将现场模拟信号分别转换为 0～10V 的模拟电压，要求先计算 2 路模拟电压的平均值，然后转换为模拟量输出控制现场设备。由于 FX_{0N}-3A 只有一个模拟量输入数据寄存器 BFM 0，所以要交替读入 2 路模拟电压数据值。

任务实施

FX_{2N}系列 PLC 的基本单元与 FX_{0N}-3A 连接，模拟传感器 1 连接到 FX_{0N}-3A 的模拟输入通道 1，模拟传感器 2 连接到模拟输入通道 2，输入模拟电压范围为 0～10V DC。通过 FX_{0N}-3A 的模拟输出端可以输出模拟电压或模拟电流去控制现场设备。基本单元的输入端 X0/X1 分别连接启动/停止按钮。

一、双路模拟传感器控制模拟量输出的程序

双路模拟输入控制 1 路模拟输出的程序如图 5-8 所示。

程序工作原理如下：

程序步 0，为启动/停止控制。当按下启动按钮 X0 时，M0 通电自锁；当按下停止按钮 X1 时，M0 断电。

程序步 4，在 M8011 作用下，M1 状态每 10ms 翻转一次。

程序步 9，当 M1 动合触点接通时，进行 A/D 转换，将输入通道 1 的模拟电压值转换为二进制数据存入 D10。

程序步 37，当 M1 动断触点接通时，进行 A/D 转换，将输入通道 2 的模拟电压值转换为二进制数据存入 D20。

程序步 65，当 M0 动合触点闭合时，进行数据运算和 D/A 转换与输出处理。将 D10 和 D20 的数据相加存入 D30，求平均值后存入 D40。将 D40 中的二进制数据写入 FX_{0N}-3A 的 BFM 16，启动 D/A 转换，通过输出端输出模拟电压。

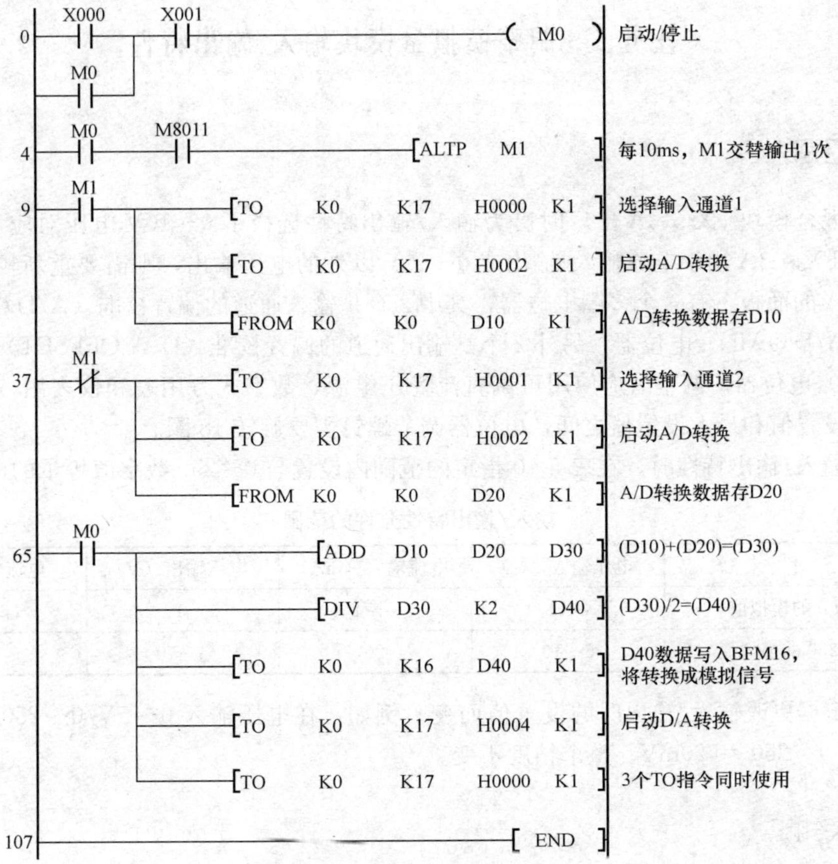

图 5-8　双路模拟输入控制 1 路模拟输出的程序

二、模拟双路传感器的操作步骤

（1）通过扩展电缆连接 PLC 和 FX_{0N}-3A。

（2）将双路直流电源的正极分别与 FX_{0N}-3A 的 VIN1 和 VIN2 连接，负极分别与 FX_{0N}-3A 的 COM1 和 COM2 连接，模拟双路传感器工作状态。

（3）用数字电压表 20V DC 挡位测量模拟电压输出端 VOUT 和 COM 间的电压。

（4）接通 PLC 电源，使 PLC 处于编程状态。

（5）将图 5-8 所示的程序下载 PLC。

（6）用“遥控运行/停止”方式使 PLC 处于程序运行状态。

（7）进入程序监控状态。

（8）按下启动按钮 X0，M0 通电自锁；按下停止按钮 X1，M0 断电解除自锁。

（9）启动 M0 后分别调节各路直流电源的输出电压，观察数字电压表的数据变化，电压表的读数应为双路模拟电压的平均值。

练习题

在图 5-8 所示的程序中，如果有主、从 2 路模拟电压输入，现要求主路作用占 70%，从路作用占 30%，如何修改图 5-8 所示的程序？

*任务 5　调整模拟量模块输入/输出特性

任务引入

模拟量混合模块 FX_{0N}-3A 出厂时已为输入/输出特性选择了 0～10V 电压对应 0～250 数字值。如果把 FX_{0N}-3A 用于电流输入/输出或 0～10V 以外的电压输出，则需要重新校准偏置和增益。FX_{0N}-3A 的面板下有 4 个多圈电位器，其中 2 个是输入通道的偏置校准（A/D OFFSET）和增益校准（A/D GAIN）电位器，另外 2 个是输出通道的偏置校准（D/A OFFSET）和增益校准（D/A GAIN）电位器。调整时应使用可调直流稳压电源、数字式万用表和仪表用一字型小螺丝刀，在最小设置值和最大设置值之间，电位器调节螺钉需要旋转 18 圈。

当更改输入/输出特性时，在表 5-10 指定的范围内设置与 0～250 数字值等量的模拟值。

表 5-10　输入/输出特性允许的范围

项　　目	电压输入（V）	电流输入（mA）	电压输出（V）	电流输出（mA）
数字值为 0 的模拟值	0～1	0～4	0	4
数字值为 250 的模拟值	5～10	20	5～10	20

分辨率依据更改输入/输出时的设置值而变。例如：在电压输入 0～5V/0～250 时，分辨率变成（5～0V）/250 ＝ 20mV。整个精度不变。

相关知识

一、A/D 通道的校准

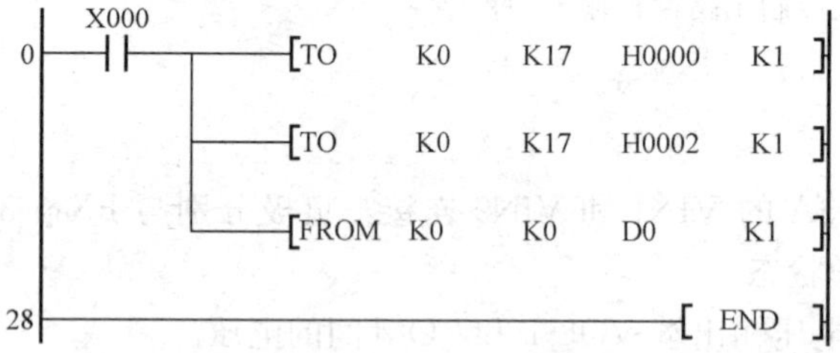

图 5-9　A/D 校准程序

FX_{0N}-3A 的两个模拟输入通道共享相同的配置，因此，只需要选择一个通道就可以对两个模拟输入通道进行校准。A/D 校准程序如图 5-9 所示。

1. 输入偏置校准

使 X0 状态 ON，运行如图 5-9 所示的程序。在模拟输入通道 1 输入如表 5-11 第二行所示的电压/电流值，调整 A/D OFFSET 电位器，使读入 D0 的数值为 1。顺时针调整数字量增加，逆时针调整数字量减小。

表 5-11　输入偏置/增益校准值

模拟输入范围	0～10V	0～5V	4～20mA
输入偏置校准值	0.04V	0.02V	4.064mA
输入增益校准值	10V	5V	20mA

2. 输入增益校准

使 X0 状态 ON，运行如图 5-9 所示的程序。在模拟输入通道 1 输入如表 5-11 第三行所示的电压/电流值，调整 A/D GAIN 电位器，使读入 D0 的数值为 250（当需要 8 位分辨率最大化时，增益调节中使用的数字值应该用 255 代替）。

二、D/A 通道的校准

D/A 校准程序如图 5-10 所示。程序步 0～27 为输出偏置校准程序段，使用的数字值为十进制常数 1。程序步 28～55 为输出增益校准程序段，使用的数字值为十进制常数 250（当需要 8 位分辨率最大化时，增益调节中使用的数字值应该用 255 代替）。

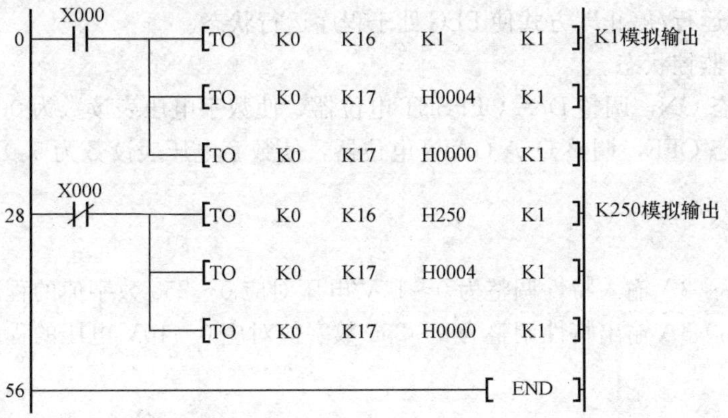

图 5-10 D/A 校准程序

1. 输出偏置校准

使 X0 状态 ON，运行如图 5-10 所示的程序，将十进制常数 1 转换为模拟量输出。调整 D/A OFFSET 电位器，使输出满足表 5-12 第二行所示的电压/电流值。

表 5-12 输出偏置/增益校准值

模拟输入范围	0～10V	0～5V	4～20mA
输出偏置校准值	0.04V	0.02V	4.064mA
输出增益校准值	10V	5V	20mA

2. 输出增益校准

使 X0 状态 OFF，运行如图 5-10 所示的程序，将十进制常数 250 转换为模拟量输出。调整 D/A GAIN 电位器，使输出满足表 5-12 第三行所示的电压/电流值。

任务实施

1. 将 FX_{0N}-3A 输入特性调整为 0～5V 电压对应 0～250 数值，操作步骤如下：

（1）通过扩展电缆连接 PLC 和 FX_{0N}-3A。

（2）将直流电源的正极与 FX_{0N}-3A 的 VIN1 连接，负极与 FX_{0N}-3A 的 COM1 连接。

（3）接通 PLC 电源，使 PLC 处于编程状态。

（4）将图 5-9 所示的程序下载 PLC。

（5）用“遥控运行/停止”方式使 PLC 处于程序运行状态。

（6）进入程序监控状态。

（7）使 X0 状态 ON，调节直流电源的输出电压为 0.020V，调整 A/D OFFSET 电位器，使 D0 的数值为 1。

（8）使 X0 状态 ON，调节直流电源的输出电压为 5.0V，调整 A/D GAIN 电位器，使 D0 的数值为 250。

2. 将 FX_{0N}-3A 输出特性调整为 0～250 数值对应 0～5V 电压，操作步骤如下：

（1）通过扩展电缆连接 PLC 和 FX_{0N}-3A。

（2）将数字电压表的正极与 FX_{0N}-3A 的 VOUT 连接，负极与 FX_{0N}-3A 的 COM 连接。

（3）接通 PLC 电源，使 PLC 处于编程状态。

（4）将图 5-10 所示的程序下载 PLC。

（5）用"遥控运行/停止"方式使 PLC 处于程序运行状态。

（6）进入程序监控状态。

（7）使 X0 状态 ON，调整 D/A OFFSET 电位器，使数字电压表读数为 0.020V。

（8）使 X0 状态 OFF，调整 D/A GAIN 电位器，使数字电压表读数为 5.0V。

练习题

1. 写出将 FX_{0N}-3A 输入特性调整为 0～10V 电压对应 0～255 数字值的程序和操作步骤。
2. 写出将 FX_{0N}-3A 输出特性调整为 0～255 数字值对应 0～10V 电压的程序和操作步骤。

模块六　变频器的使用

在工业生产方面广泛使用的三相交流异步电动机具有结构简单、控制方便、价格低廉、转速稳定的优势，但同时也具有不易改变转速的不足。近年来，随着变频技术的发展，受变频器驱动的交流电动机已广泛应用于各种调速控制场合，不仅克服了电动机调速困难的缺点，而且节能效果十分显著。

任务 1　变频器的基础知识

任务引入

通过本任务的学习了解通用变频器的用途和构造，熟悉变频器端子连接以及各端子的功能，掌握变频器的维护知识。

相关知识

一、变频器的用途

1. 输出连续可调频率的交流电用于调速控制

如图 6-1 所示，变频器把输入频率（50Hz）一定的交流电变换成频率和电压连续可调的交流电输出。由于电动机的转速 n 与电源频率 f 成线性正比关系，所以，受变频器驱动的三相交流异步电动机可以平滑地改变转速。

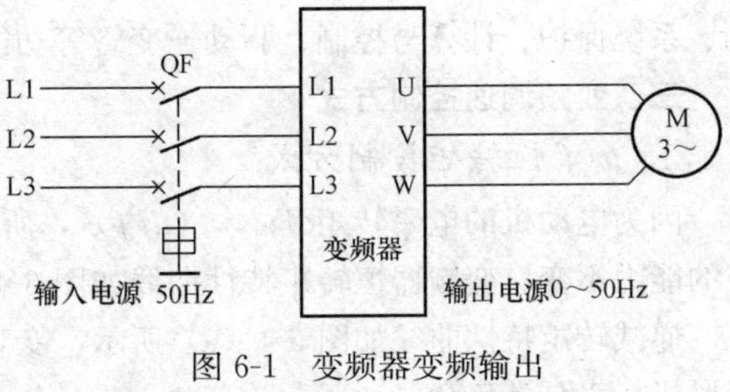

图 6-1　变频器变频输出

2. 节能

对风机、泵类负载，当需要大流量时可提高电动机的转速，当需要小流量时可降低电动机的转速，不仅能做到保持流量平稳，减少启动和停机次数，而且节能效果显著，经济效益可观。

3. 平稳启动

许多生产设备需要电动机缓速启动，例如，载人电梯为了保证舒适性必须以低速启动。传统的降压启动方式不仅成本高，而且控制线路复杂，而使用变频器后只需要设置启动频率和启动加速时间参数即可做到低速平稳启动。

4. 制动

变频器具有直流制动功能，可以准确地定位停车。

二、变频器的构造

变频器由主电路和控制电路构成，结构框图如图 6-2 所示。

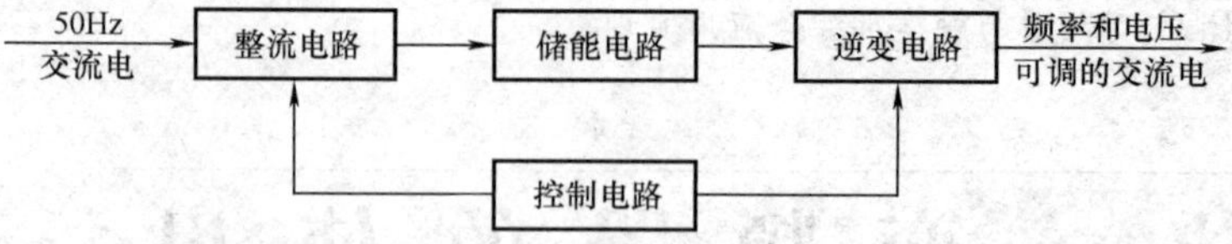

图 6-2　变频器结构框图

变频器的主电路包括整流电路、储能电路和逆变电路，是变频器的功率电路，主电路结构如图 6-3 所示。

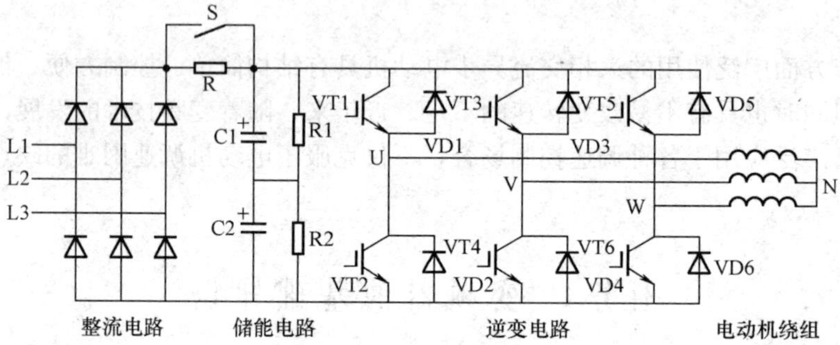

图 6-3　变频器主电路结构

（1）整流电路。由二极管构成三相桥式整流电路，将交流电全波整流为直流电。

（2）储能电路。由电容 C1、C2 构成（R1、R2 为均压电阻），具有储能和平稳直流电压的作用。为了防止刚接通电源时对电容器充电电流过大，串入限流电阻 R，当充电电压上升到正常值后，与 R 并联的开关 S 闭合，将 R 短接。

（3）逆变电路。由 6 只绝缘栅双极晶体管（IGBT）VT1～VT6 和 6 只续流二极管 VD1～VD6 构成三相逆变桥式电路。晶体管工作在开关状态，按一定规律轮流导通，将直流电逆变成三相交流电，驱动电动机工作。

变频器的控制电路主要以单片微处理器为核心，控制电路具有设定和显示运行参数、信号检测、系统保护、计算与控制、驱动逆变管等功能。

三、变频调速控制方式

1. u/f 恒转矩控制方式

因为电动机的电磁转矩 $T_M \propto (u/f)^2$，所以保持 u/f 恒定时，电磁转矩恒定，电动机带负载的能力不变。变频器恒转矩特性曲线如图 6-4（a）所示。大多数负载适用于这种控制方式。

递减转矩特性曲线如图 6-4（a）所示。变频器的输出电压与输出频率成二次曲线关系，适用于风机、水泵类负载。

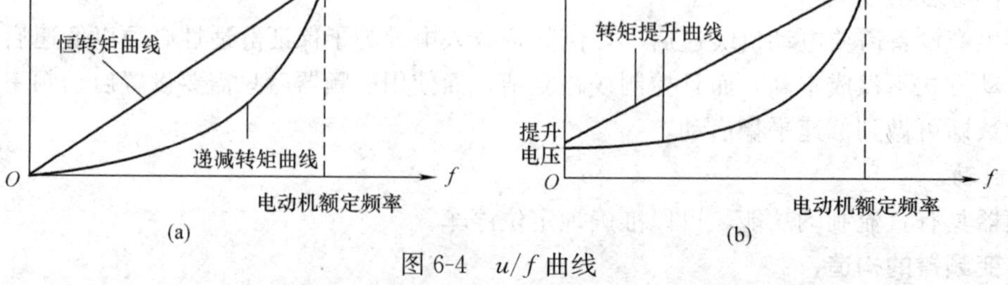

图 6-4　u/f 曲线

（a）恒转矩的 u/f 曲线；（b）提升转矩的 u/f 曲线

当变频器的输出频率较低时，其输出电压也比较低。此时，电动机定子绕组电阻的影响已不能忽略，流过定子绕组的电流下降，电磁转矩下降。为改善变频器的低频转矩特性，可采用电压补偿的方法，即适当提高低频时的输出电压，补偿后的 u/f 曲线如图 6-4（b）所示。

2. 矢量控制方式

矢量控制方式是变频器的高性能控制方式，特别是低频转矩性能优于 u/f 恒转矩控制方式。通常变频器出厂设定为 u/f 恒转矩控制方式，如果使用矢量控制方式，则只需重新设定参数即可。矢量控制方式要求电动机的容量比变频器的容量最多小一个等级，使用矢量控制方式可参考使用手册。

四、三菱 FR-E500 系列通用变频器的配线

图 6-5 所示为三菱公司 FR-E500 系列通用变频器外形与端子板。

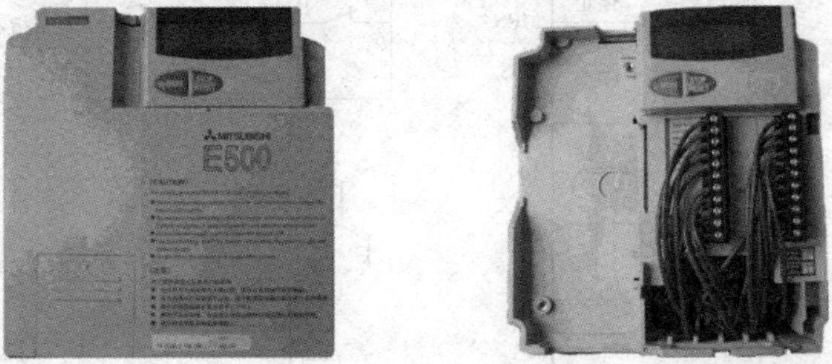

图 6-5　三菱公司 FR-E500 系列通用变频器外形与端子板

三菱通用变频器 FR-E540-0.75K-CHT 的容量数据和输入/输出参数如表 6-1 所示。

表 6-1　　三菱通用变频器 FR-E540-0.75K-CHT 的容量数据和输入/输出参数

变频器的型号	额定容量	额定输出电流	适配电动机功率	输入参数		输出参数	
				电压	频率	电压	频率
FR-E540-0.75K-CHT	2kVA	2.6A	0.75kW	380～480V	50/60Hz	380～480V	0～400Hz

1. 变频器的基本配线图

三菱变频器 FR-E500 基本配线图如图 6-6 所示。

2. 主电路端子

主电路端子如图 6-7（a）所示，主电路端子符号与功能说明如表 6-2 所示。

表 6-2　　主电路端子符号与功能说明

端子符号	端子功能说明
⏚、E	接地端。变频器外壳必须可靠接大地
+、−	连接制动单元
+、PR	在+、PR 间可接直流制动电阻
+、P1	拆除短路片后，可接直流电抗器，将电容滤波改为 LC 滤波，以提高滤波效果和功率因数
L1、L2、L3	三相电源输入端。接电网三相交流电源
U、V、W	变频器输出端。接三相交流异步电动机

3. 控制电路端子

控制电路端子如图 6-7（b）所示，控制电路端子符号与功能说明如表 6-3 所示。

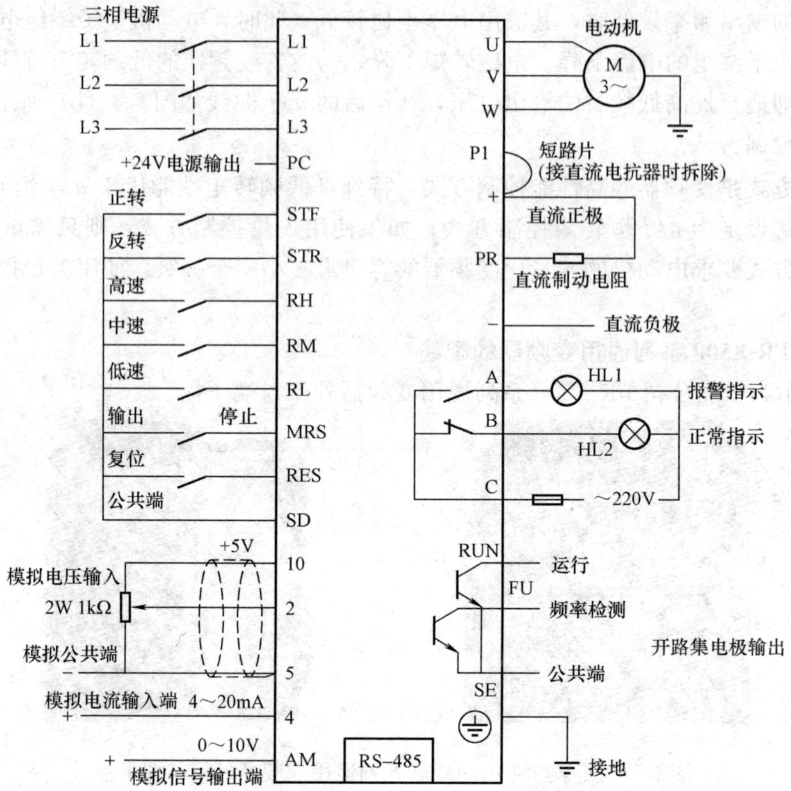

图 6-6　三菱变频器 FR-E500 基本配线图

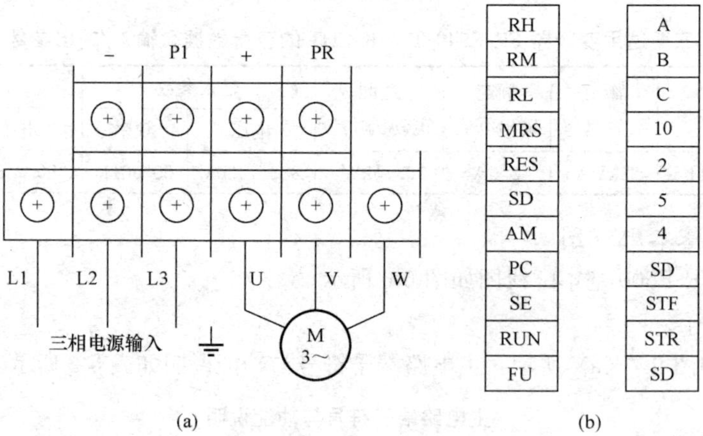

图 6-7　变频器主电路、控制电路端子板

（a）主电路端子板；（b）控制电路端子板

表 6-3　　控制电路端子符号与功能说明

端子符号	端子功能说明	备　注
STF	正转控制命令端	输入信号端。与 SD 端子闭合有效
STR	反转控制命令端	
RH、RM、RL	高、中、低速及多段速度选择控制端	
MRS	输出停止端	
RES	复位端	

续表

端子符号	端子功能说明	备　注
PC	直流 24V 正极	
SD	直流 24V 负极，输入信号公共端	SD 与 PC 之间输出电流 0.1A
10	频率设定用电源、直流 5V	
2	模拟电压输入端，可设定 0～5V、0～10V	输入模拟电压、电流信号来设定频率。5V（10V）对应最大输出频率 20mA 对应最大输出频率
4	模拟电流输入端，可设定 4～20mA	
5	模拟输入公共端	
A、B、C	变频器正常：B-C 闭合，A-C 断开 变频器故障：B-C 断开，A-C 闭合	触点容量：AC230V/0.3A DC30V/0.3A
RUN	变频器正在运行（集电极开路）	变频器输出频率高于启动频率时为低电平，否则为高电平
FU	频率检测（集电极开路）	变频器输出频率高于设定的检测频率时为低电平，否则为高电平
SE	RUN、FU 的公共端（集电极开路）	
AM	模拟信号输出端（从输出频率、输出电流、输出电压中选择一种监视），输出信号与监视项目内容成比例关系	输出电流 1mA，输出直流电压 0～10V。5 为输出公共端
RS485	PU 通信端口	最长通信距离 500m

注　端子 SD、SE 与 5 是不同组件的公共端，不要相互连接，也不要接地；PC 与 SD 之间不能短路。

4. 配线注意事项

（1）绝对禁止将电源线接到变频器的输出端 U、V、W 上，否则将损坏变频器。

（2）在变频器不使用时，可将断路器断开，起电源隔离作用；当线路出现短路故障时，断路器起保护作用，以免事故扩大。但在正常工作情况下，不要使用断路器启动和停止电动机，因为这时工作电压处在非稳定状态，逆变晶体管可能脱离开关状态进入放大状态，而负载感性电流维持导通，使逆变晶体管功耗剧增，容易烧毁逆变晶体管。

（3）在变频器的输入侧接交流电抗器可以削弱三相电源不平衡对变频器的影响，延长变频器的使用寿命，同时也降低变频器产生的谐波对电网的干扰。

（4）当电动机处于直流制动状态时，电动机绕组呈发电状态，会产生较高的直流电压反送直流电压侧。可以连接直流制动电阻进行耗能以降低高压。

（5）由于变频器输出的是高频脉冲波，所以禁止在变频器与电动机之间加装电力电容器件。

（6）变频器和电动机必须可靠接地。

（7）变频器的控制线应与主电路动力线分开布线，平行布线应相隔 10cm 以上，交叉布线时应使其垂直。为防止干扰信号串入，变频器模拟信号线的屏蔽层应妥善接地。

（8）通用变频器仅适用于一般工业用三相交流异步电动机。

（9）变频器的安装环境应通风良好。

五、变频器日常维护

变频器的日常维护和保养是变频器安全工作的保障，高温、潮湿、灰尘和振动等因素对变频器的使用寿命影响较大。

1. 维护和检查时的注意事项

(1) 变频器断开电源后不久，储能电容上仍然剩余有高压电。进行检查前，先断开电源，过10min后用万用表测量，确认变频器主回路正负端子两端电压在直流几伏以下后再进行检查。

(2) 用绝缘电阻表（俗称兆欧表）测量变频器外部电路的绝缘电阻前，要拆下变频器上所有端子的电线，以防止测量高电压加到变频器上。控制回路的通断测试应使用万用表（高阻挡），不要使用绝缘电阻表。

(3) 不要对变频器实施耐压测试，如果测试不当，可能会使电子元件损坏。

2. 日常检查项目

在日常巡视中，可以通过耳听、目测、触感和气味判断变频器的运行状态，一般巡视检查项目有。

(1) 变频器是否按设定参数运行，面板显示是否正常。

(2) 安装场所的环境、温度、湿度是否符合要求。

(3) 变频器的进风口和出风口有无积尘和堵塞。

(4) 变频器是否有异常振动、噪声和气味。

(5) 是否出现过热和变色。

3. 定期检查项目

(1) 定期检查除尘。除尘前先切断电源，待变频器充分放电后打开机盖，用压缩空气或软毛刷对积尘进行清理。除尘时要格外小心，不要触及元器件和微动开关。

(2) 定期检查变频器的主要运行参数是否在规定的范围。

(3) 检查固定变频器的螺钉和螺栓，是否由于振动、温度变化等原因松动。导线是否连接可靠，绝缘物质是否被腐蚀或破损。

(4) 定期检查变频器的冷却风扇、滤波电容，当达到使用期限后及时进行更换。

练习题

1. 变频器的作用是什么？

2. 变频器有几部分组成？各部分的功能是什么？

3. 在连接变频器设备时，三相交流电源连接变频器的什么端子？三相交流电动机连接变频器的什么端子？

4. 设某4极三相交流异步电动机的转差率 $s=0.02$，当变频器输出电源频率分别是50、40、30、20、10Hz时，电动机的转速各是多少（设 s 不变化）？

注：三相交流异步电动机的转速公式为

$$n=(1-s)\frac{60f_1}{p}$$

式中 n——电动机转速，r/min；

f_1——交流电源的频率，Hz；

p——电动机定子绕组的磁极对数；

s——转差率。

任务 2　变频器输出频率与面板操作按键的使用

任务引入

通过本任务的学习了解变频器输出频率的含义，能操作变频器面板按键设定参数。

相关知识

一、变频器输出频率的含义

1. 最大频率 f_{max}、基准频率 f_N 和基准电压 U_N

最大频率 f_{max} 指变频器工作时允许输出的最高频率，通用变频器的最大频率可达几百赫兹。基准频率 f_N 指满足电动机需要的额定频率，基准电压 U_N 指满足电动机需要的额定电压。通常基准频率出厂设定值为 50Hz，基准电压出厂设定值为 380V。对于 u/f 恒转矩控制方式，基准频率、输出电压及最大频率的关系如图 6-8 所示。

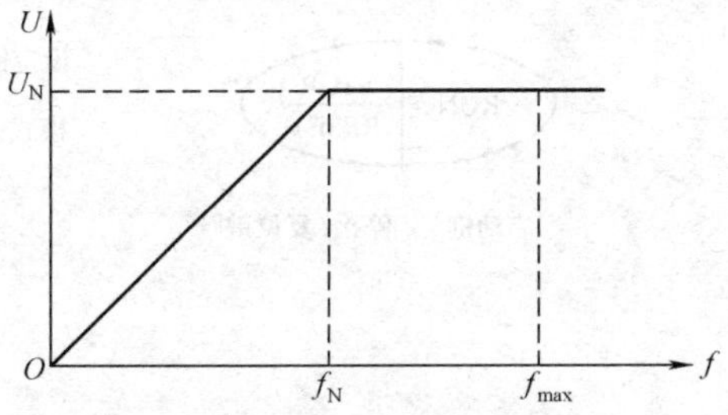

图 6-8　输出频率与输出电压的关系

2. 上限频率 f_H 和下限频率 f_L

变频器的输出频率受上限频率 f_H 和下限频率 f_L 的限制，即使有超出上、下限频率范围的指令输入，输出频率也被钳位在上、下限频率范围之内。

3. 启动频率

启动信号为 ON 的开始频率，通常出厂设定值为 0.5Hz。

4. 点动频率

点动操作时的频率，通常出厂设定值为 5Hz（点动加速时间 0.5s）。

5. 跳跃频率

跳跃频率是指运行时需要避开的频率。如果电动机在某个频率下运行时生产设备发生机械谐振，则要避开这个频率。通常变频器可设置 3 个以上的跳跃频率和跳跃频率的范围。

6. 多段速频率

在调速过程中，有时需要多个不同速度的阶段，通常可设置为 3～15 段不同的输出频率。多段速控制方式有两种，一种由外部端子控制，执行时由外部端子对段速和时间进行控制。另一种是程序控制，应用时先设置各段速的频率、执行时间、上升与下降时间及运转方向。

7. 制动频率

当变频器停止输出时，频率下降到进行直流制动的频率。在生产工艺需要准确定位停车时，需要设置制动频率、制动时间和制动电压。例如，三菱变频器 FR-E540-0.75K-CHT 的出厂设定值分别为 3Hz、0.5s 和电源电压的 6%。

8. 输入最大模拟量时的频率

指输入模拟电压 5V（或 10V）或模拟电流 20mA 时的频率值，通常出厂设定值为 50Hz。出厂设定模拟电压为 0～5V DC，输入 0～10V DC 时，需要进行设定。

二、设置或修改变频器输出频率值的方法

设置或修改变频器的输出频率值可以分别使用下面四种方法。

1. 面板功能键

按面板上增/减键设置或修改输出频率值。

2. 面板电位器

旋动面板电位器旋钮设置或修改输出频率值。

3. 外部速度控制端子

通过外部高速、中速、低速或多段速接点端子的通断状态来改变输出频率值。

4. 外部模拟信号端子

用外部模拟电压值或模拟电流值设置或修改输出频率值。

三、变频器的面板操作键

操作变频器的面板按键可进行运转、功能参数设定和状态监视，面板操作按键如图6-9所示。

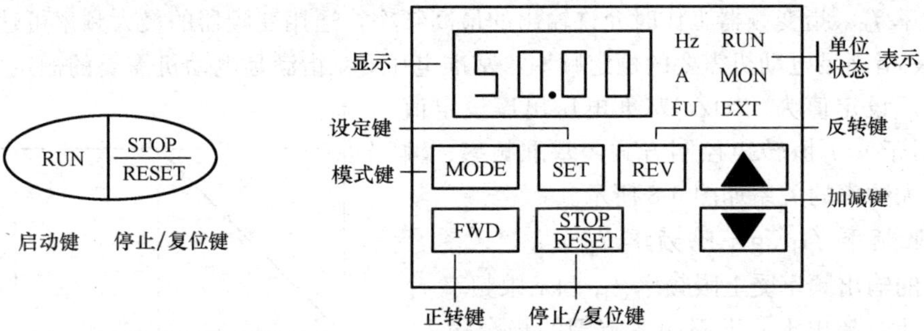

图6-9 变频器面板操作按键

面板操作按键与状态指示灯的说明如表6-4所示。

表6-4　　按键、状态指示灯说明

按键、状态指示灯	说　明
RUN	启动键
STOP/RESET	停止/复位键。用于停止运行和保护动作后复位变频器
MODE	模式键。用于选择操作模式或设定模式
SET	选择/确定键。用来选择或确定频率和参数的设定
FWD、REV	正转、反转键。用来给出正转、反转指令
▲、▼	增、减键。连续增、减频率，或连续增减参数值
Hz灯	表示输出频率时，灯亮
A灯	表示输出电流时，灯亮
RUN灯	变频器运行时灯亮，正转/灯亮，反转/闪烁
MON灯	监视模式时灯亮
PU灯	面板操作模式（PU模式）时灯亮
EXT灯	外部操作模式时灯亮
PU灯、EXT灯	两灯同时亮，表示面板操作和外部操作的组合模式1或组合模式2

任务实施

利用变频器面板按键设定参数的操作步骤如下：

（1）接通电源，面板显示【监视模式0.00】。

(2) 模式切换。反复按模式键【MODE】，轮流出现【频率设定模式 0.00】→【参数设定模式 Pr】→【操作模式 PU】→【帮助模式 HELP】→返回【监视模式 0.00】。

注：频率设定模式仅在操作模式为面板操作模式时显示。

(3) 显示输出内容。在【监视模式】下，按【SET】键，轮流显示输出频率、输出电流、输出电压和报警监视。

(4) 频率设定。在面板操作模式下，用【MODE】键切换到【频率设定模式】，显示【0.00】，按【▲】、【▼】键增减频率，按【SET】键写入新的频率值。写入成功，出现闪烁的"F"，按【MODE】键，返回频率坚视。

(5) 参数设定。例如，将参数 Pr 79"操作模式选择"的设定值，由"2"（外部操作模式）变更为"1"（面板操作模式）。操作如下：

用【MODE】键切换到【参数设定模式】→出现【Pr 】→按【SET】键→【P000】百位闪烁→按【SET】键→【P000】十位闪烁→按【▲】、【▼】键到显示【P070】→按【SET】键→【P070】个位闪烁→按【▼】键显示【P079】→按【SET】→显示现在的设定值【2】→按【▼】键→显示变更值【1】→按【SET】键 1.5s 以上→显示闪烁的【Pr 79】，变更成功。如果不显示闪烁的【Pr 79】，说明没有按【SET】键 1.5s 以上，请重新设定。

(6) 操作模式。在 Pr 79"操作模式选择"的设定值为"0"时，按【▲】、【▼】键，则进入面板点动操作模式【JOC】或外部操作模式【OPEN】。对于其他的设定值（1～8）的情况，按照各自的内容，限定操作模式。

(7) 恢复出厂设定值的操作。通常出厂设定值能满足大多数的控制要求，因此在使用前可先恢复出厂设定值。

按【MODE】键切换到【帮助模式】→显示【HELP】→按【▲】键→显示报警记录【E. H15】→按【▲】键→显示清除报警记录【Er. CL】→按【▲】键→显示清除参数【Pr. CL】→按【▲】键→显示全部清除【ALLC】→【SET】键→显示参数【0】→按【▲】键→显示参数【1】→【SET】键→显示闪烁的【ALLC】，完成恢复出厂设定值。

练习题

1. 对于 u/f 恒转矩控制方式，基准频率、输出电压及最大频率的关系是什么？
2. 为什么要设定上限频率 f_H 和下限频率 f_L？
3. 当电动机需要直流制动时，要设置哪三个参数？
4. 设置或修改变频器输出频率值的方法是什么？

任务 3 变频器面板操作模式

任务引入

通过面板按键完成设定输出频率以及正转、反转、停止控制。

任务实施

面板模式的操作步骤如下。

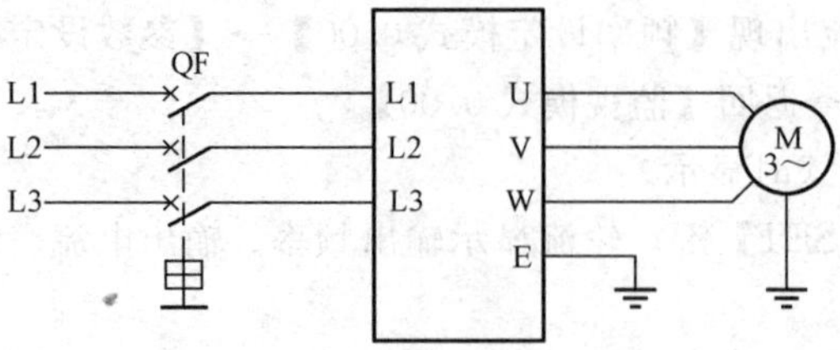

图 6-10　变频器面板操作模式基本接线图

（1）按图 6-10 接线，检查无误后接通电源。

（2）恢复变频器出厂设定值。有关出厂设定值如下：

参数【1 ＝120】，上限频率为 120Hz。

参数【2 ＝ 0】，下限频率为 0Hz。

参数【3＝ 50】，基准频率为 50Hz。

参数【7 ＝ 5】，启动加速时间为 5s。

参数【8 ＝ 5】，停止减速时间为 5s。

参数【79 ＝ 0】，外部操作模式，【EXT】灯亮。

注：加速时间是指输出频率从 0 加速到 50Hz 所需要的时间，减速时间是指输出频率从 50Hz 减速到 0 所需要的时间。

（3）修改不符合控制要求的出厂设定值。

修改参数【79 ＝ 1】，选择面板操作模式，【PU】灯亮。

参数【1 ＝50】，上限频率为 50Hz。

（4）设定输出频率。用【MODE】键选择【频率设定模式】，用【▲】、【▼】键设定频率值为 40Hz，用【SET】键写入。

（5）正转。按【FWD】键，电动机加速启动，显示即时输出频率。【RUN】灯亮。

（6）反转。按【REV】键，电动机加速启动，显示即时输出频率。【RUN】灯闪烁。

（7）停止。按【STOP/RESET】键，电动机减速停止。【RUN】灯灭。

（8）切断电源。

练习题

1. 什么是变频器的面板操作模式？在面板操作模式下哪个指示灯亮？
2. 变频器的出厂设定是什么操作模式？哪个指示灯亮？

任务 4　变频器外部操作模式

任务引入

由外部模拟电压信号端设定输出频率，由外部开关完成正转、反转、停止控制。

任务实施

外部操作模式的操作步骤如下。

（1）按图 6-11 接线，接线无误后接通电源。

（2）恢复变频器出厂设定值。有关出厂设定值如下：

参数【1 ＝120】，上限频率为 120Hz。

参数【2 ＝ 0】，下限频率为 0。

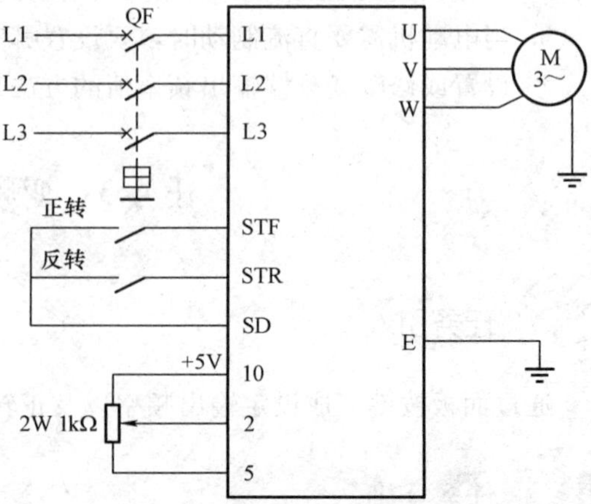

图 6-11　变频器外部操作模式基本接线图

参数【3 = 50】，基准频率为 50Hz。

参数【7 = 5】，启动加速时间为 5s。

参数【8 = 5】，停止减速时间为 5s。

参数【38 = 50】，5V（10V）输入时频率为 50Hz。

参数【73 = 0】，选择 5V 的输入电压（73=1，选择 10V 输入电压）。

参数【79 = 0】，外部操作模式，【EXT】灯亮。

（3）把外接电位器逆时针旋转到底，输出频率设定为 0。把外接电位器慢慢顺时针旋转到底，输出频率逐步增大到 50Hz。

（4）正转。接通 STF-SD，【RUN】灯亮，输出频率逐步增大到 50Hz。

（5）反转。接通 STR-SD，【RUN】灯闪烁，输出频率逐步增大到 50Hz。

（6）停止。断开 STF、STR。

（7）切断电源。

注：STF-SD、STR-SD 同时接通或断开时，变频器停止输出，电动机停止。

练习题

1. 什么是变频器的外部操作模式？外部操作模式哪个指示灯亮？

2. 如果外部模拟电压为 0～10V DC，如何设置参数 73？

任务 5　变频器面板与外部组合操作模式

任务引入

由面板设定输出频率，由外部开关完成正转、反转、停止控制。

任务实施

面板与外部组合操作模式的操作步骤如下。

（1）按图 6-12 接线，接线无误后接通电源。

（2）恢复变频器出厂设定值。有关出厂设定值如下：

参数【1 =120】，上限频率为 120Hz。

参数【2 = 0】，下限频率为 0。

参数【3= 50】，基准频率为 50Hz。

参数【7 = 5】，启动加速时间为 5s。

参数【8 = 5】，停止减速时间为 5s。

参数【79 = 0】，外部操作模式，【EXT】灯亮。

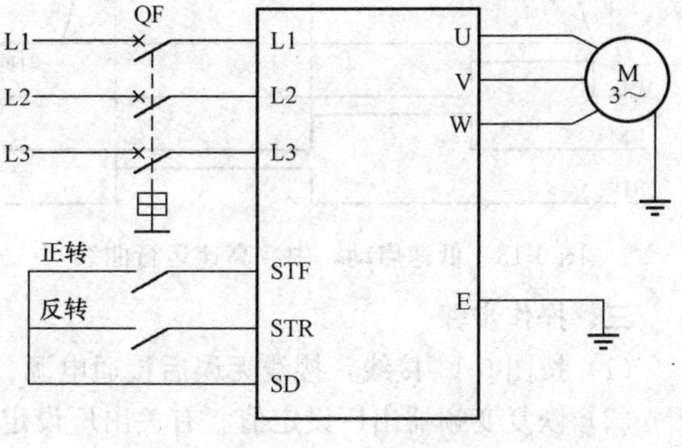

图 6-12　变频器面板与外部组合操作模式基本接线图

（3）修改不符合控制要求的出厂设定值。

修改参数【79 = 3】，外部与面板组合操作模式，【PU】和【EXT】两灯亮。

参数【1 =50】，上限频率为 50Hz。

（4）设定输出频率。用【MODE】键选择【频率设定模式】，用【▲】、【▼】键改变设定值为 40Hz，用【SET】键写入。

（5）正转。接通 STF-SD，【RUN】灯亮，输出频率逐步增大到 40Hz。

（6）反转。接通 STR-SD，【RUN】灯闪烁，输出频率逐步增大到 40Hz。

（7）停止。断开 STF、STR。

（8）切断电源断路器。

练习题

什么是变频器的面板与外部组合操作模式？哪个指示灯亮？

任务 6　用继电器控制的变频器 3 速调速电路

任务引入

当控制线路较简单时，不必使用 PLC，可用继电器控制方式实现电动机的低速启动，中、高速运行。

任务实施

一、3 速运行曲线

电动机低、中、高 3 速运行曲线如图 6-13 所示，电动机的速度由低速→中速→高速→停止。

二、控制线路

继电器 3 速控制线路如图 6-14 所示。

继电器 3 速控制线路中各按钮的名称及动作如表 6-5 所示。

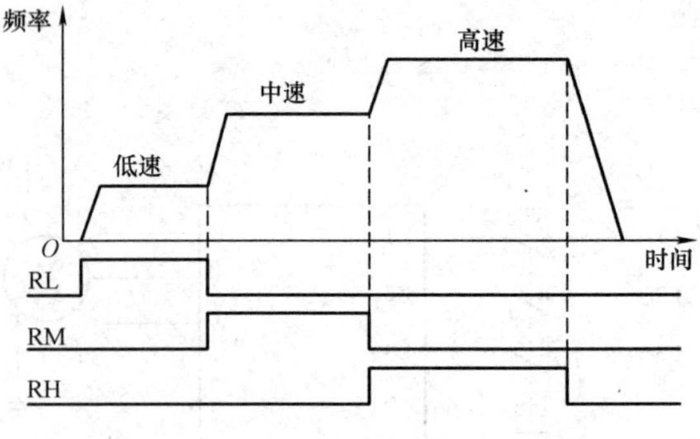

图 6-13　低速启动，中、高速运行曲线

表 6-5　按钮的代号、名称和动作

代号	名　称	动　作
SB1	低速启动按钮	电动机以 10Hz 频率低速启动
SB2	中速运行按钮	电动机以 30Hz 频率中速运行
SB3	高速运行按钮	电动机以 50Hz 频率高速运行
SB4	停止按钮	电动机减速停止

注　各速运行频率（参数 4、5、6）可以修改。3 速设定的场合，2 速以上同时被选中时，低速设定的频率优先。

三、操作步骤

（1）按图 6-14 接线，接线无误后接通电源。

（2）恢复变频器出厂设定值。有关出厂设定值如下：

参数【1 =120】，上限频率为 120Hz。

参数【2 = 0】，下限频率为 0。

参数【3= 50】，基准频率为 50Hz。

参数【4= 50】，高速频率为 50Hz。

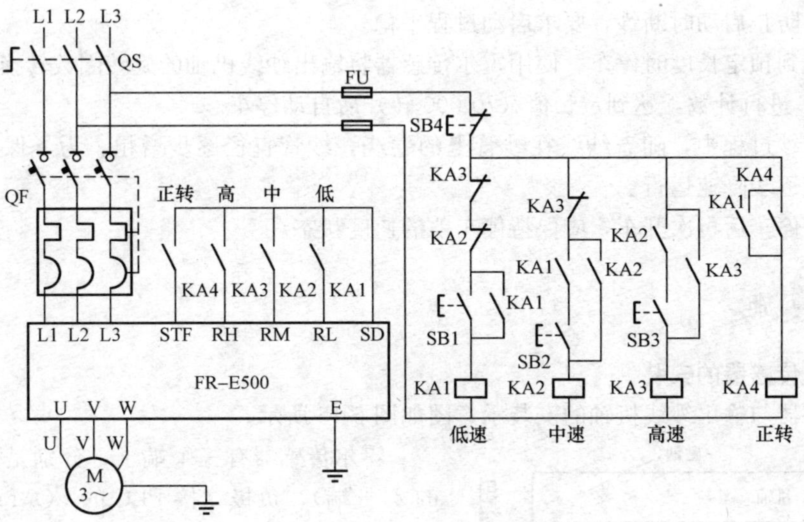

图 6-14 继电器 3 速控制线路

参数【5= 30】，中速频率为 30Hz。

参数【6= 10】，低速频率为 10Hz。

参数【7 = 5】，启动加速时间为 5s。

参数【8 = 5】，停止减速时间为 5s。

参数【79 = 0】，外部操作模式，【EXT】灯亮。

（3）低速启动。按下低速启动按钮 SB1，中间继电器 KA1 通电自锁，RL-SD 接通。KA4 通电自锁，STF-SD 接通，电动机以 10Hz 频率低速启动。

（4）中速运行。按下中速运行按钮 SB2，中间继电器 KA2 通电自锁，RM-SD 接通，电动机以 30Hz 频率中速运行。KA1 联锁断电。

（5）高速运行。按下高速运行按钮 SB3，中间继电器 KA3 通电自锁，RH-SD 接通，电动机以 50Hz 频率高速运行。KA2 联锁断电。

（6）停止。按下停止按钮 SB4，KA1～KA4 断电，电动机减速停止。

（7）切断电源。

练习题

有一台电动机受变频器控制，控制要求为 3 段速度运行（低速、中速、高速频率分别为 20、35、50Hz。首先按下低速按钮 SB1 启动；然后按下中速按钮 SB2 运行；最后按下高速按钮 SB3 运行。在高速运行时，按下中速按钮可切换到中速运行，在中速运行时，按下高速按钮可切换到高速运行。按下停止按钮 SB4，减速运行停止。加减速时间均为 8s。试绘出继电器控制电路图，设定相关运行参数。

任务 7 PLC 控制的变频器多段调速电路

任务引入

某纺纱设备电气控制系统使用 PLC 和变频器，控制要求如下：

（1）为了防止启动时断纱，要求启动过程平稳。

（2）纱线到预定长度时停车。使用霍尔传感器将输出纱线机轴的旋转圈数转换成高速脉冲信号，送入 PLC 进行计数，达到定长值（70 000 转）后自动停车。

（3）在纺纱过程中，随着纱线在纱管上的卷绕，纱管直径逐步增粗。为了保证纱线张力均匀，电动机应逐步降速运行。

（4）中途停车后再次开车，应保持停车前的速度状态。

任务实施

一、霍尔传感器的安装

霍尔传感器与输出纱线机轴的安装示意图如图 6-15 所示。

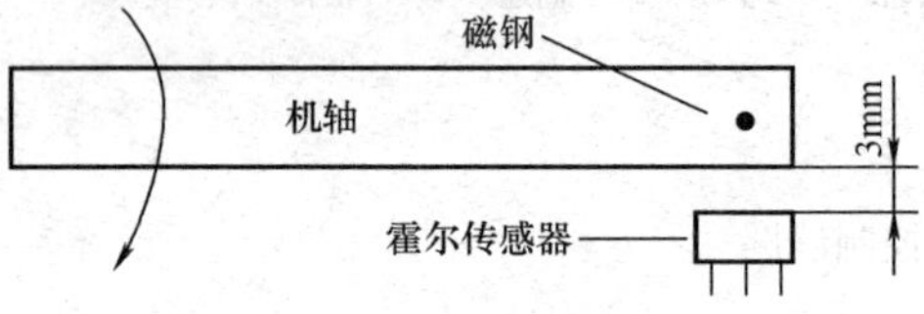

图 6-15　霍尔传感器与输出纱线机轴的安装示意图

霍尔传感器有三个端子，分别是正极（接 PLC 的 24＋端）、负极（接 PLC 的 COM 端）和信号端（接 PLC 的输入端 X0）。当机轴旋转时，磁钢掠过霍尔传感器表面时，产生脉冲信号送入 X0，由于机轴转速每分钟高达上千转，所以使用高速计数器 C235 对 X0 的脉冲信号计数。

二、控制线路

高速计数与变频调速控制线路如图 6-16 所示。主电路采用低压断路器进行短路和过载保护。主电路负载为 380V/10A/5kW/2 极三相交流异步电动机。变频器型号为三菱 FR-E540-5.5K-CHT，额定容量为 9.1kVA，适用于 5.5kW 以下的电动机。

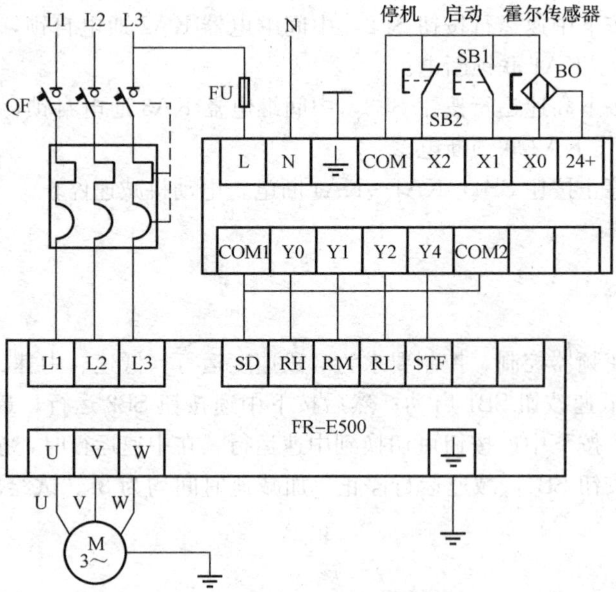

图 6-16　高速计数与变频调速控制线路

PLC 的输入/输出端口分配和控制变频器端子如表 6-6 所示。

三、变频器多段速运行与 PLC 控制端子的关系

变频器多段速运行与 PLC 控制端子的关系如表 6-7 所示。

表 6-6　　PLC 输入/输出端口分配和控制变频器端子

输　入			输出控制变频器	
输入继电器	输 入 元 件	作 用	输出继电器	变 频 器
X0	BO	输入传感器信号	Y0	RH、调速控制 1
X1	SB1 动合触点	启动按钮	Y1	RM、调速控制 2
X2	SB2 动断触点	停止按钮	Y2	RL、调速控制 3
			Y4	STF、正转控制

表 6-7　　变频器多段速运行与 PLC 控制端子的关系

工艺多段速	1	2	3	4	5	6	7
变频器设置的多段速	1	2	6	3	5	4	7
RL-Y2	0	0	0	1	1	1	1
RM-Y1	0	1	1	0	0	1	1
RH-Y0	1	0	1	0	1	0	1
变频器输出频率（Hz）	50	49	48	47	46	45	44

注　表中“0”表示断开，“1”表示接通。

从表 6-7 中可以看出，用 PLC 的输出端子 Y2、Y1、Y0 分别控制变频器的多段速控制端 RL、RM、RH，可以设定 7 种速度（如果用 PLC 控制 RL、RM、RH 和 REX，则可设定 15 种速度）。从工艺段速 1 到工艺段速 7，Y2、Y1、Y0 的状态从 001 变化到 111，对应变频器的输出频率从 50Hz 下降到 44Hz，使电动机逐步降速。

Y2～Y0 的变化规律正好符合二进制数的加 1 运算，这样的组合方式使 PLC 控制程序相对简单。变频器多段速运行曲线如图 6-17 所示。

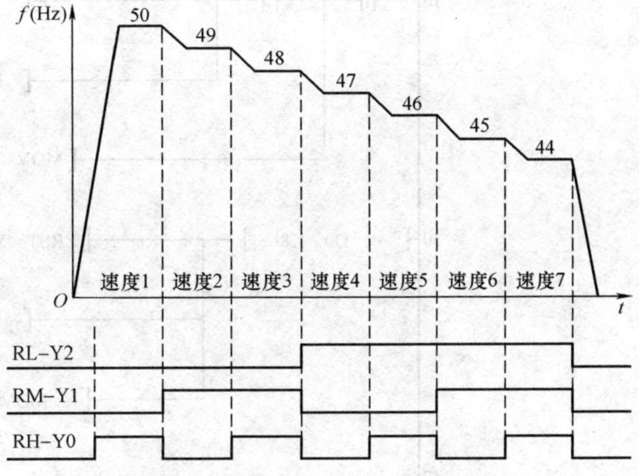

图 6-17　变频器多段速运行曲线

四、变频器的参数调节

（1）恢复出厂设定值，有关出厂设定值如下：

参数【1 =120】，上限频率为 120Hz。

参数【2 = 0】，下限频率为 0。

参数【3 = 50】，基准频率为 50Hz。

参数【4 = 50】，高速频率为 50Hz。

参数【5 = 30】，中速频率为 30Hz。

参数【6 = 10】，低速频率为 10Hz。

参数【7 = 10】，启动加速时间为 10s（型号 5.5K 为 10s）。

参数【8 = 10】，停止减速时间为 10s（型号 5.5K 为 10s）。

参数【78 = 0】，电动机可以正反转。

参数【79 = 0】，外部操作模式，【EXT】灯亮。

参数【251 = 1】，输出欠相保护功能有效。

（2）修改参数【79 = 1】，选择面板操作模式，【PU】灯亮。

（3）修改不符合控制要求的出厂设定值。

参数【1 = 50】，上限频率改为 50Hz，防止误操作后频率超过 50Hz。

参数【7 = 20】，启动加速时间改为 20s，满足启动过程平稳要求。

参数【9 = 10】，电子过电流保护 10A，等于电动机额定电流。

参数【4 = 50】，不修改，工艺 1 段频率为 50Hz。

参数【5 = 49】，工艺 2 段频率改为 49Hz。

参数【26 = 48】，工艺 3 段频率改为 48Hz。

参数【6 = 47】，工艺 4 段频率改为 47Hz。

参数【25 = 46】，工艺 5 段频率改为 46Hz。

参数【24 = 45】，工艺 6 段频率改为 45Hz。

参数【27 = 44】，工艺 7 段频率改为 44Hz。

参数【78 = 1】，电动机不可以反转。

（4）修改参数【79 = 0】，外部操作模式，【EXT】灯亮。

五、PLC 控制程序

高速计数、多段速运行的 PLC 控制程序如图 6-18 所示。

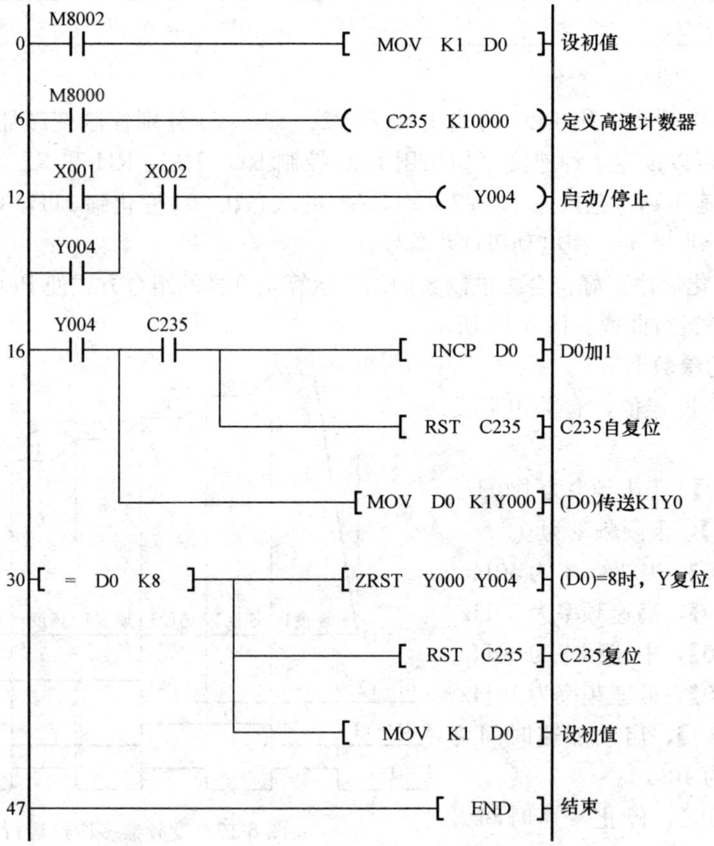

图 6-18 高速计数、多段速运行的 PLC 控制程序

程序工作原理如下：

中途停车后，再次开车时，为了保持停车前的速度状态，使用数据寄存器 D0 保存中途停车时的状态数据，并用 D0 控制输出字元件 K1Y0。

（1）程序步 0～5，为 D0 设初值 K1，即开机时 Y0 状态 ON，变频器输出 50Hz。

（2）程序步 6～11，定义使用高速计数器 C235。程序运行时，特殊辅助继电器 M8000 触点始终闭合，高速计数器 C235 自动占用 X0 为增计数信号输入端，纱线机轴每旋转一圈，输入到 X0 一个脉冲信号，C235 对高速脉冲信号计数。

（3）程序步 12～15，自锁控制程序。X1 接启动按钮，X2 接停止按钮，Y4 接变频器正转控制端 STF。按下启动按钮时，STF 接通，变频器按加速时间（20s）启动至 50Hz 的运转频率。

（4）程序步 16～29，计数控制程序。C235 从 0 计数到设定值（10 000）时，C235 触点闭合，D0 作增 1 运算，（D0）传送到 K1Y0，使 Y2、Y1、Y0 分别控制变频器多段速控制端 RL、RM、RH 接通或断开，变频器按设定的多段输出频率控制电动机逐步降速运行。同时 C235 自复位，重新从 0 开始计数。

（5）程序步 30～46，定长停机控制程序。当（D0）＝8（总旋转圈数为 10 000×7＝70 000 转），Y4～Y0 复位断开，变频器（电动机）按减速时间（10s）停机，C235 复位，D0 设初值 K1，为下次开车作好准备。

六、操作步骤

模拟多段速运行的 PLC 控制程序的操作步骤如下：

（1）按图 6-16 连接控制线路。

（2）将图 6-18 程序中高速计数器 C235 的预置值修改为 100 写入 PLC。

（3）接通变频器电源，修改变频器参数，设置多段速频率。

（4）按启动按钮 X1，使变频器运行，观察变频器输出频率的变化。

（5）反复接通 X0 端子，模拟机轴产生的脉冲信号。每当计数值为 100 时，变频器的输出频率数值减 1，电动机的速度逐步下降。当输出频率下降到 44Hz 后，再反复接通 X0 端子，变频器的输出频率下降为 0，电动机减速停止。

（6）按停止按钮 X2，电动机按减速时间停止。

（7）中途停车后再次开车时，变频器的输出频率保持为停车前的频率值。

练习题

1. 霍尔传感器有哪几个端子？

2. 为什么不使用普通计数器对 X0 的脉冲信号计数？

模块七 触摸屏的使用

触摸屏是"人"与"机"相互交流信息的窗口，使用者只要用手指轻轻地触碰屏幕上的图形或文字符号，就能实现对机器的控制和信息显示。触摸屏与PLC组成的电气控制系统，具有操作直观、信息量大、控制功能强等优点，目前广泛应用于各类工业设备中。

任务1 设置触摸屏的操作环境参数

任务引入

设置触摸屏的操作环境参数是正确使用触摸屏的前提，通常在操作环境中应设置触摸屏为中文工作界面，并根据使用的PLC选择合适的类型参数和通信参数。触摸屏的6种工作模式中常用的是"用户屏模式"和"其他模式"。

相关知识

一、触摸屏的接线端

三菱F940WGOT型触摸屏的背面板和侧面板如图7-1所示。板上有1个直流电源接线端，有3个串行通信端口，分别是COM0、COM1和COM2。

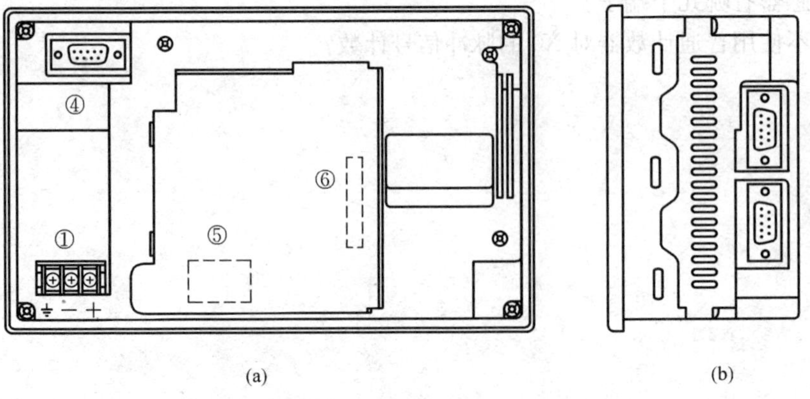

图7-1 三菱F940WGOT型触摸屏外形
(a) 背面板；(b) 侧面板

1. 电源与接地配线端

图7-1中①为电源与接地配线端。F900型触摸屏的使用电源为DC 24V，使用外部直流电源供电方式。如果使用FX系列PLC的输出电源，触摸屏配线端的"+"极连接PLC的"24+"

端，配线端的“—”极连接 PLC 的“COM”端。要求接地电阻 100Ω 或更小（如果不可能接地，可以省略）。因为 F940WGOT 要消耗很大的电流，所以不能连接到 PLC 的 24V DC 输出电源，要使用外置直流电源。

2. COM0 接口

图 7-1 中②为 9 针 D 阴性接头（RS-422 端口），地址为 COM0，用于触摸屏和 PLC 的 RS-422 编程通信端口连接。

3. COM1 接口

图 7-1 中③为 9 针 D 阳性接头（RS-232C 端口），地址为 COM1，用于触摸屏和 PLC 的 RS-232C 编程通信端口连接。

4. COM2 接口

图 7-1 中④为 9 针 D 阳性接头（RS-232C 端口），地址为 COM2，用于在传送触摸屏画面软件创建的画面数据时与计算机的 RS-232C 串行通信端口连接。

图 7-1 中⑤为锂电池，用于存储采样数据、报警记录和当前时间。画面数据存储在内置的闪存中，闪存不需要电池。

图 7-1 中⑥为扩展接口，连接可选的扩展设备。

二、屏幕显示部分规格

三菱 F940 系列触摸屏（简称 GOT）屏幕显示部分规格如表 7-1 所示。

表 7-1　　三菱 F940 系列 GOT 屏幕显示部分规格

条目		规格		
		F940GOT-LWD	F943GOT-SWD	F940WGOT-TWD
显示元件	LED 类型	STN 型全点阵 LED		TFT 型全点阵 LED
	显示颜色	单色（黑白）	8 色	256 色
屏幕液晶有效显示尺寸		6in		7in
液晶寿命		大约 50 000H 或更长（常温 25℃，普通湿度），质保 1 年		
背光		冷阴极管，寿命 50 000h	冷阴极管，寿命 40 000h 或更长	
接口	RS-422	有 1 个	无	有 1 个
	RS-232C	有 1 个	有 2 个	有 2 个
画面质量		用户创建画面：最多 500 个画面 FX-PCS-DU/WIN-E：№0～№499 或 GT Designer：№1～№500。 系统画面：30 个画面，№1001～№1030		
用户存储器		512KB 闪存		1MB 闪存
24V 电流消耗		390mA	410mA	650mA （背灯关闭 400mA）

注　1. 画面色彩代号：T—256 色；S—8 色；L—黑白；B—蓝色。

2. 1in=25.4mm。

三、触摸屏与外围单元的连接

F940WGOT 与 PLC 和计算机的连接如图 7-2 所示。外置 24V 直流电源为 GOT 供电。GOT 的通信口 COM2 通过 RS-232C 电缆直接连接到计算机的串行通信口 COM1。GOT 的通信口 COM1 通过 RS-232C/RS-422 转换电缆连接到 PLC 的 RS-422 编程通信口（也可以将 GOT 的通信

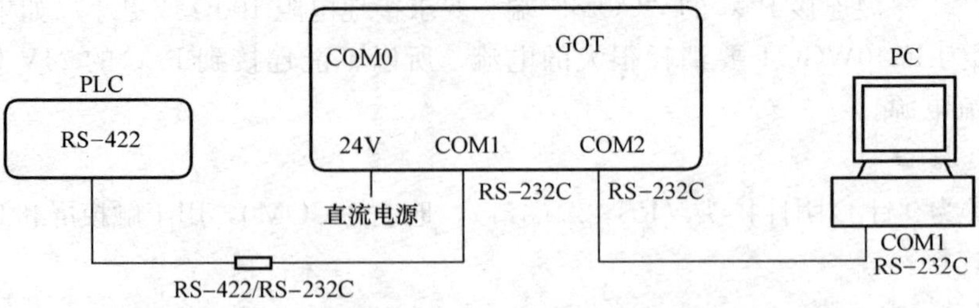

图 7-2　F940WGOT 与 PLC 和计算机的连接

口 COM0 通过 RS-422 电缆直接连接到 PLC 的 RS-422 编程通信口）。双端口连接方式可以在计算机上同时使用画面创建软件和 PLC 编程软件，可以对 GOT 和 PLC 同时编程，给操作调试带来极大的方便（在传送 GOT 数据时，应暂停 PLC 编程软件的监控，以免传送 GOT 数据失败）。

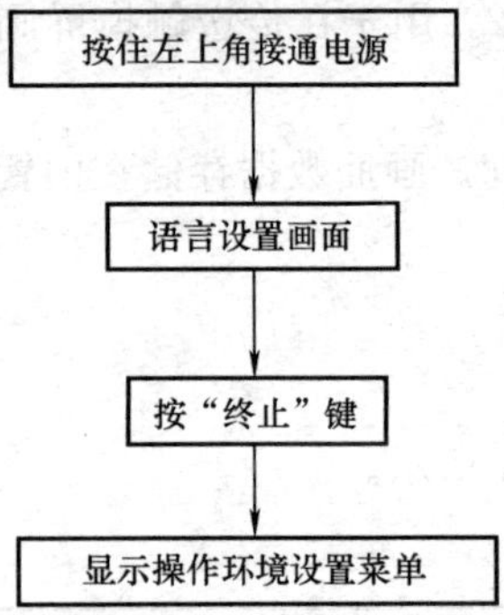

图 7-3　进入 GOT 操作环境设置画面

任务实施

一、进入 GOT 操作环境设置画面

初次使用 GOT 时要根据设备情况设置 GOT 的环境参数。在接通 GOT 电源的同时按住屏幕左上角，几秒钟后则显示操作环境设置菜单中的语言设置画面，操作步骤如图 7-3 所示。

语言设置画面如图 7-4（a）所示。触摸小方框可以选择多国文字，通常选择“简体中文”，语言设置画面的中文注释如图 7-4（b）所示。

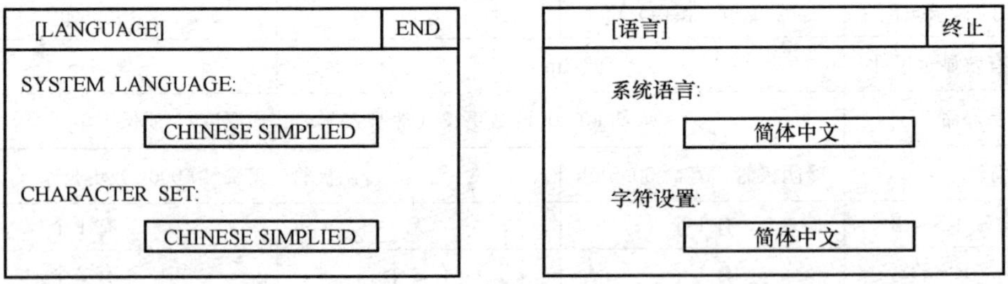

(a)　　(b)

图 7-4　语言设置画面

（a）英文画面；（b）中文注释

二、设置操作环境参数

选择简体中文后，按右上角的“END”按键，完成系统语言设置。此时屏幕显示操作环境设置中文菜单画面，如图 7-5 所示。触摸菜单中各栏文字符号表示的软按钮，可以设置①～⑩各项菜单的功能参数。

1. PLC 类型设置

PLC 类型设置画面如图 7-6 所示。选择一个与 GOT 相连的 PLC 类型，选择连接方式，如通过 RS-232C 或 RS-422 连接到 PLC 的编程通信端口。

2. 串行通信口参数设置

设置 GOT 与外部设备的串口通信参数，设置画面和参数如图 7-7 所示。

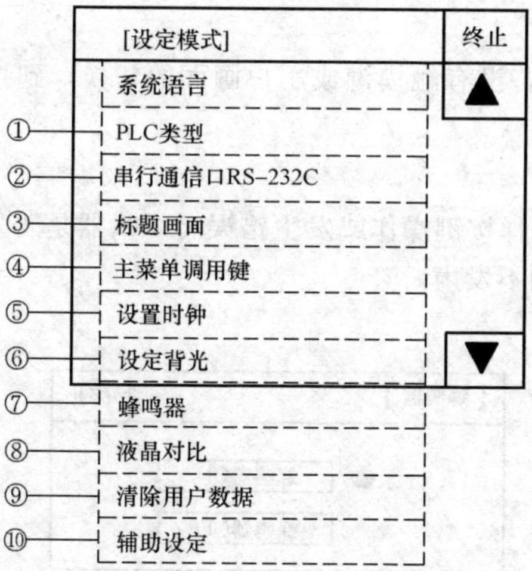

图 7-5　操作环境设置中文菜单画面

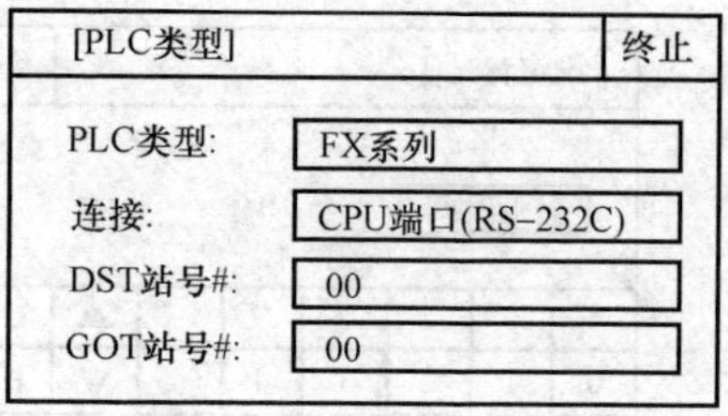

图 7-6　PLC 类型设置画面

3. 标题画面显示时间设置

标题画面显示时间设置画面如图 7-8 所示。以秒为单位设置电源接通时的型号、版本等标题画面的显示时间，用画面底部的小键盘键入。建议将 FX 系列 PLC 设置为 1s 以上。

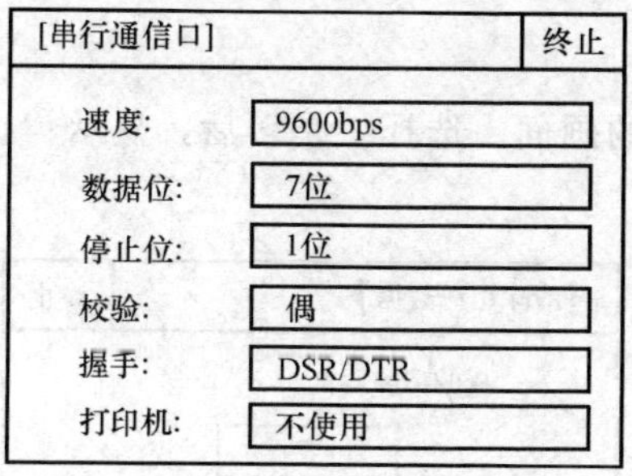

图 7-7　串口通信参数设置画面

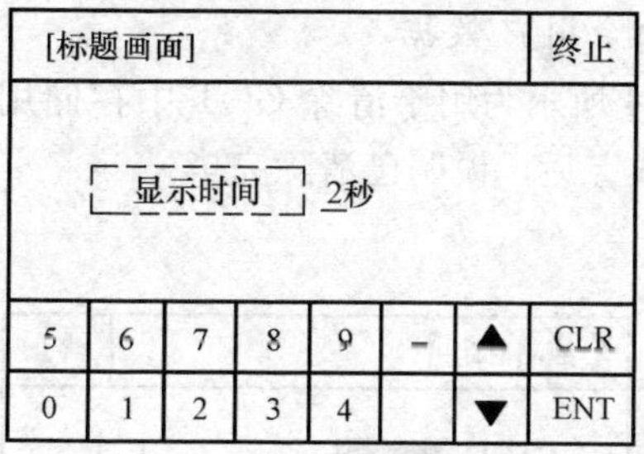

图 7-8　标题画面显示时间设置画面

4. 设置主菜单调用键

主菜单调用键设置画面如图 7-9 所示，在画面的 4 个角中可以选择 1～2 个位置。调用键的功能是将用户画面切换到主菜单画面。未设定主菜单调用键时，只能显示用户画面。若在用户画面中要显示主菜单，需要按住主菜单调用键。

5. 设定时钟

时钟设置画面如图 7-10 所示。该时间是采样模式和报警模式中使用的时间。按下“日期”、“时间”框，用小键盘输入数字，按“ENT”键接收。

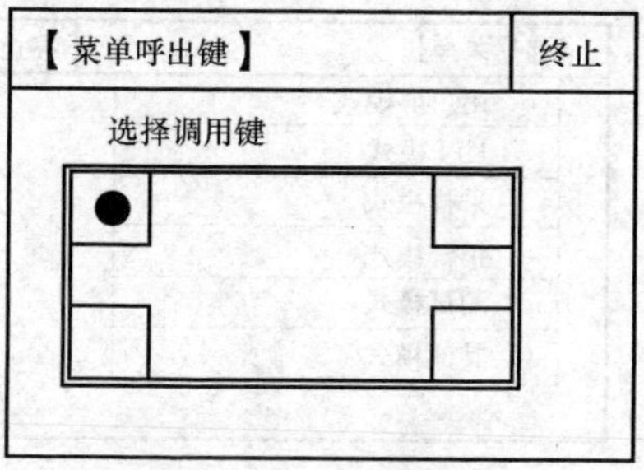

图 7-9　主菜单调用键设置画面

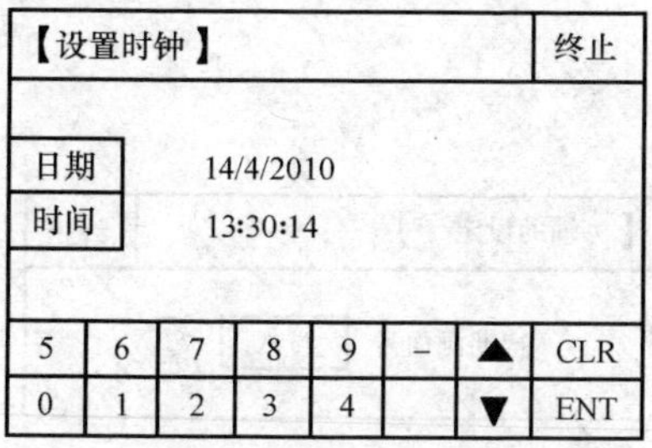

图 7-10　时钟设置画面

6. 设定背光

图 7-11 所示为设定背光关闭时间设置画面。若没有触摸键或用户画面的切换，到指定时间后，背景灯自动熄灭。一旦操作时则又点亮。

7. 蜂鸣器声响开/关设置

图 7-12 所示为蜂鸣器声响开/关设置画面。选择按键操作或发生错误时蜂鸣器是否发声。选择“蜂鸣器 ON”则发声，选择“蜂鸣器 OFF”则不发声。

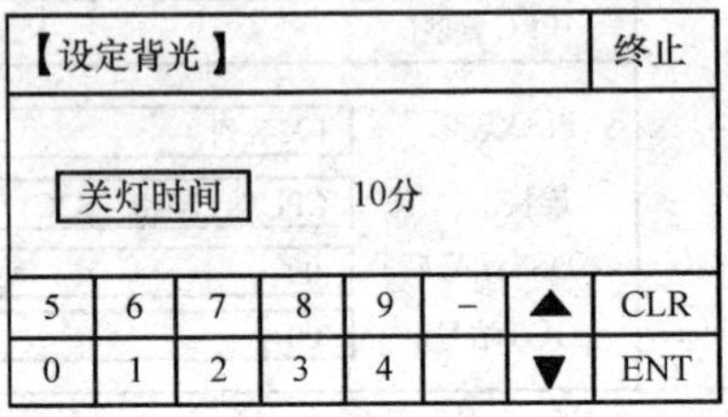

图 7-11　背光设置画面

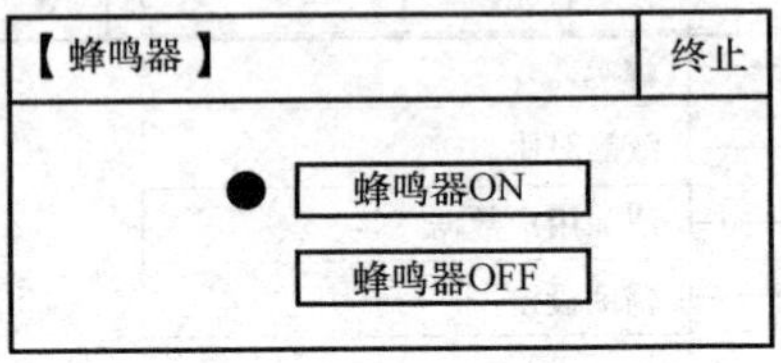

图 7-12　蜂鸣器声响开/关设置画面

8. 液晶对比度设置

图 7-13 所示为液晶对比度设置画面。触摸“◀”键变暗，触摸“▶”键变亮，有 3 个等级可以设定。

9. 清除用户数据

图 7-14 所示为用于清除 GOT 中存储用户数据的画面。选择“是”后，显示“正在清除”，显示“完成”后，说明已清除完毕。

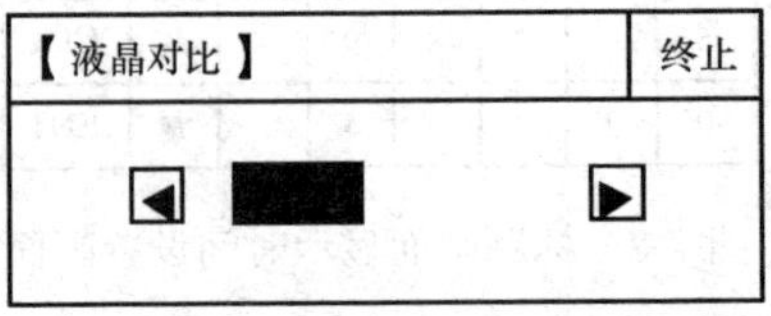

图 7-13　液晶对比度设置画面

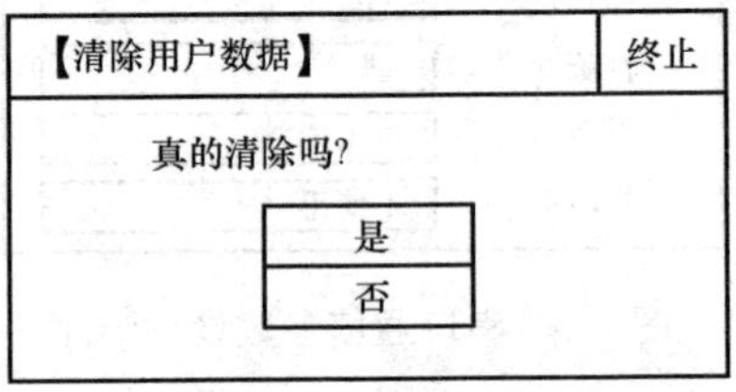

图 7-14　清除用户数据设置画面

10. 辅助设定

图 7-15 所示为辅助设定设置画面。选择初始画面写入否。

三、各种工作模式的选择操作

设置主菜单调用键后，一按指定的位置，便会显示如图 7-16 所示的“选择菜单”画面。触摸菜单中各栏文字符号软按钮，可以进入 GOT 的 6 种工作模式。各种工作模式功能概要如表 7-2 所示。

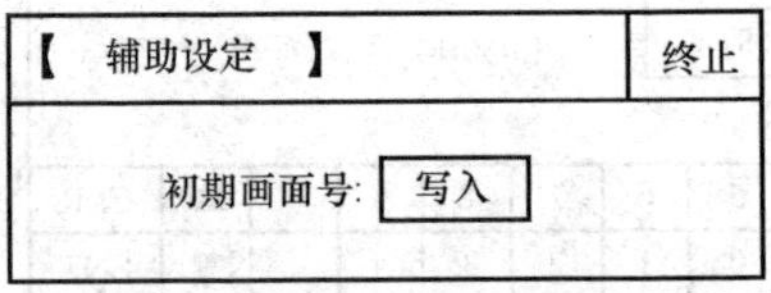

图 7-15　辅助设定设置画面

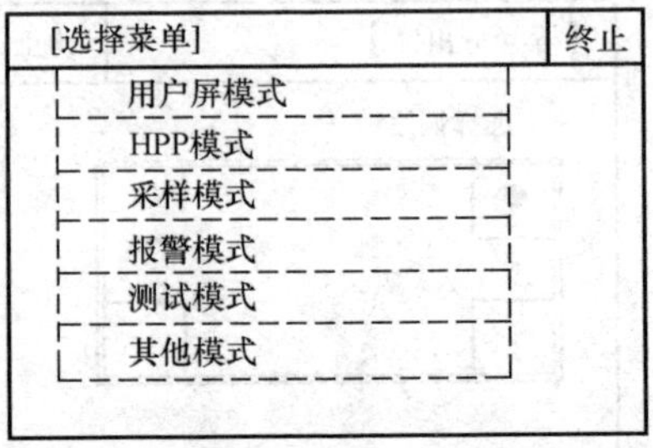

图 7-16　工作模式选择菜单设置画面

表 7-2　　F940WGOT 六种工作模式功能概要

模式	功能	功能概要
用户屏模式	显示用户制作画面	显示用户用 GOT 软件编辑的图形
HPP 模式	程序清单	可以以指令表的形式编辑、读写 PLC 程序
	参数	编辑 PLC 的参数
	软元件监视	对 PLC 的任何一个软元件进行 ON/OFF、设定值/当前值的监视，也可以强行 ON/OFF
	清单监视	在运行状态下对 PLC 程序清单监视
	动作状态监视	显示 FX 系列 PLC 状态（S）中的 ON 状态序号
	缓冲存储器监视	监视 FX2N 系列特殊模块缓冲存储器（BFM），也可以改写它们的设定值
	PC 诊断	读取和显示 PLC 错误信息
采样模式	设定条件	设定采样条件、开始条件、终止条件、采样软元件
	显示结果（清单）	以清单形式显示采样结果
	显示结果（图表）	图形形式显示采样结果
	清除数据	清除采样结果
报警模式	显示状态	在清单中显示现在处于 ON 状态报警元素相对应的信息
	报警记录	按顺序存储、显示报警时间和报警信息
	报警总计	报警事件次数记录，最多可总计 32 767 个
	清除记录	将报警记录、报警总计全部清除
测试模式	用户屏	以画面编号的顺序显示用户画面
	数据文件	对用画面制作软件编写的数据文件进行编辑
	调试	检测操作，看显示用户画面上键操作能否正确执行
	通信监测	显示通信端口状态
其他模式	设定时间开关	在指定时间段将指定元件设为 ON/OFF
	数据传送	在计算机和 GOT 间传送用户制作画面、报警记录、采样等数据
	打印输出	采样数据和报警记录输出到打印机
	关键字	登记保护画面程序的密码
	设定模式	对系统语言、连接 PLC 等 GOT 操作环境进行设定

练习题

1. 触摸屏的供电电源类型和数值是什么？如果使用 PLC 供电如何连接电源配线端？
2. F940WGOT 有几个通信端口？各与什么设备连接？
3. 参考图 7-3～图 7-15 设置 GOT 的操作环境工作参数。
4. 参考图 7-16 和表 7-2 查看 GOT 的工作模式。

任务 2　用触摸屏实现电动机正反转控制

任务引入

用户触摸屏画面有两个，分别是用户标题画面（画面 1）和操作画面（画面 2），如图 7-17 所示。开机自动显示画面 1，在画面 1 中显示标题“电动机正反转控制”，并动态显示当前日期和时间，按画面切换开关“下一页”，则从画面 1 切换到画面 2。在画面 2 中，有“正转”、“反转”和“停止”3 个软按钮，用来操作电动机，并以文字形式显示电动机的当前状态或故障，如 电动机正转状态、电动机反转状态 和 电动机停止状态。当热继电器过载动作后，则 显示过载故障状态。按画面切换开关“上一页”，从画面 2 返回到画面 1。

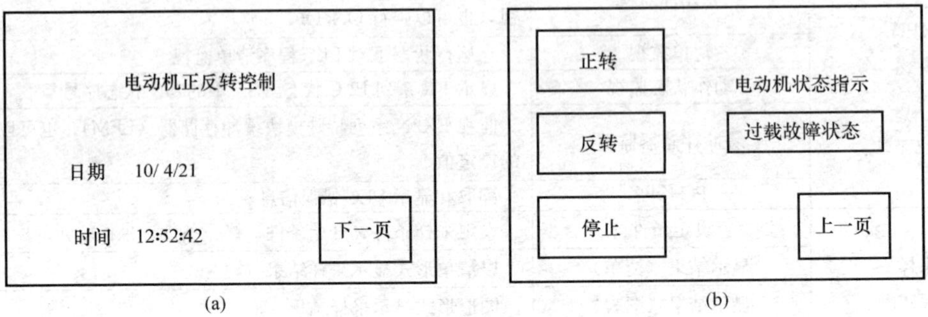

图 7-17 用户触摸屏画面

（a）画面 1；（b）画面 2

相关知识

一、F940GOT 的基本操作

F940GOT 从接通电源到选择模式的启动流程及说明如图 7-18 所示。

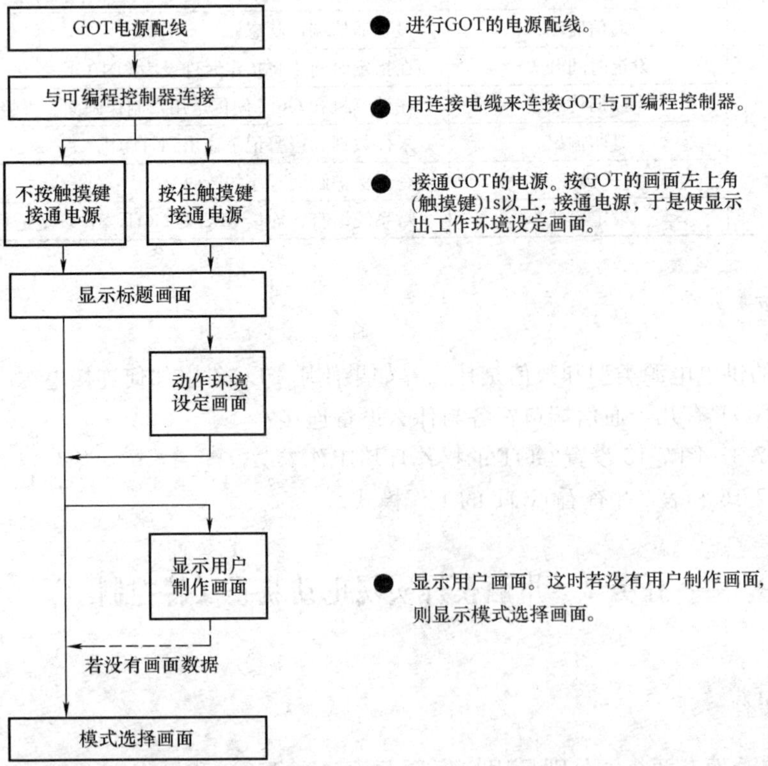

图 7-18 GOT 启动顺序流程及说明

二、GT-Designer2 画面制作软件介绍

三菱触摸屏画面制作软件有 FX-PCS-DU/WIN 和 GT-Designer2，前者主要用于制作 F900 系列触摸屏的画面，后者可用于三菱全系列触摸屏，软件可登录三菱电机自动化（上海）有限公司网站 http：//www. meas. cn/免费下载。GT-Designer2 软件功能完善，图形部件和对象部件丰富，窗口界面直观形象，操作简单易学。

GT-Designer2 软件安装完毕后，单击快捷方式图标即可进入软件的主界面，如图 7-19 所示。主界面由标题栏、菜单栏、工具栏、部件栏及编辑区等部分组成，其界面操作方法与流行软件基本相同。

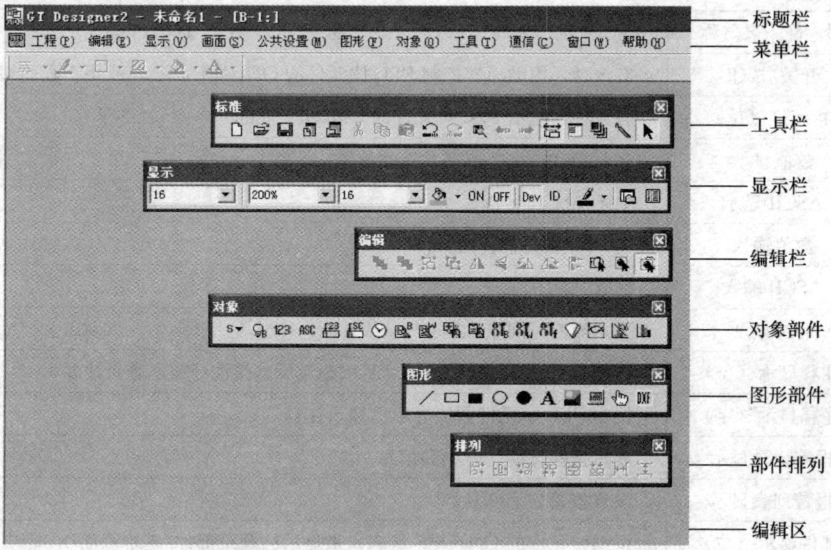

图 7-19 GT-Designer2 软件主界面

1. 图形部件

图形部件如图 7-20 所示，各部件的功能概要如表 7-3 所示。

图 7-20 图形部件

表 7-3 图形部件功能概要

编号	部件名称	功能概要
1	直线	绘制连接指定两点的直线
2	矩形	在画面上绘制一个矩形
3	填充矩形	在画面上绘制以指定颜色填充的矩形
4	圆	在画面上绘制一个圆
5	填充圆	在画面上绘制以指定颜色填充的圆
6	文本	在画面上输入字母、数字和符号
7	读入图像数据	接收存储的图像文件并转换成图形
8	矩形范围指定	将矩形范围指定的图像显示在画面上
9	窗口指定	将整个窗口的图像显示在画面上
10	读入 DXF 数据	接收 DXF 文件并转换成图形

2. 对象部件

对象部件如图 7-21 所示，各部件的功能概要如表 7-4 所示。

图 7-21　对象部件

表 7-4　　对象部件功能概要

编号	部件名称	功能概要
1	开关/按钮	有 8 种，用触摸键控制 PLC 位元件的 ON/OFF 状态，或用于画面切换等功能
2	指示灯（位）	有 4 种，显示 PLC 位元件的 ON/OFF 状态
3	数值显示	显示 16 位或 32 位字元件的数值
4	ASCII 显示	显示 ASCII 字符
5	数值输入	向 PLC 字元件传送数值
6	ASCII 输入	输入 ASCII 字符
7	时钟显示	显示当前时间或日期
8	注释显示（位）	根据 PLC 位元件的 ON/OFF 状态显示直接注释或已登录注释
9	注释显示（字）	根据 PLC 字元件数值显示已登录注释
10	报警记录显示	显示报警日期、时刻和信息
11	报警列表显示	设置报警软元件参数
12	部件显示（位）	根据位元件的 ON/OFF 状态，来显示已登录部件/基本画面
13	部件显示（字）	根据字元件数值来显示已登录部件/基本画面
14	部件显示（固定）	在一个位元件的上升沿/下降沿，显示已登录部件/基本画面
15	面板仪表	以面板仪表的格式显示 PLC 一个字元件的数据
16	趋势图表	以趋势图的形式显示 PLC 字元件的数据，最多可显示 4 个
17	折线图表	以折线图的形式显示 PLC 字元件的数据，最多可显示 4 个
18	条形图表	以棒图的形式显示 PLC 字元件的数据，用于监控

任务实施

一、电动机正反转控制线路

触摸屏与 PLC 组成的电动机正反转控制线路如图 7-22 所示。PLC 的输入/输出端口分配如表 7-5 所示。

表 7-5　　PLC 输入/输出端口分配

输入端口			输出端口		
输入继电器	输入器件	作用	输出继电器	输出器件	作用
X0	KH 动断触点	过载保护	Y0	接触器 KM1	正转
			Y1	接触器 KM2	反转

触摸屏画面软元件分配如表 7-6 所示

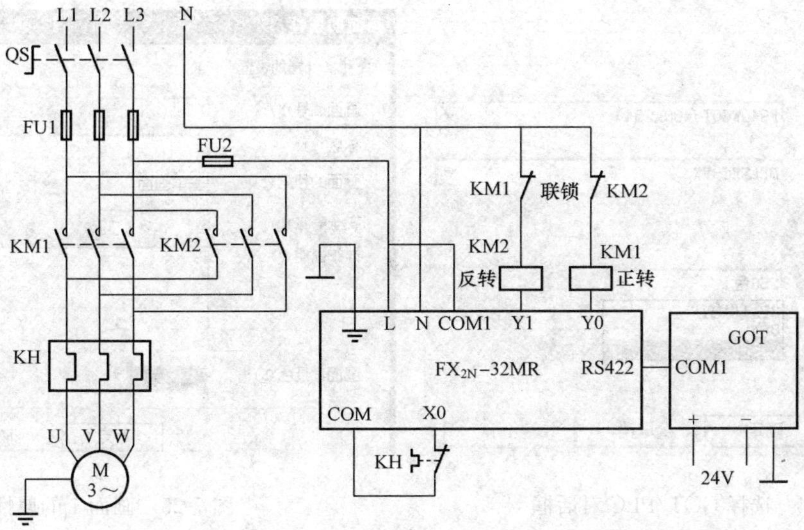

图 7-22 触摸屏与 PLC 组成的电动机正反转控制线路

表 7-6 触摸屏画面软元件分配

元　　件	名　称
M0	正转启动按钮（绿色）
M1	反转启动按钮（黑色）
M2	停止按钮（红色）
M10	停止显示控制位

二、电动机正反转 PLC 控制程序

根据表 7-5 和表 7-6 对元器件的分配，电动机正反转控制程序如图 7-23 所示，将该用户程序下载 PLC。

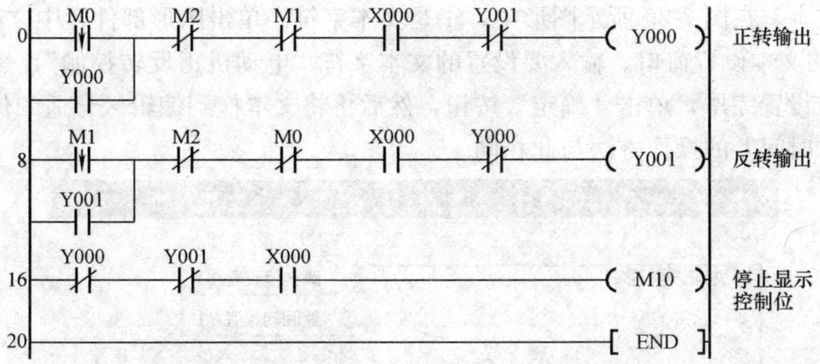

图 7-23 电动机正反转控制程序

三、触摸屏画面设计与下载

1. 新建工程

打开 GT-Designer2 软件，选择“新建”，弹出如图 7-24 所示的 GOT/PLC 型号选择对话框。选择 GOT 的类型为“F940WGOT（480×234）”，PLC 的类型为“MELSEC-FX”，画面颜色为“256 色”。选择完毕后按“确定”按钮，自动生成画面 1，如图 7-25 所示。

2. 创建画面 1

画面 1 如图 7-26 所示，由文本、日期显示、时间显示和画面切换开关构成。

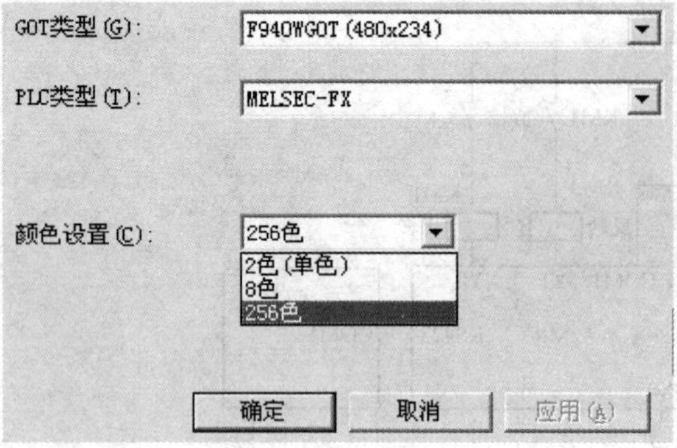

图 7-24　选择 GOT/PLC 对话框

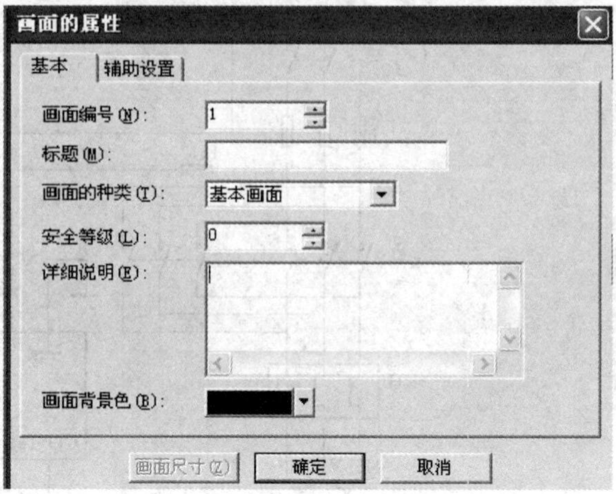

图 7-25　画面 1 的属性

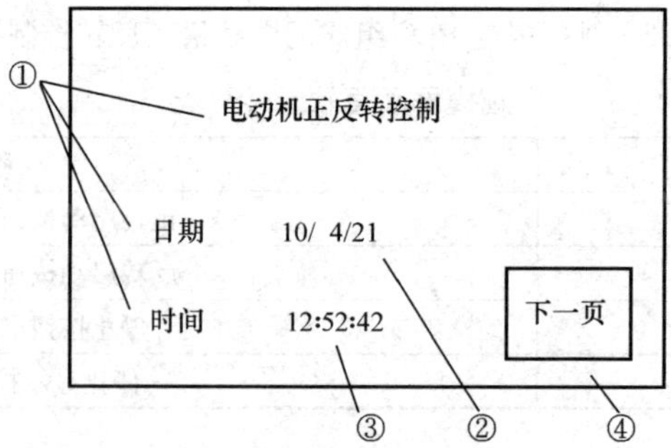

图 7-26　画面 1 的说明

①—文本；②—日期显示；③—时间显示；④—画面切换开关

（1）插入文本。在图 7-26 所示图形中，①是文本字符。单击图形部件栏中“A”按钮，弹出如图 7-27 所示的文本设置窗口。输入要设置的文本字符“电动机正反转控制”，然后选择文本颜色和字体大小。设置完毕，单击“确定”按钮，然后再将文本拖到编辑区合适的位置即可。文本字符“日期”、“时间”的操作方法与此相同。

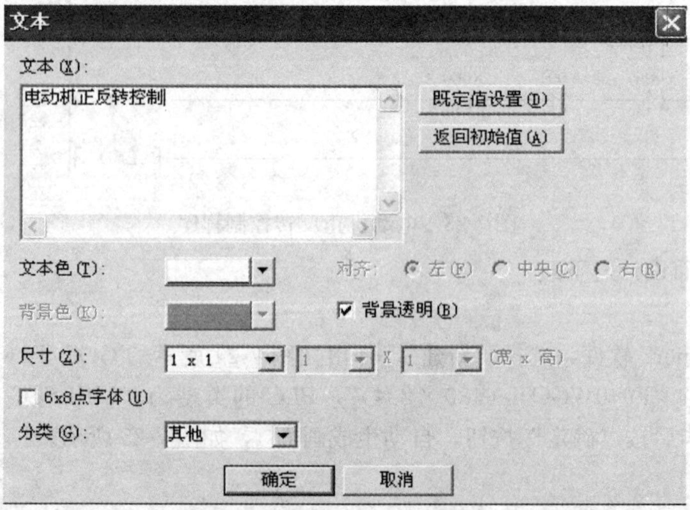

图 7-27　文本设置窗口

（2）插入日期或时间。在图 7-26 所示图形中，②是日期显示。单击对象部件栏中“时钟显示”按钮，在编辑区放置时钟图形，双击时钟图形，弹出如图 7-28 所示时钟设置窗口。在种类栏中选择“日期”，选择图形颜色和数值字体大小。设置完毕，单击“确定”按钮，然后再将日期图形拖到编辑区合适的位置即可。时间显示图形③在种类栏中应选择“时刻”，其他操作方法相同。

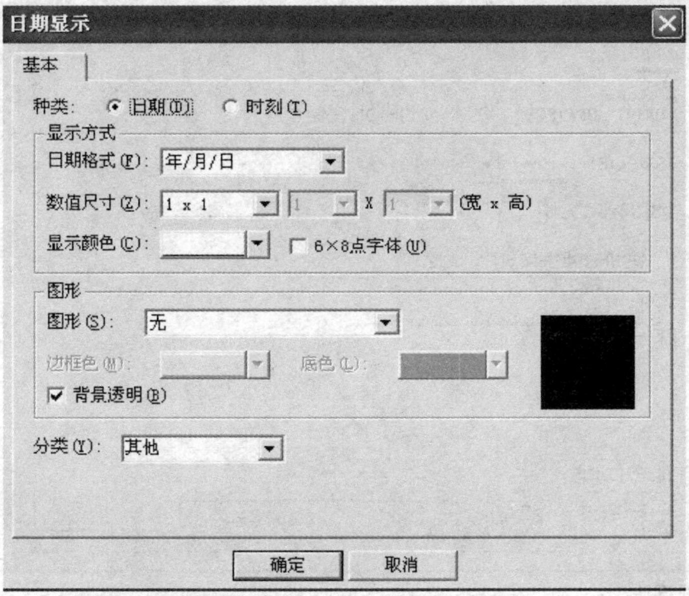

图 7-28　日期设置窗口

（3）插入画面切换开关。在图 7-26 所示图形中，④是插入画面切换开关。单击对象部件栏中“开关 S”按钮，选择画面切换开关放置在编辑区右下角，双击画面切换开关，弹出如图 7-29 所示画面切换开关设置窗口。在基本栏中选择切换到“固定画面 2”，选择开关图样和颜色。

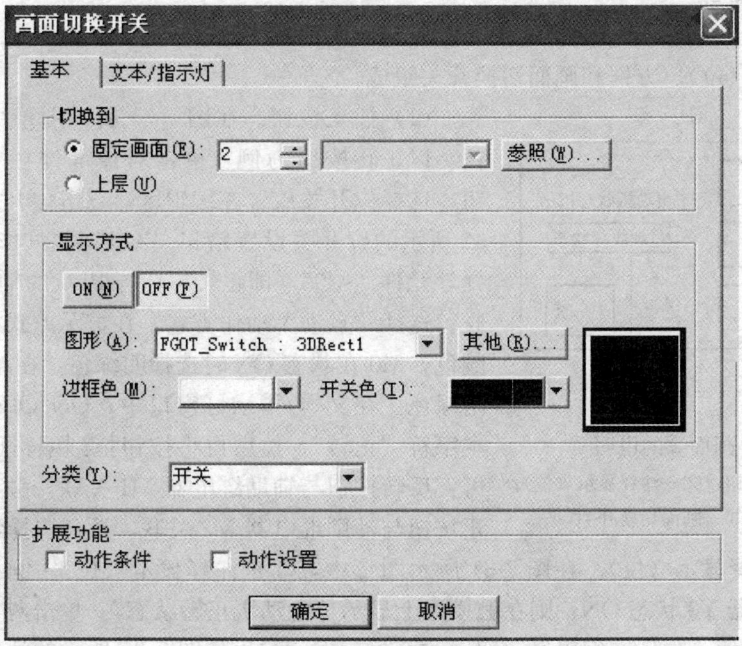

图 7-29　画面切换开关设置窗口

在图 7-30 所示的画面切换开关的文本/指示灯窗口文本栏中选择“ON”，写入文本字符“下一页”，单击“ON→OFF 复制”按钮，可使文本字符“下一页”在开关 ON/OFF 状态时均显示。选择文本颜色和字体大小，设置完毕，单击“确定”按钮。

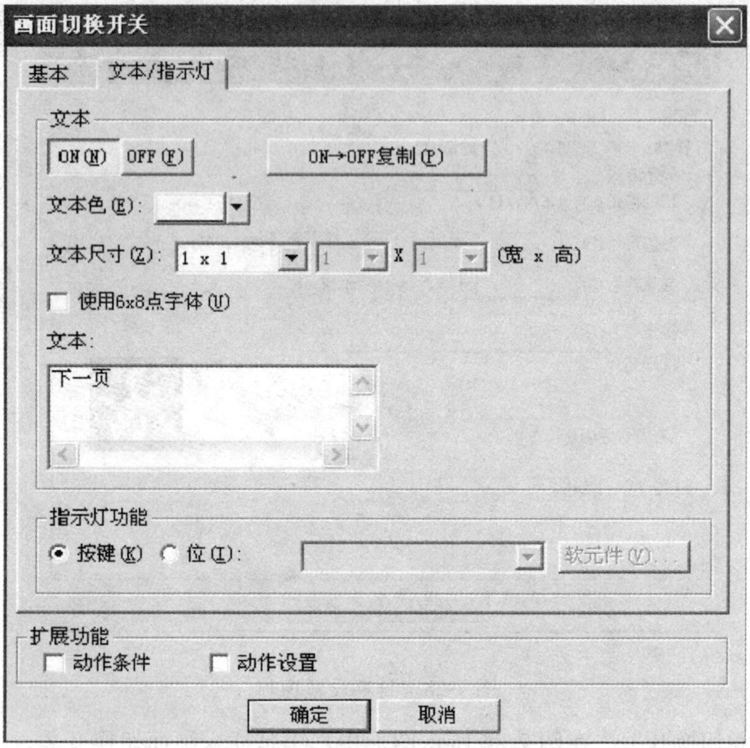

图 7-30　画面切换开关设置窗口

3. 创建画面 2

单击菜单栏“画面”、“新建”，自动生成空白画面 2。用户画面 2 如图 7-31 所示，由文本、按钮、注释显示（位）、方框和画面切换开关组成。

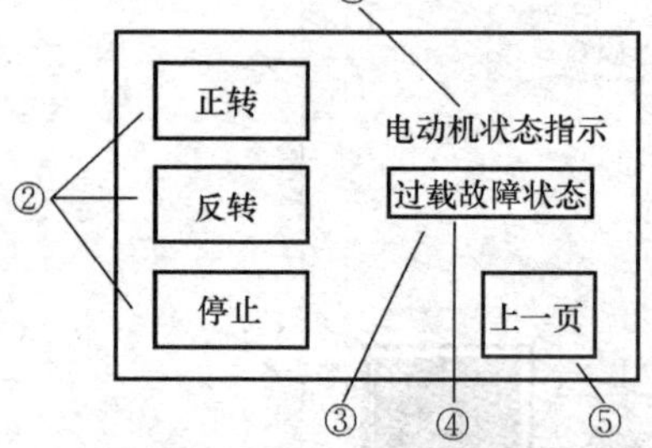

图 7-31　画面 2 的说明

①—文本；②—按钮；③—注释显示（位）；④—方框；⑤—画面切换开关

（1）插入按钮。在图 7-31 所示图形中，②是 3 个按钮。以正转按钮为例，单击对象部件栏中“开关 S”按钮，选择位开关放置在编辑区，双击位开关，弹出如图 7-32 所示的位开关设置窗口。在基本窗口动作设置栏中选择软元件“M0”，即正转按钮与 PLC 的辅助继电器 M0 关联。选择“点动”动作方式，在显示方式栏中选择图形和颜色，M0 在状态 ON 时选择明绿色，在状态 OFF 时选择暗绿色。在文本/指示灯窗口中，ON/OFF 状态均写入文本字符“正转”，然后再将按钮拖到编辑区合适的位置即可。反转按钮与辅助继电器 M1 关联，颜色选择黑色。停止按钮与辅助继电器 M2 关联，颜色选择红色。

（2）插入注释显示（位）。在图 7-31 所示图形中，③是注释显示（位）。例如，当电动机正转时，输出继电器 Y0 状态 ON，则在触摸屏上显示“电动机正转状态”。单击对象部件栏中“注释显示（位）”按钮，放置在编辑区，双击注释显示框，弹出如图 7-33 所示的注释显示（位）设置窗口。在基本窗口中选择软元件“Y0”，即注释文本“电动机正转状态”与 PLC 的输出继电器

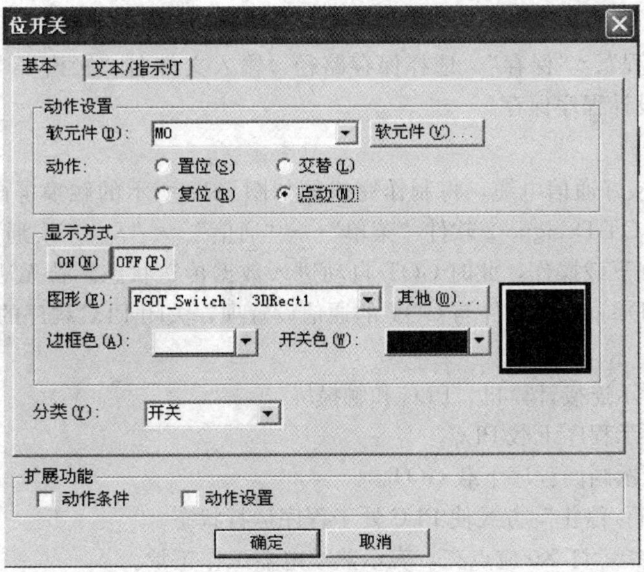

图 7-32 位开关设置窗口

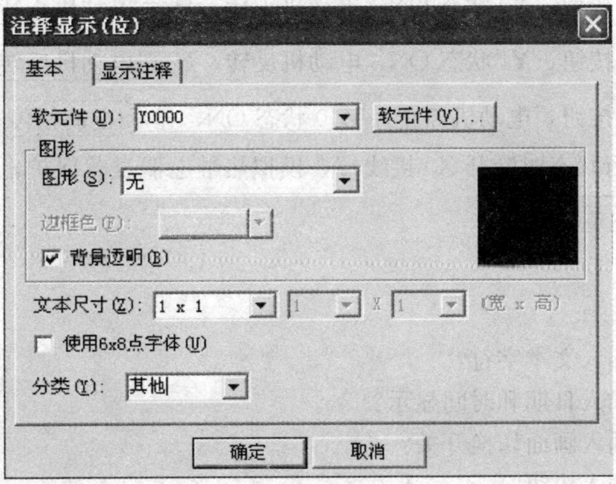

图 7-33 注释显示（位）设置窗口

Y0 关联，选择图形和颜色。在显示注释窗口中，选择“ON”和“直接注释”选项，写入文本字符“电动机正转状态”，选择颜色和字体大小，然后再将注释拖到编辑区合适的位置即可。注释“电动机反转状态”与输出继电器 Y1 的 ON 状态关联，注释“电动机停止状态”与辅助继电器 M10 的 ON 状态关联，注释“过载故障状态”与输入继电器 X0 的 OFF 状态关联。

（3）将注释显示重叠。在绘制注释时，每个注释分别占一定的画面空间。由于注释在显示时只能显示一种情况，所以为了节省画面空间和美观，可将 4 个注释重叠在一起放置。将 4 个注释文本全部选中，在部件排列栏中单击“中央（垂直）”按钮，则 4 个注释重叠在一起，然后放置在编辑区合适位置。

（4）将注释显示字符加入方框。在图 7-31 所示图形中，④是加在注释显示字符周围的方框。单击图形部件栏中“方框”按钮，在编辑区注释字符四周画出方框。

（5）插入画面切换开关。在图 7-31 所示图形中，⑤是画面切换开关。在基本窗口中选择切换到“固定画面 1”。在文本/指示灯窗口中写入文本字符“上一页”。

4. 保存画面文件

单击菜单栏“工程”、“保存”，选择保存路径，输入文件名“触摸屏电动机正反转控制程序”，将触摸屏画图设计程序保存。

5. 画面程序下载

按图7-2所示连接好通信电缆，将制作完成的如图7-17所示的触摸屏画面下载到GOT中，操作步骤如下：单击GT-Designer2软件“菜单”→“通信”→“与GOT通信”→“下载GOT”→“下载”，开始数据下载操作，此时GOT自动进入数据传送状态。若无法写入GOT，检查通信电缆连接以及GT-Designer2软件与GOT的通信设置项，关闭PLC程序的监控功能。

四、操作步骤

(1) 按图7-22所示连接计算机、PLC和触摸屏。

(2) 将图7-23所示程序下载PLC。

(3) 将图7-17所示画面程序下载GOT。

(4) 用“遥控运行/停止”方式使PLC处于程序运行状态。

(5) PLC上输入指示灯X0应点亮，表示热继电器工作正常。

(6) 按触摸屏显示画面1中画面切换开关“下一页”，显示画面2。

(7) 按触摸屏正转按钮，Y0状态ON，电动机正转，显示电动机正转状态。

(8) 按触摸屏反转按钮，Y1状态ON，电动机反转，显示电动机反转状态。

(9) 按触摸屏停止按钮，电动机停止。M10状态ON，显示电动机停止状态。

(10) 在电动机运行状态时断开X0接线端，模拟热继电器过载保护，电动机停止。X0状态OFF，显示过载故障状态。

练习题

1. 怎样在画面中插入文本字符？
2. 怎样在画面中插入日期和时间显示？
3. 怎样在画面中插入画面切换开关？
4. 怎样在画面中插入按钮？
5. 怎样在画面中插入注释显示（位）？

任务3 两台电动机顺序启动控制和多画面监视

任务引入

某生产设备有一台辅助电动机和一台主电动机，生产工艺要求辅助电动机先启动，延时5～30s后主电动机才能启动，延时时间根据生产情况可随时在触摸屏上调整。触摸屏控制画面如图7-34所示。开机自动显示画面1，画面1是用户标题画面，在画面1中动态显示当前日期和时间。画面2是操作画面，在画面2中，有“启动”和“停止”两个触摸按钮，用来开/关机，并以棒图显示启动延时时间。画面3是设定画面，在画面3中，可以通过屏幕软键盘设置延时时间常数。画面4～画面6是故障显示画面，显示故障文本，并且指示灯闪亮报警，当排除故障后，按下复位按钮，自动返回操作画面2。

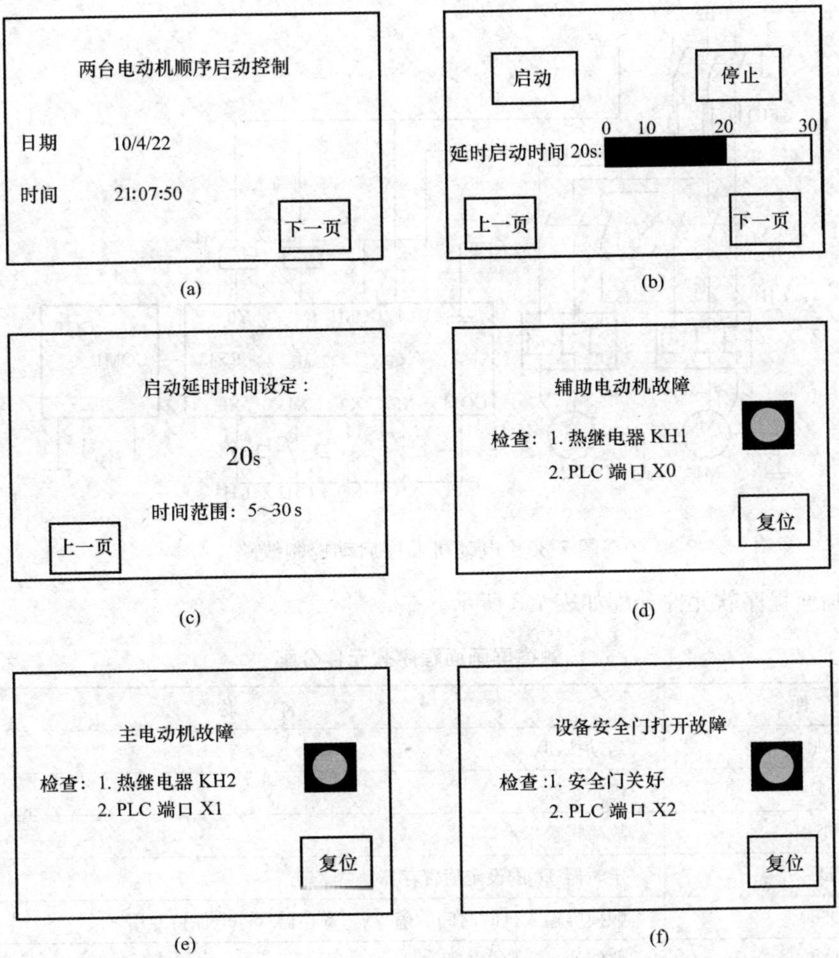

图 7-34 触摸屏控制画面

（a）画面 1—用户标题画面；（b）画面 2—操作画面；（c）画面 3—设定画面；
（d）画面 4—故障画面；（e）画面 5—故障画面；（f）画面 6—故障画面

任务实施

一、电动机顺序启动控制线路

触摸屏与 PLC 组成的电动机顺序启动控制线路如图 7-35 所示。PLC 输入/输出端口分配如表 7-7 所示。

表 7-7　　PLC 输入/输出端口分配

输 入 端 口			输 出 端 口		
输入继电器	输入器件	作 用	输出继电器	输出器件	控制对象
X0	KH1 动断触点	过载保护	Y0	接触器 KM1	辅助电动机 M1
X1	KH2 动断触点	过载保护	Y1	接触器 KM2	主电动机 M2
X2	SQ 动合触点	安全门保护			
X3	SB 动断触点	停止按钮			

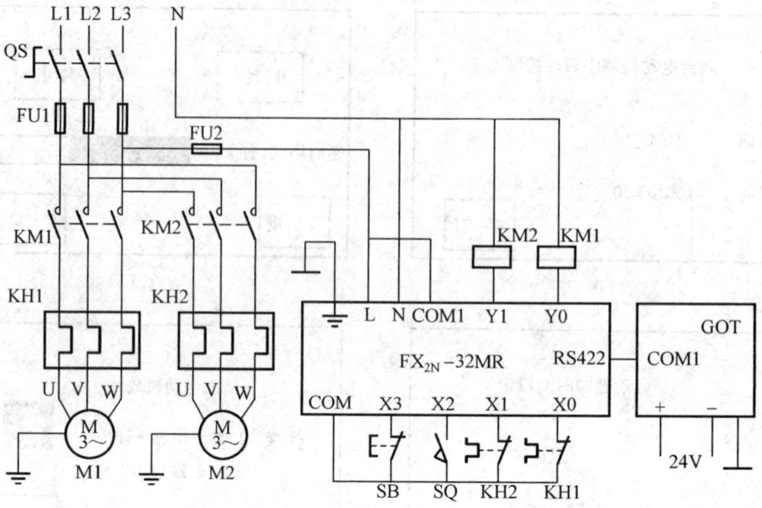

图 7-35　电动机顺序启动控制线路

触摸屏画面程序软元件分配如表 7-8 所示。

表 7-8　触摸屏画面程序软元件分配

元　件	名　　称
M0	启动按钮
M1	停止按钮
M10	故障报警指示灯
D0	定时器 T0 的设定值寄存器
D600	触摸屏输入延时时间数值（s）寄存器（停电保持专用）
D20	棒图的显示值寄存器
D100	画面序号寄存器。将 GOT 默认画面序号寄存器 GD100 改为 D100

二、PLC 控制程序

根据表 7-7 和表 7-8 对元器件的分配，两台电动机顺序启动的 PLC 控制程序如图 7-36 所示，将该用户程序下载 PLC。

程序工作原理如下：

程序步 0～10，辅助电动机的自锁控制电路和 T0 延时电路。

程序步 11～12，主电动机的延时启动电路。

程序步 13～27，从触摸屏输入的秒数存储在停电保持专用数据寄存器 D600 中。由于定时器 T0 的脉冲周期是 0.1s，所以要将 D600 的数值扩大 10 倍，存入数据寄存器 D0，作为 T0 的预置值。将 T0 的当前值缩小 10 倍，表示当前的秒数，存入 D20，作为棒图显示的参数，棒图图形将随 T0 当前秒数的变化向右延伸。

程序步 28～45，是触摸屏故障画面显示控制。例如，当辅助电动机过载时，热继电器 KH1 动断触点断开，输入继电器 X0 断电，X0 动合触点分断，联锁 Y0、Y1 断电。X0 动断触点闭合，将常数 K4 传送到画面序号寄存器 D100，因此显示故障画面 4。当排除故障后，输入继电器 X0 通电，X0 动断触点分断，按画面 4 中复位按钮，切换到操作画面 2，此时，画面序号寄存器 D100 的数据自动变为 K2。

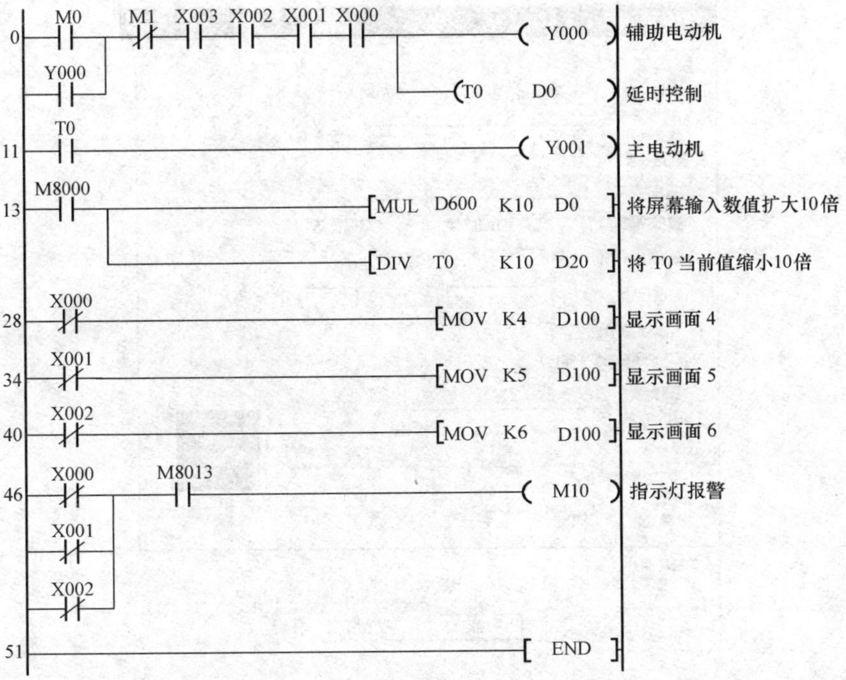

图 7-36 电动机顺序启动控制程序

程序步 46～50，是触摸屏故障画面指示灯闪亮报警控制。例如，当辅助电动机过载时，X0 动断触点闭合，在秒脉冲辅助继电器 M8013 的作用下，M10 间断通电，触摸屏故障画面指示灯 M10 闪亮。

三、触摸屏画面设计

1. 创建画面 2

画面 2 如图 7-37 所示，由文本、启动按钮（绿色）、停止按钮（红色）、画面切换开关、数值显示和棒图构成。

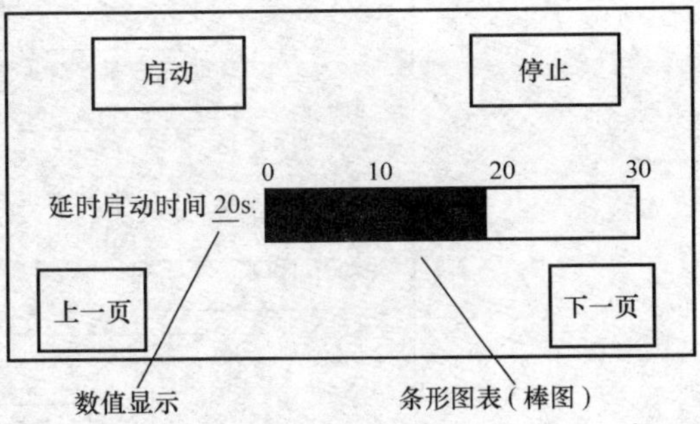

图 7-37 画面 2 的说明

（1）插入数值显示。“数值显示”用来显示存储在停电保持专用数据寄存器 D600 中的时间数值，单位是 s。单击对象部件栏中的“数值显示”按钮，弹出如图 7-38 所示的数值显示设置窗口。在种类栏中选择“数值显示”，选择软元件 D600，数据长度 16 位。在显示方式栏中选择数据类型为“无符号十进制数”，显示 2 位数，无小数位。

（2）插入条形图表（棒图）。棒图数值存储在数据寄存器 D20 中，棒图图形能随 T0 的当前秒数变化，从左至右延伸。单击对象部件栏中的“条形图表”按钮，弹出如图 7-39 所示的条形图表设置窗口。在基本窗口种类栏中选择“条形图表”，显示方向“横向（左）”，上限值为 30，下限值为 0，基准值为 0。

在条形图表的软元件/刻度窗口软元件栏中选择数据长度 16 位，数据类型为无符号 BIN，软元件 D20，选择图表颜色，选择无刻度，如图 7-40 所示。

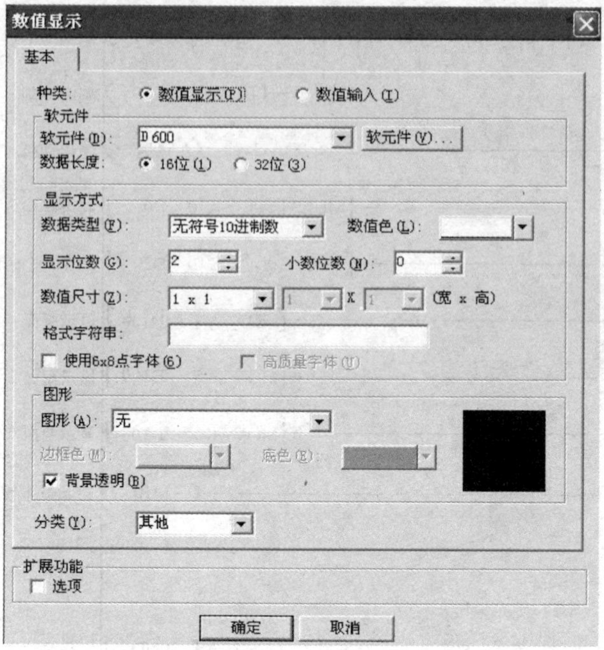

图 7-38　数值显示设置窗口

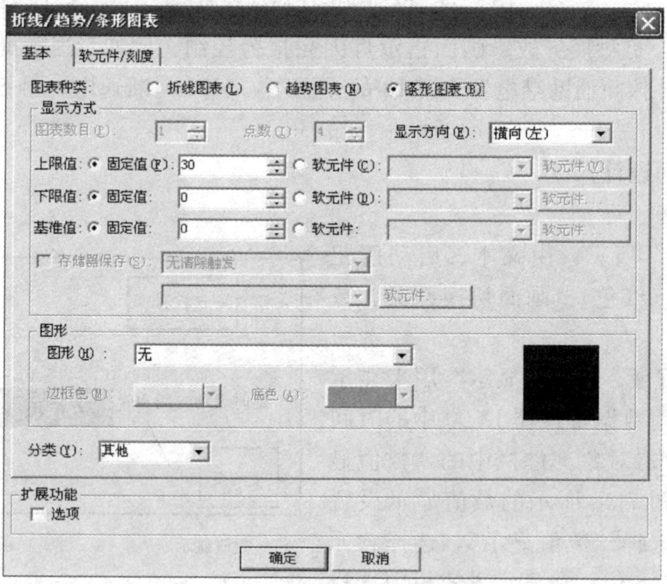

图 7-39　条形图表设置窗口

2. 创建画面 3

画面 3 如图 7-41 所示，由文本、画面切换开关和数值输入构成。

“数值输入”用来在触摸屏画面上输入延时时间的秒数，存储在 PLC 的停电保持专用数据寄存器 D600 中，只要不输入新的数值，D600 的数值始终保持不变，便于下次开车。单击对象部件栏中的“数值输入”按钮，弹出如图 7-42 所示的数值输入设置窗口。在基本窗口种类栏中选择“数值输入”，在软元件栏中选择 D600，数据长度 16 位。在显示方式栏中选择数据类型为“无符号十进制数”，2 位数，无小数位，高质量字体。

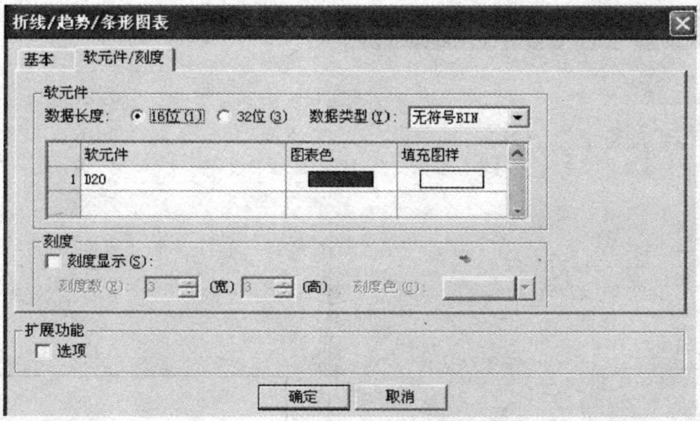

图 7-40　条形图表设置窗口

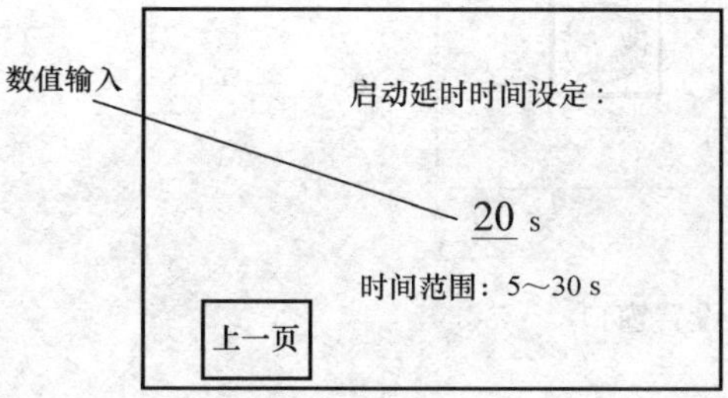

图 7-41　画面 3 的说明

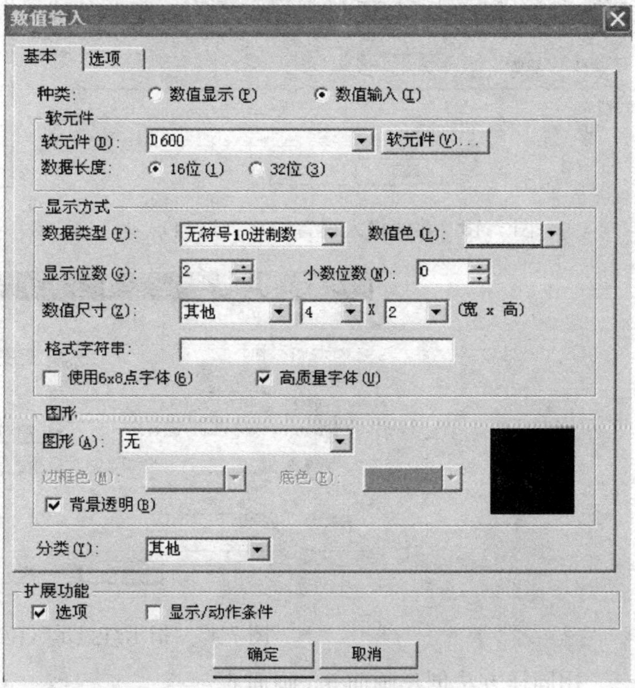

图 7-42　数值输入设置窗口（基本）

在选项窗口控制范围栏中选择上限值为 30，上限值为 5，如图 7-43 所示。

3. 创建画面 4

故障显示画面 4 如图 7-44 所示，由故障文本、画面切换开关和报警指示灯构成。

（1）插入画面切换开关。画面切换开关选择切换到画面 2，文本为“复位”字符。当辅助电动机出现过载故障或 X0 端口断线时，自动切换到故障画面 4，排除故障后，按复位开关，返回操作画面 2。未排除故障时，即使按复位开关，也不能返回画面 2。画面 5、画面 6 同样操作。

（2）插入指示灯。“指示灯”用于在触摸屏画面上显示 PLC 或 GOT 元件的位状态。单击对象部件栏中的“指示灯显示（位）”按钮，弹出如图 7-45 所示的指示灯显示（位）设置窗口。在基本窗口软元件栏中选择 M10。在显示方式栏中选择图形和颜色，M10 在 ON 状态时选择黄色，在 OFF 状态时选择红色。

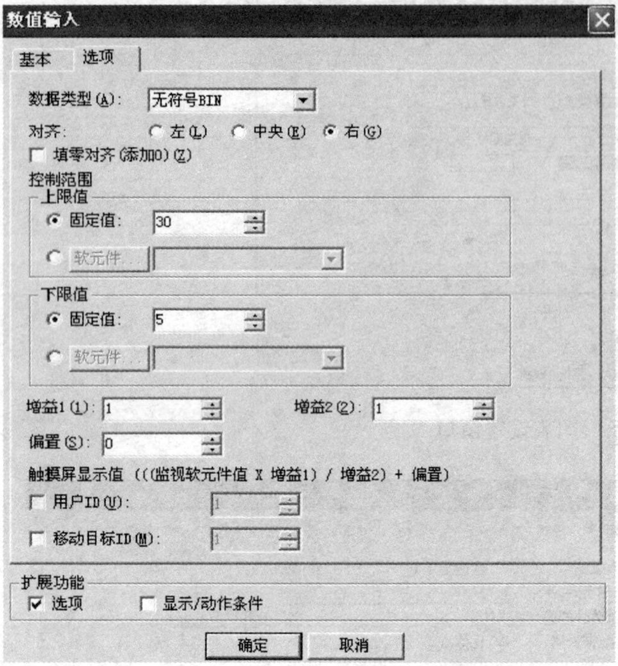

图 7-43　数值输入设置窗口（选项）

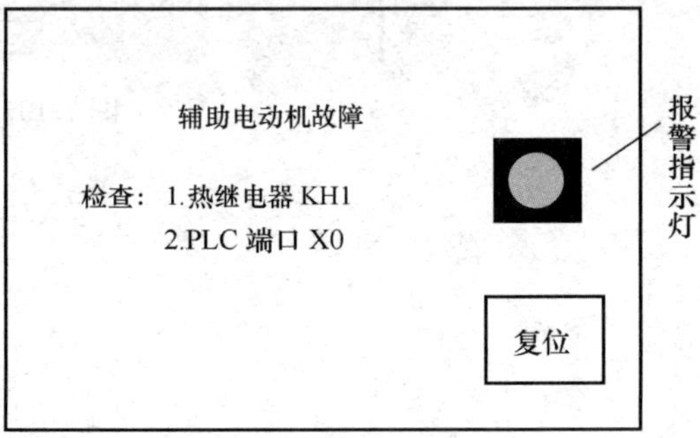

图 7-44　画面 4 的说明

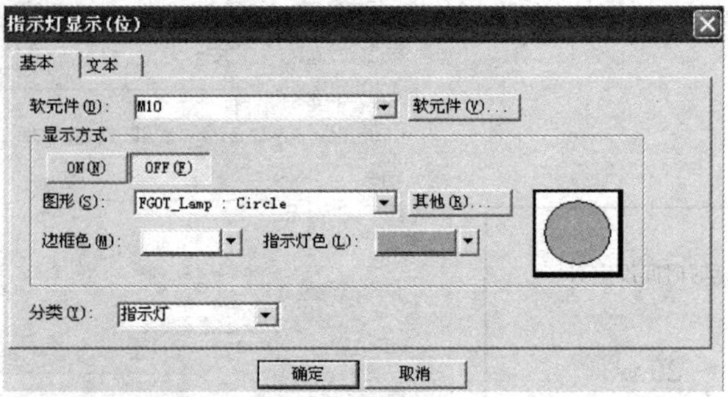

图 7-45　指示灯显示（位）设置窗口

用同样方法创建画面 5、画面 6。

4. 设置 PLC 画面切换方式

触摸屏切换画面最常用两种方法，一种是设置画面切换开关实现画面切换，另一种是通过 PLC 程序实现画面切换。若利用 PLC 程序切换画面，首先需要在 GT 软件中设置画面切换控制元件。单击 GT-Designer2 菜单“公共设置”→“系统环境”→“画面切换”，将基本画面窗口中软元件 GD100 改为 PLC 的数据寄存器，例如 D100，如图 7-46 所示。

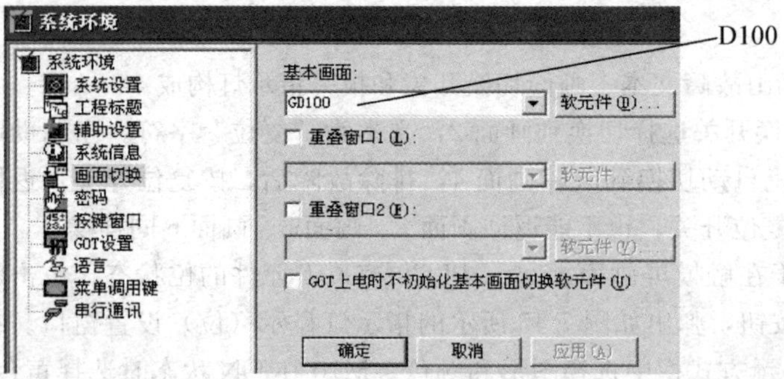

图 7-46　画面切换控制元件的设置

四、操作步骤

(1) 按图 7-35 所示连接计算

机、PLC 和触摸屏。

（2）将图 7-36 所示的程序下载 PLC。

（3）将图 7-34 所示画面的程序下载 GOT。

（4）用“遥控运行/停止”方式使 PLC 处于程序运行状态。

（5）PLC 上输入指示灯 X0 应点亮，表示热继电器 KH1 工作正常。

（6）PLC 上输入指示灯 X1 应点亮，表示热继电器 KH2 工作正常。

（7）PLC 上输入指示灯 X2 应点亮，表示安全门已关闭，压迫行程开关 SQ 闭合。

（8）PLC 上输入指示灯 X3 应点亮，表示停止按钮工作正常。

（9）按触摸屏画面 1 中画面切换开关“下一页”，显示操作画面 2。

（10）按触摸屏操作画面 2 中画面切换开关“下一页”，显示设定画面 3。

（11）在设定画面 3 中按“数值输入”栏，屏幕出现数字小键盘，在 5～30 范围内键入合适的数值，如果超出数值范围，显示警告信息，输入的数值无效。数值输入完毕后，按画面切换开关“上一页”，显示操作画面 2。

（12）按触摸屏画面 2 中启动按钮，辅助电动机启动，棒图图形随时间变化，延时时间到，主电动机启动。按停止按钮，两台电动机停止。

（13）在电动机运行状态时断开 X0 接线端，模拟热继电器 KH1 过载保护，两台电动机停止。显示故障画面 4，报警指示灯发出黄、红色交替闪亮。

（14）排除故障后，按复位按钮，显示操作画面 2。

练习题

1. 怎样在画面中插入“数值显示”？

2. 怎样在画面中插入“数值输入”？

3. 怎样在画面中插入“条形图表”？

4. 怎样用 PLC 的输入端口 X 控制切换 GOT 的基本画面？

5. 为什么在本控制任务的触摸屏画面中“数值输入”要使用停电保持专用数据寄存器为软元件？如果使用非停电保持数据寄存器为软元件，有什么结果？

模块八 PLC、变频器与触摸屏综合应用

任务1 综合应用实例

任务引入

本任务以棉纺生产线中开棉机为例，通过分析具体控制电路，学习PLC、变频器与触摸屏在实际生产中的综合应用技术。

开棉机是棉纺生产线的中间机台，开棉机接收抓棉机通过输棉管道送来的原棉，对原棉纤维进行开松并除去其中的杂质。开棉机有两台电动机，打手电动机带动打手刀片对原棉进行开松，给棉电动机向前方机台（混棉机）输送开松后的原棉。

任务实施

一、电路特点

(1) 开棉机的电气控制系统由PLC、触摸屏和变频器构成，控制功能强，操作灵活。

(2) 工艺参数可以屏幕上修改和设定。例如，可以通过修改打手变频器的频率（40～50Hz）来设定打手的转速，还可以设定打手转速防轧值。

(3) 外部有【打手开】和【总停车】两个实际按钮，触摸屏画面上有［给棉开］、［给棉停］、［打手点动］、［给棉正转点动］、［给棉反转点动］等软按钮。例如，当打手因故障噎车时，按触摸屏画面2中的［给棉反转点动］按钮，给棉电动机反转，可将噎在给棉传送带与打手刀片之间的棉花倒出来。

(4) 打手电动机和给棉电动机均受各自变频器控制。

二、主电路

开棉机主电路如图8-1所示。主电路有两台电动机，M1是打手电动机，M2是给棉电动机（减速电动机），电动机的转速分别受变频器A1、A2控制，由空气开关Q1～Q4对电路提供过载和短路保护。

打手变频器A1的模拟量输入端连接本机PLC模拟量扩展单元FX_{0N}-3A的模拟电压0～10V输出端，根据不同品质的原棉设置打手不同的转速。

给棉变频器A2的模拟量输入端连接棉纺生产线总控制柜中的给棉调节器，给棉调节器将输棉管道的压力值转换为模拟电压0～10V输出。当前方机台原棉需求量大时，管道压力下降，给棉调节器输出模拟量大，使变频器A2输出频率高，给棉电动机M2转速提高，供给更多的原棉给前级。反之，M2转速降低。

电源380VAC经变压器T1降压为220V AC，供PLC和PLC输出端负载使用，220V AC经

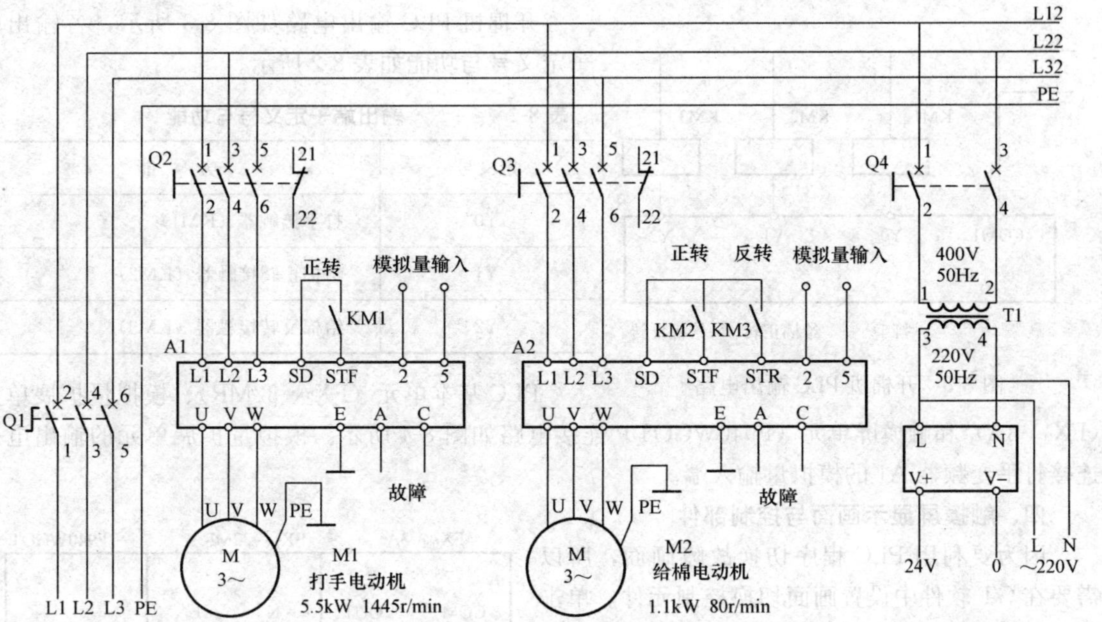

图 8-1 开棉机主电路

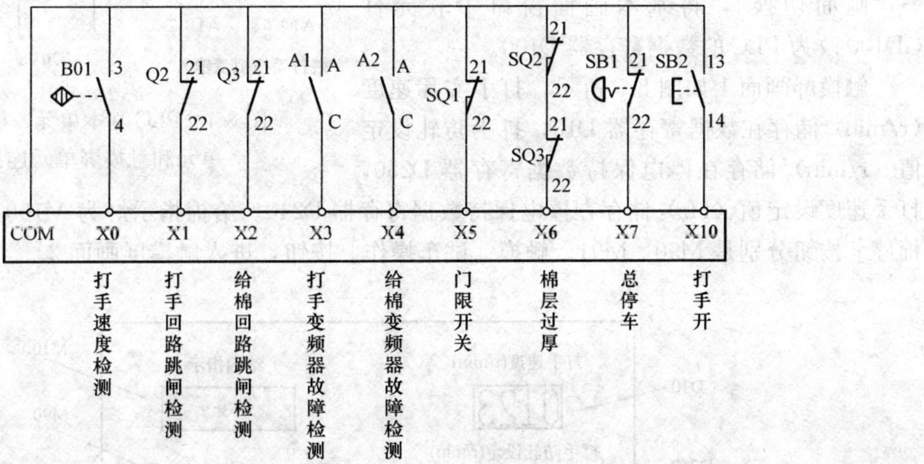

图 8-2 开棉机 PLC 输入电路

整流后输出 24V DC 供触摸屏电源使用。

三、PLC 控制电路

开棉机 PLC 输入电路如图 8-2 所示。PLC 基本单元的型号为 FX_{2N}-36MR，各输入端子的定义号与功能如表 8-1 所示。

表 8-1 输入端子定义号与功能

定义号	功 能
X0	打手速度检测（传感器 B01、直流二线接近开关）
X1	打手主电路跳闸检测（空气开关 Q2）
X2	给棉主电路跳闸检测（空气开关 Q3）
X3	打手变频器故障检测（变频器 A1 故障输出端）
X4	给棉变频器故障检测（变频器 A2 故障输出端）
X5	车门门限保护（行程开关 SQ1）
X6	棉层过厚保护（行程开关 SQ2、SQ3）
X7	【总停车】按钮 SB1
X10	【打手开】按钮 SB2

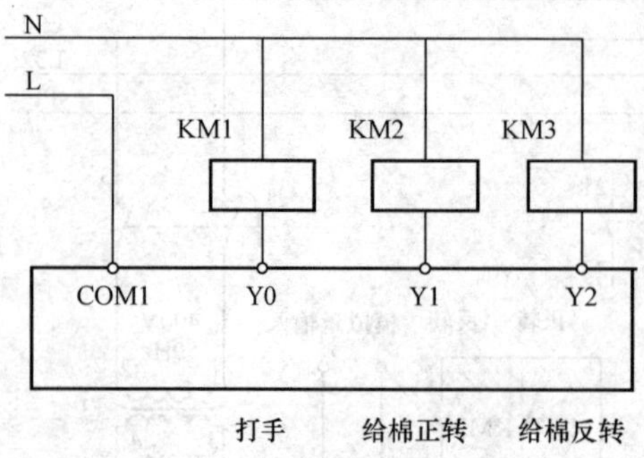

图 8-3　开棉机 PLC 输出电路

开棉机 PLC 输出电路如图 8-3 所示，各输出端子定义号与功能如表 8-2 所示。

表 8-2　　输出端子定义号与功能

定义号	功　能
Y0	打手接触器（KM1）
Y1	给棉正转接触器（KM2）
Y2	给棉反转接触器（KM3）

PLC 基本单元（FX_{2N}-32MR）、模拟量扩展单元（FX_{0N}-3A）和触摸屏单元（F940WGOT）连接电路如图 8-4 所示。模拟量扩展单元的输出电压连接打手变频器 A1 的模拟量输入端。

四、触摸屏显示画面与控制部件

因为要利用 PLC 程序切换故障画面，所以需要在 GT 软件中设置画面切换控制元件。单击 GT-Designer2 菜单“公共设置”→“系统环境”→“画面切换”，将基本画面窗口中软元件 GD100 改为 PLC 的数据寄存器 D100。

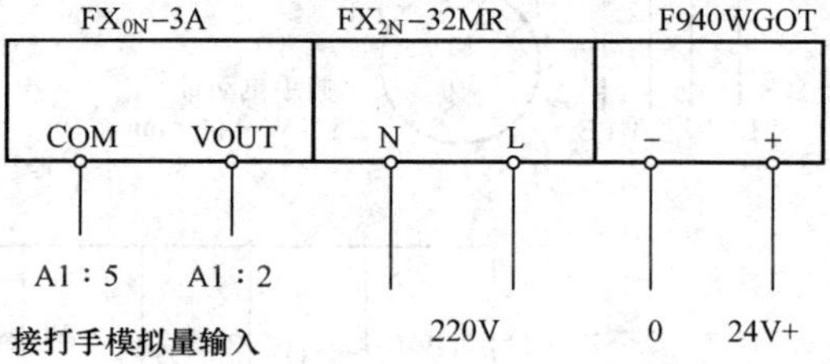

图 8-4　PLC 基本单元、模拟量扩展单元和触摸屏单元连接电路

触摸屏画面 1 如图 8-5 所示。打手实际速度（r/min）储存在数据寄存器 D10，打手防轧设定值（r/min）储存在停电保持数据寄存器 D250，打手速度设定值（Hz）储存在停电保持数据寄存器 D240。给棉指示灯为 M100，[给棉开]、[给棉停] 按钮分别是 M90、M91。触摸 [试车操作] 按钮，进入触摸屏画面 2。

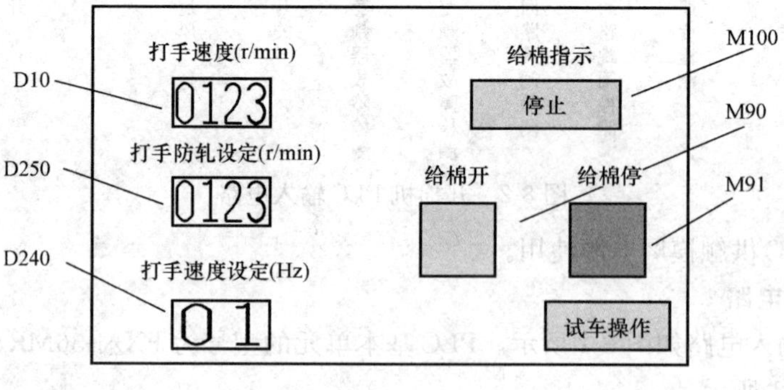

图 8-5　触摸屏画面 1

D250 的上限值为 1400，下限值为 900；D240 的上限值为 50，下限值为 40。超过上、下限的数值禁止输入。

触摸屏画面 2 如图 8-6 所示。[打手点动]、[给棉正转点动]、[给棉反转点动] 按钮分别是 M60、M70、M80。触摸 [返回] 按钮，返回触摸屏画面 1。

触摸屏故障显示画面如图 8-7～图 8-13 所示。当出现故障时自动停车并显示相应的故障画面，有利于迅速排除故障。故障排除后触摸 [返回] 按钮，返回触摸屏画面 1。

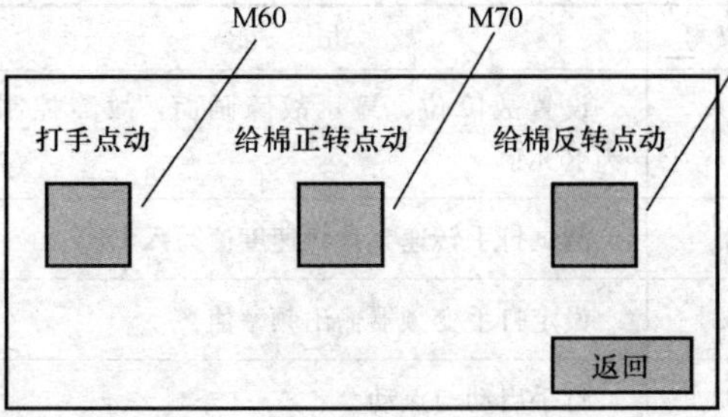

图 8-6　触摸屏画面 2

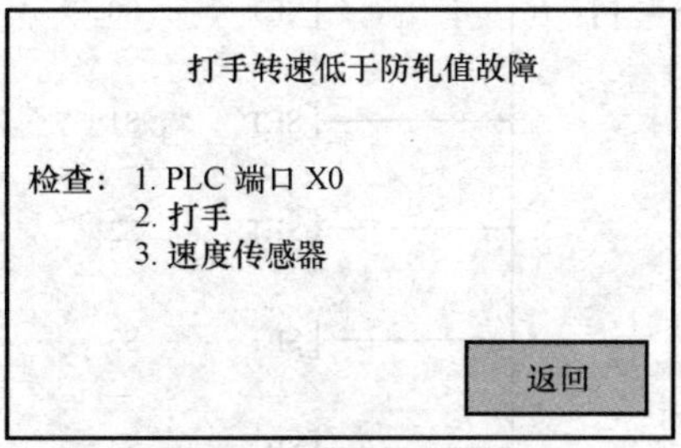

图 8-7　触摸屏画面 3

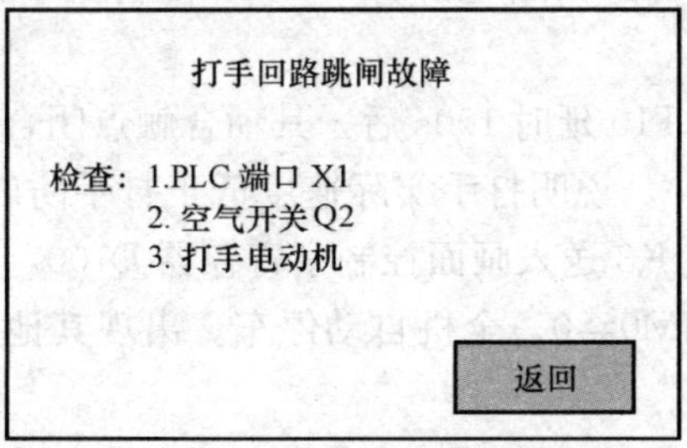

图 8-8　触摸屏画面 4

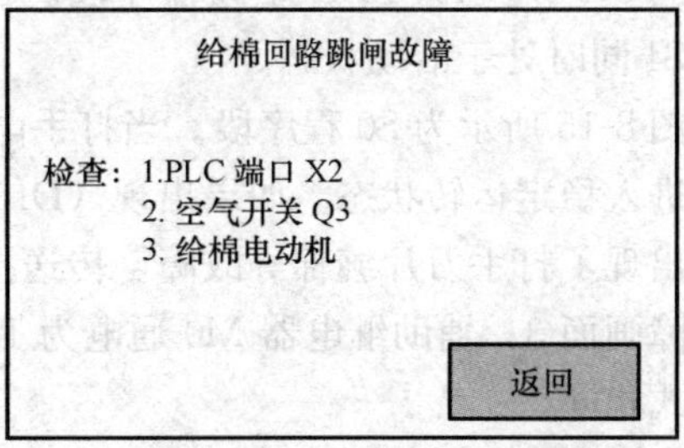

图 8-9　触摸屏画面 5

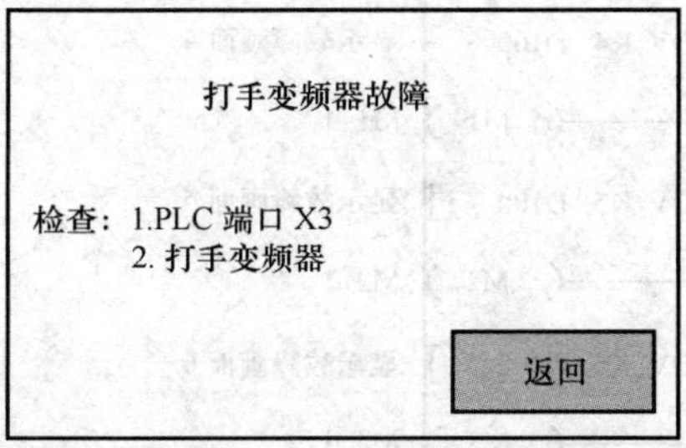

图 8-10　触摸屏画面 6

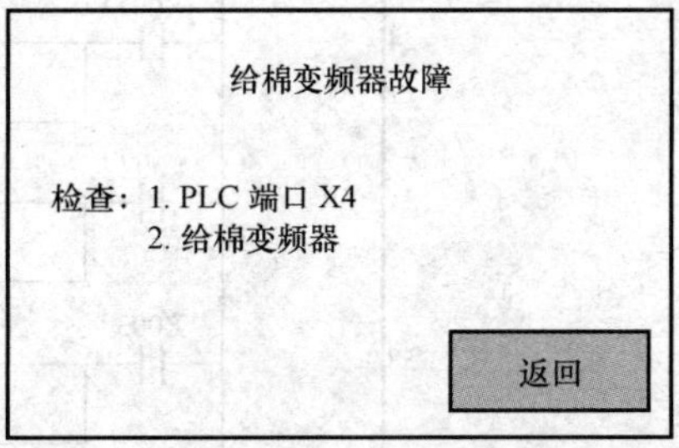

图 8-11　触摸屏画面 7

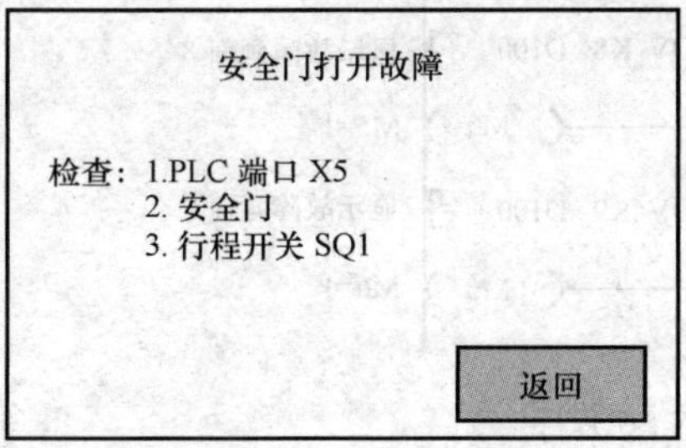

图 8-12　触摸屏画面 8

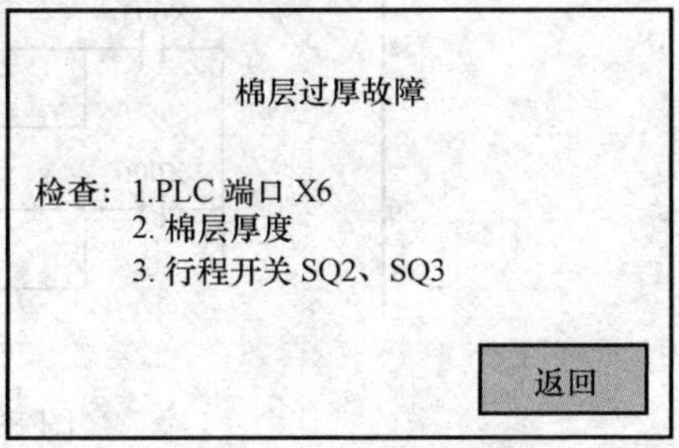

图 8-13　触摸屏画面 9

五、PLC 程序

开棉机的 PLC 步进指令程序如图 8-14～图 8-20 所示。程序由初始状态继电器 S0～S4 构成，各状态继电器主要功能如表 8-3 所示。

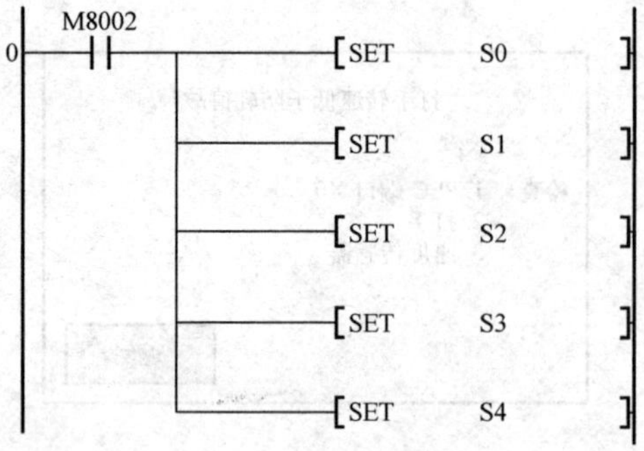

图 8-14　PLC 开机程序

表 8-3　开棉机步进指令程序中状态继电器的功能

定义号	功　能
S0	设置故障位、显示故障画面，故障控制字为 K2M0
S1	测试打手转速，并将速度值写入 D10
S2	设定打手变频器输出频率值
S3	打手启动与点动
S4	给棉启动与点动

图 8-14 所示为 PLC 开机程序段。当 PLC 运转时，初始化脉冲 M8002 使初始状态继电器 S0～S4 同时处于活动状态。

图 8-15 所示为 S0 程序段。当打手电动机启动，T10 延时 100s 后，其动合触点闭合，此时打手已进入稳定运转状态。如果出现（D10）＜（D250），说明打手实际速度低于打手防轧设定值，可能出现了打手刀片缠棉等故障。传送指令 MOV 将 K3 送入画面控制字寄存器 D100，触摸屏显示故障画面 3；辅助继电器 M0 通电为 1，字元件 K2M0≠0，全机自动停车。出现其他故障的处理方式相同。

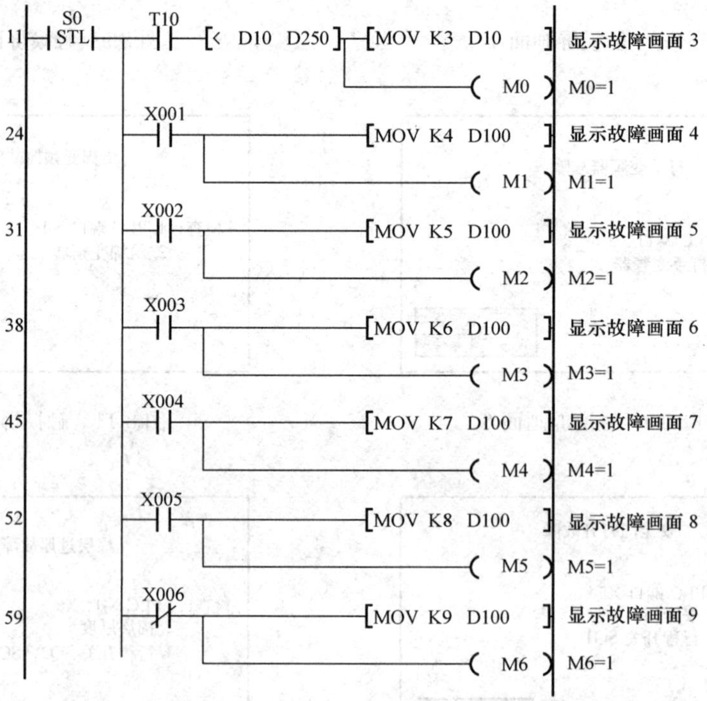

图 8-15　PLC 状态 S0 程序

接近开关传感器 B01 与打手旋转信号盘的位置关系如图 8-16 所示。通过高速计数器 C235 计数。打手每旋转一周，接近开关输出 6 个脉冲信号通过 X0 送到 C235 计数，由于计时周期为 2s，所以打手速度 $v=30\times C235/6=5\times C235$（r/min）。

如图 8-17 所示为 S1 程序段。程序步 66 为定义高速计数器 C235，程序步 72 为 2s 振荡电路。程序步 76 为每经过 2s 时间，C235 的当前值存入 D0，（D0）扩大 5 倍存入 D10 并在触摸屏画面 1

显示打手转速当前值。C235复位后重新计数。

如图8-18所示为S2程序段。打手速度设定值(Hz)存入D240，由于模拟量输出为250对应10V输出特性，所以设定频率 f=D240×250/50=D240×5。程序步92将(D240)扩大5倍存入D242，然后将(D242)写入 FX_{0N}-3A的缓冲存储器BFM16，启动D/A转换，将模拟量送入打手变频器A1的模拟量输入端，从而控制打手电动机的转速。

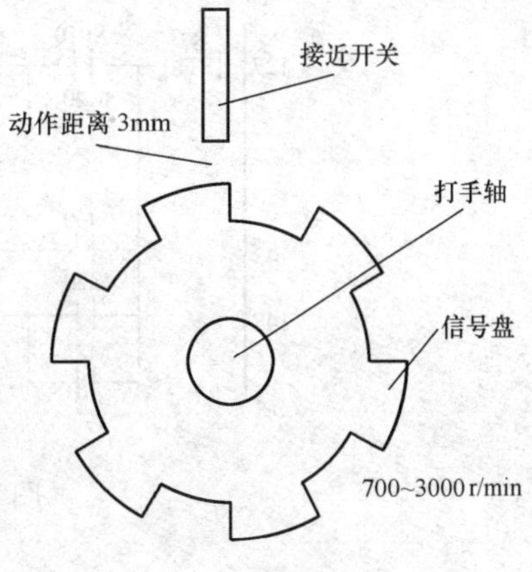

图8-16 接近开关与打手旋转信号盘的位置关系

如图8-19所示为S3程序段。按下【打手开】按钮X10，M20通电自锁，输出继电器Y0通电，打手变频器获得正转信号，打手电动机启动。按下【总停车】按钮X7，打手停车。按下［打手点动］按钮M60，打手点动运行。打手启动受故障控制字K2M0的影响，只有在K2M0=0时打手才能启动。但打手点动不受故障控制字的影响，打手点动只受打手回路跳闸X1和打手变频器故障X3的影响。打手启动后，T10延时100s，待打手进入稳定工作状态后，再监测打手的速度。T20延时20s后才能启动给棉。

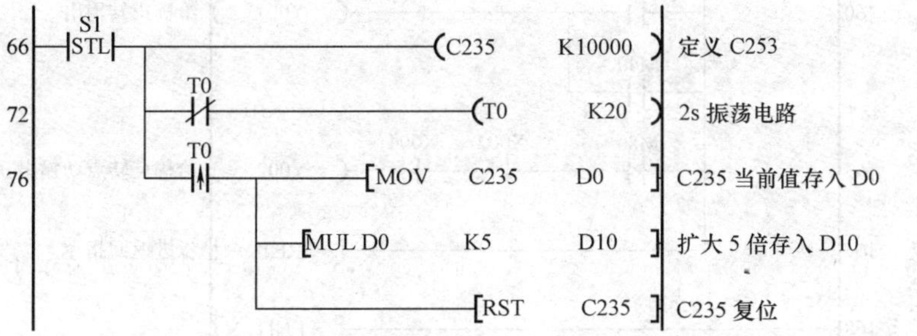

图8-17 PLC状态S1程序

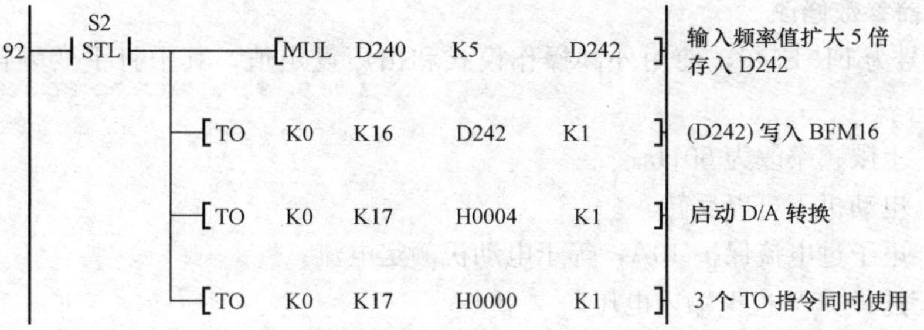

图8-18 PLC状态S2程序

如图8-20所示为S4程序段。T20延时20s后，按下［给棉开］按钮M90，M100通电自锁，触摸屏画面1中给棉指示灯亮，Y1通电，给棉电动机启动。按下［给棉停］按钮M91，给棉电动机停车。在试车操作时按下［给棉正转点动］按钮M70，M40通电，Y1通电，给棉电动机正转；按下［给棉反转点动］按钮M80，Y2通电，给棉电动机反转。试车操作不受故障控制字的影响，给棉点动只受给棉回路跳闸X2和给棉变频器故障X4的影响。

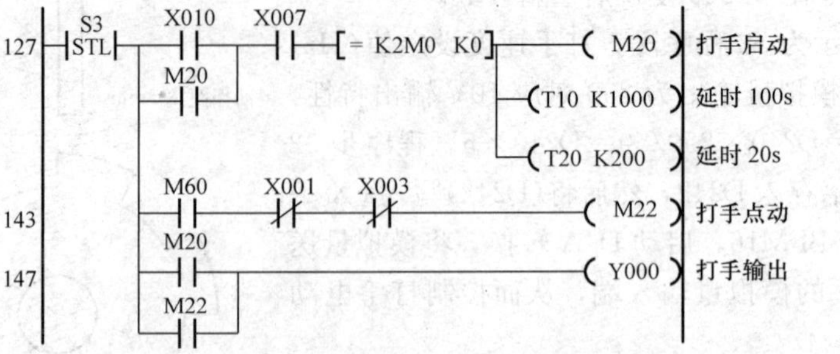

图8-19　PLC状态S3程序

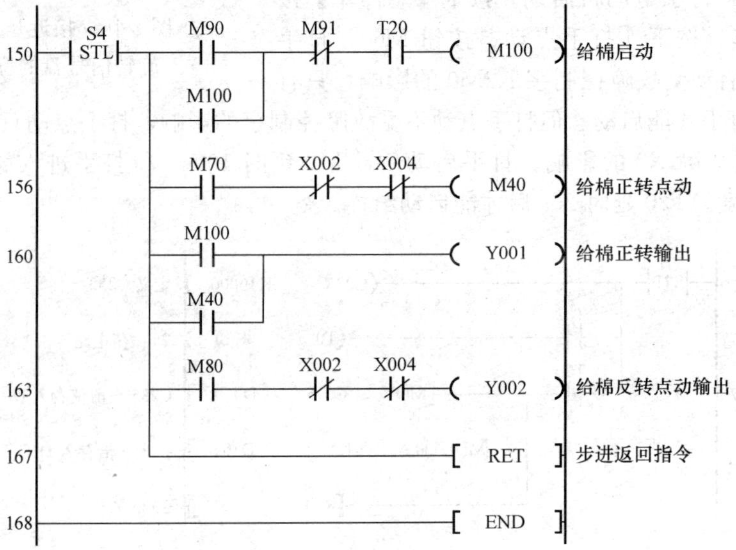

图8-20　PLC状态S4程序

六、变频器参数修改

变频器型号为FR-E540，使用外部操作模式和出厂设定值，其中打手变频器A1的参数修改为：

【1=50】，上限频率改为50Hz。

【78=1】，电动机不可以反转。

【9=10】，电子过电流保护10A，等于电动机额定电流。

【73=1】，选择10V模拟输入电压。

给棉变频器A2的参数修改为：

【1=50】，上限频率改为50Hz。

【9=10】，电子过电流保护2A，等于电动机额定电流。

【73=1】，选择10V模拟输入电压。

七、开机操作

1. 设置工艺参数

(1) 设置打手速度。触摸画面1中的打手速度设定对话框，输入打手变频器运行频率值（Hz），输入范围40～50。

（2）设置打手防轧值。触摸画面1中的打手防轧设定对话框，输入打手转速值（r/min），输入范围900～1400。

2. 打手启动

按下【打手开】按钮SB2，打手变频器A1获正转信号，打手电动机启动。

3. 给棉启动

打手启动20s后，按下触摸屏画面1中［给棉开］按钮，给棉变频器A2获正转信号，给棉电动机正转启动。

4. 停机

在运行状态下，按下【总停车】按钮SB1，全机停车。

练习题

1. 开棉机各电动机受________控制。
2. ________为电动机提供过载和短路保护。
3. 触摸屏的工作电压是________。
4. 显示画面字寄存器是________。
5. 打手电动机转速相应的频率值字寄存器是________。
6. 打手电动机转速防轧值字寄存器是________。

附录A　FX_{2N}系列PLC性能规格表

表A-1　基本规格表

<table>
<tr><th colspan="2">项　目</th><th>规　格</th></tr>
<tr><td colspan="2">运算控制方式</td><td>反复扫描程序（监视定时器D8000初始值200ms）</td></tr>
<tr><td colspan="2">输入输出控制方式</td><td>批处理方式（在END指令执行时成批刷新）</td></tr>
<tr><td colspan="2">操作处理时间</td><td>基本指令：0.08μs/指令；功能指令：1.52μs/指令至几百微秒/指令</td></tr>
<tr><td colspan="2">程序语言</td><td>梯形图、指令表、流程图（SFC）</td></tr>
<tr><td colspan="2">程序容量/存储器类型</td><td>8K步RAM（内置锂电池后备）</td></tr>
<tr><td colspan="2">最大存储容量</td><td>16K步，可配EEPROM</td></tr>
<tr><td colspan="2">指令种类</td><td>基本指令27条、步进指令2条、功能指令130个</td></tr>
<tr><td colspan="2">扩展并用时输入点数</td><td>X000～X267 184点（八进制编号）</td></tr>
<tr><td colspan="2">扩展并用时输出点数</td><td>Y000～Y267 184点（八进制编号）</td></tr>
<tr><td colspan="2">扩展并用时总点数</td><td>256点</td></tr>
<tr><td colspan="2">主控</td><td>N0～N7 8点</td></tr>
<tr><td rowspan="3">指针</td><td>JAMP、CALL分支</td><td>P0～P127 128点</td></tr>
<tr><td>输入中断、计时中断</td><td>I0□□～I8□□ 9点</td></tr>
<tr><td>计数中断</td><td>I010～I060 6点</td></tr>
<tr><td rowspan="2">常数</td><td>十进制K</td><td>16位：－32 768～＋32 767
32位：－2 147 483 648～＋2 147 483 647</td></tr>
<tr><td>十六进制H</td><td>16位：H0～HFFFF 32位：H0～HFFFF FFFF</td></tr>
</table>

表A-2　输出接口电路的规格表

<table>
<tr><th colspan="2">项　目</th><th>继电器输出</th><th>晶体管输出</th><th>晶闸管输出</th></tr>
<tr><td colspan="2">负载电源</td><td>AC 250V以下
DC 30V以下</td><td>DC5～30V</td><td>AC85～242V</td></tr>
<tr><td colspan="2">电路绝缘</td><td>机械绝缘</td><td>光电耦合绝缘</td><td>光电耦合绝缘</td></tr>
<tr><td colspan="2">负载电流</td><td>2A/1点
8A/4点公用</td><td>0.5A/1点
0.8A/4点</td><td>0.3A/1点
0.8A/4点</td></tr>
<tr><td rowspan="2">响应时间
（ms）</td><td>断→通</td><td>约10</td><td>0.2以下</td><td>1以下</td></tr>
<tr><td>通→断</td><td>约10</td><td>0.2以下</td><td>10以下</td></tr>
</table>

表A-3　辅助继电器M元件编号与功能表

通　用	停电保持用 （可用程序变更）	停电保持专用 （不可变更）	特殊用
M0～M499 共500点	M500～M1023 共524点	M1024～M3071 共2048点	M8000～M8255 共256点

表 A-4 定时器T分类

定时器名称	编号范围	点 数	计时范围（s）
100ms 定时器	T0～T199	200	0.1～3276.7
10ms 定时器	T200～T245	46	0.01～327.67
1ms 累计定时器	T246～T249	4	0.001～32.767
100ms 累计定时器	T250～T255	6	0.1～3276.7

表 A-5 计数器C分类

计数器名称		编号范围	点 数	计数范围
16 位增计数器	通用	C0～C99	100	0～32 767
	掉电保持用	C100～C199	100	0～32 767
32 位增减计数器	通用	C200～C219	20	−2 147 483 648～2 147 483 647
	掉电保持用	C220～C234	15	−2 147 483 648～2 147 483 647
32 位高速增减计数器	掉电保持用	C235～C255	21	只有 6 个高速计数输入端

表 A-6 状态继电器S分类

初始状态继电器	回零状态继电器	通用状态继电器	保持状态继电器	报警状态继电器
S0～S9 共 10 点	S10～S19 共 10 点	S20～S499 共 480 点	S500～S899 共 400 点	S900～S999 共 100 点

表 A-7 数据寄存器 D、V、Z 分类

通 用	停电保持用（可用程序变更）	停电保持专用（不可变更）	特殊用	变址用
D0～D199 共 200 点	D200～D511 共 312 点	D512～D7999 共 7488 点	D8000～D8195 共 106 点	V7～V0 8 点 I7～Z0 8 点

附录B

附录B　FX_{2N}系列PLC基本指令与步进指令表

表B-1　基本指令

指令名称	助记符	功能	目标元件
取	LD	运算开始动合触点	XYMSTC
取反	LDI	运算开始动断触点	XYMSTC
取脉冲	LDP	上升沿检测运算开始	XYMSTC
取脉冲（F）	LDF	下降沿控制运算开始	XYMSTC
与	AND	串行连接动合触点	XYMSTC
与非	ANI	串行连接动断触点	XYMSTC
与脉冲	ANDP	上升沿检测串行连接	XYMSTC
与脉冲（F）	ANDF	下降沿检测串行连接	XYMSTC
或	OR	并行连接动合触点	XYMSTC
或非	ORI	并行连接动断触点	XYMSTC
或脉冲	ORP	上升沿检测并行连接	XYMSTC
或脉冲（F）	ORF	下降沿检测并行连接	XYMSTC
电路块与	ANB	块间串行连接	
电路块或	ORB	块间并行连接	
输出	OUT	线圈驱动指令	YMSTC
置位	SET	线圈保持接通指令	YMS
复位	RST	线圈保持断开指令	YMSTCD
脉冲	PLS	上升沿检测线圈连接	YM
脉冲（F）	PLF	下降沿检测线圈连接	YM
主控	MC	公用串行触点指令	YM
主控复位	MCR	公用串行触点解除指令	
进栈	MPS	运算存储	
读栈	MRD	读出存储	
出栈	MPP	读出存储并复出	
反向	INV	运算结果的反向	
空	NOP	空操作	程序清除或空格用
结束	END	程序结束	程序结束，返回0步

表 B-2 步 进 指 令

符号名称	助记符	功能	目标元件
步进触点	STL	步进开始	S
步进返回	RET	返回左母线	

附录C　FX_{2N}系列PLC功能指令表

分类	FNC	助记符	指令操作数格式	功能	D	P
程序流程	00	CJ	S.	有条件跳转		O
	01	CALL	S.	子程序调用		O
	02	SRET		子程序返回		
	03	IRET		中断返回		
	04	EI		开中断		
	05	DI		关中断		
	06	FEND		主程序结束		
	07	WDT		监视定时器刷新		O
	08	FOR	S.	循环区起点		
	09	NEXT		循环区终点		
传送比较	10	CMP	S1. S2. D.	比较	O	O
	11	ZCP	S1. S2. S. D.	区间比较	O	O
	12	MOV	S. D.	传送	O	O
	13	SMOV	S. m1 m2 D. n	移位传送		O
	14	CML	S. D.	反向传送	O	O
	15	BMOV	S. D. n	块传送		O
	16	FMOV	S. D. n	多点传送	O	O
	17	XCH	D1. D2.	交换	O	O
	18	BCD	S. D.	求BCD码	O	O
	19	BIN	S. D.	求BIN码	O	O
四则逻辑运算	20	ADD	S1. S2. D.	BIN加	O	O
	21	SUB	S1. S2. D.	BIN减	O	O
	22	MUL	S1. S2. D.	BIN乘	O	O
	23	DIV	S1. S2. D.	BIN除	O	O
	24	INC	D.	BIN增1	O	O
	25	DEC	D.	BIN减1	O	O
	26	WAND	S1. S2. D.	逻辑字“与”	O	O
	27	WOR	S1. S2. D.	逻辑字“或”	O	O
	28	WXOR	S1. S2. D.	逻辑字异或	O	O
	29	NEG	D.	求补码	O	O
循环移位	30	ROR	D. n	循环右移	O	O
	31	ROL	D. n	循环左移	O	O
	32	RCR	D. n	带进位右移	O	O
	33	RCL	D. n	带进位左移	O	O

续表

分类	FNC	助记符	指令操作数格式	功能	D	P
循环移位	34	SFTR	S. D. n1 n2	位右移		O
	35	SFTL	S. D. n1 n2	位左移		O
	36	WSFR	S. D. n1 n2	字右移		O
	37	WSFL	S. D. n1 n2	字左移		O
	38	SFWR	S. D. n	“先进先出”写入		O
	39	SFRD	S. D. n	“先进先出”读出		O
数据处理	40	ZRST	D1. D2.	区间复位		O
	41	DECO	S. D. n	解码		O
	42	ENCO	S. D. n	编码		O
	43	SUM	S. D.	ON 位总数	O	O
	44	BON	S. D. n	ON 位判别	O	O
	45	MEAN	S. D. n	平均值	O	O
	46	ANS	S. mD.	报警器置位		
	47	ANR		报警器复位		O
	48	SQR	S. D.	BIN 平方根	O	O
	49	FLT	S. D.	浮点数与十进制数间转换	O	O
高速处理	50	REF	D. n	刷新		O
	51	REFE	n	刷新和滤波调整		O
	52	MTR	S. D1. D2. n	矩阵输入		
	53	HSCS	S1. S2. D.	比较置位(高速计数器)	O	
	54	HSCR	S1. S2. D.	比较复位(高速计数器)	O	
	55	HSZ	S1. S2. S. n	区间比较(高速计数器)	O	
	56	SPD	S1. S2. D.	速度检测		
	57	PLSY	S1. S2. D.	脉冲输出	O	
	58	PWM	S1. S2. D.	脉冲幅宽调整		
	59	PLSR	S1. S2. S3. D.	加减速的脉冲输出	O	
便利命令	60	IST	S. D1. D2.	状态初始化		
	61	SER	S1. S2. D. n	数据搜索	O	O
	62	ABSD	S1. S2. D. n	绝对值式凸轮顺控	O	
	63	INCD	S1. S2. D. n	增量式凸轮顺控		
	64	TTMR	D. n	示教定时器		
	65	STMR	S. mD.	特殊定时器		
	66	ALT	D.	交替输出		O
	67	RAMP	S1. S2. D. n	斜坡信号		
	68	ROTC	S. m1 m2 D.	旋转台控制		
	69	SORT	S. m1 m2 D. n	列表数据排列		

续表

分类	FNC	助记符	指令操作数格式	功能	D	P
外部设备I/O	70	TKY	S. D1. D2.	0～9数键输入	O	
	71	HKY	S. D1. D2. D3.	16键输入	O	
	72	DSW	S. D1. D2. n	数字开关		
	73	SEGD	S. D.	7段编码		O
	74	SEGL	S. D. n	带锁存的7段显示		
	75	ARWS	S. D1. D2. n	矢量开关		
	76	ASC	S. D.	ASCⅡ转换		
	77	PR	S. D.	ASCⅡ代码打印输出		
	78	FROM	m1 m2 D. n	特殊功能模块读出	O	O
	79	TO	m1 m2 S. n	特殊功能模块写入	O	O
外部设备SER	80	RS	S. m D. n	串行数据传送		
	81	PRUN	S. D.	并联运行	O	O
	82	ASCI	S. D. n	HEX→ASCII转换		O
	83	HEX	S. D. n	ASCⅡ→HEX转换		O
	84	CCD	S. D. n	校验码		O
	85	VRRD	S. D.	FX-8AV变量(0～255)读取		O
	86	VRSC	S. D.	FX-8AV刻度(0～10)读取		O
	87					
	88	PID	S1. S2. S3. D.	PID运算		
	89					
浮点运算	110	ECMP	S1. S2. D.	二进制浮点数比较	O	O
	111	EZCP	S1. S2. S. D.	二进制浮点数区间比较	O	O
	118	EBCD	S. D.	二进制浮点→十进制浮点交换	O	O
	119	EBIN	S. D.	十进制浮点→二进制浮点交换	O	O
	120	EADD	S1. S2. D.	二进制浮点数加	O	O
	121	ESUB	S1. S2. D.	二进制浮点数减	O	O
	122	EMUL	S1. S2. D.	二进制浮点数乘	O	O
	123	EDIV	S1. S2. D.	二进制浮点数除	O	O
	127	ESQR	S. D.	二进制浮点数开平方	O	O
	129	INT	S. D.	二进制浮点数→BIN整数转换	O	O
	130	SIN	S. D.	浮点数SIN运算	O	O
	131	COS	S. D.	浮点数COS运算	O	O
	132	TAN	S. D.	浮点数TAN运算	O	O

续表

分类	FNC	助记符	指令操作数格式	功能	D	P
数据处理 2	147	SWAP	S.	上下字节转换	O	O
时钟运算	160	TCMP	S1. S2. S3. S. D.	时钟数据比较		O
	161	TZCP	S1. S2. S. D.	时钟数据区间比较		O
	162	TADD	S1. S2. D.	时钟数据加		O
	163	TSUB	S1. S2. D.	时钟数据减		O
	166	TRD	D.	时钟数据读出		O
	167	TWR	S.	时钟数据写入		O
格雷码转换	170	GRY	S1. D.	格雷码转换	O	O
	171	GBIN	S1. D.	格雷码逆转换	O	O
触点比较	224	LD=	S1. S2.	(S1)=(S2)	O	
	225	LD>	S1. S2.	(S1)>(S2)	O	
	226	LD<	S1. S2.	(S1)<(S2)	O	
	228	LD<>	S1. S2.	(S1)≠(S2)	O	
	229	LD<=	S1. S2.	(S1)⩽(S2)	O	
	230	LD>=	S1. S2.	(S1)⩾(S2)	O	
	232	AND=	S1. S2.	(S1)=(S2)	O	
	233	AND>	S1. S2.	(S1)>(S2)	O	
	234	AND<	S1. S2.	(S1)<(S2)	O	
	236	AND<>	S1. S2.	(S1)≠(S2)	O	
	237	AND<=	S1. S2.	(S1)⩽(S2)	O	
	238	AND>=	S1. S2.	(S1)⩾(S2)	O	
	240	OR=	S1. S2.	(S1)=(S2)	O	
	241	OR>	S1. S2.	(S1)>(S2)	O	
	242	OR<	S1. S2.	(S1)<(S2)	O	
	244	OR<>	S1. S2.	(S1)≠(S2)	O	
	245	OR<=	S1. S2.	(S1)⩽(S2)	O	
	246	OR>=	S1. S2.	(S1)⩾(S2)	O	

注 1. [S.]源操作数。有“.”表示能使用变址方式。

2. [D.]目标操作数。有“.”表示能使用变址方式。

3. D 项有“O”表示 32 位数据。

4. P 项有“O”表示可以脉冲操作方式。

附录 D　三菱通用变频器 FR-E500 参数表

参数号	名　称	设定范围	出厂设定
0	转矩提升	0～30%	6%
1	上限频率	0～120Hz	120
2	下限频率	0～120Hz	0
3	基准频率	0～400Hz	50
4	3 速设定(高速)	0～400Hz	50
5	3 速设定(中速)	0～400Hz	30
6	3 速设定(低速)	0～400Hz	10
7	加速时间 1	0～3600s/0～360s(0.4K～3.7K)/(5.5K)	5/10
8	减速时间 1	0～3600s/0～360s(0.4K～3.7K)/(5.5K)	5/10
9	电子过电流保护	0～500A	额定值
10	停机时直流制动起始频率	0～120Hz	3
11	停机时直流制动动作时间	0～10s	0.5
12	停机时直流制动电压	0～30%	6%
13	启动频率	0～60Hz	0.5
14	适用负荷选择	0～3	0
15	点动频率	0～400Hz	5
16	点动加减速时间	0～3600s/0～360s	0.5
18	高速上限频率	120～400Hz	120Hz
19	基准频率电压	0～1000V，8888：电源电压 95% 9999：与电源电压相同	9999
20	加减速基准频率	1～400	50Hz
21	加减速时间单位	0，1	0
22	失速防止动作水平	0～200%	150%
23	倍速时失速防止动作水平补正系数	0～200%，9999	9999
24	多段速频率设定(速度 4)	0～400Hz，9999：表示不设定	9999
25	多段速频率设定(速度 5)	0～400Hz，9999：表示不设定	9999
26	多段速频率设定(速度 6)	0～400Hz，9999：表示不设定	9999
27	多段速频率设定(速度 7)	0～400Hz，9999：表示不设定	9999
29	加减速曲线	0，1，2	0
30	再生功能选择	0，1	0
31	频率跳变 1A	0～400Hz，9999	9999
32	频率跳变 1B	0～400Hz，9999	9999
33	频率跳变 2A	0～400Hz，9999	9999
34	频率跳变 2B	0～400Hz，9999	9999

续表

参数号	名　称	设定范围	出厂设定
35	频率跳变 3A	0～400Hz，9999	9999
36	频率跳变 3B	0～400Hz，9999	9999
37	旋转速度表示	0，0.01～9998	0
38	5V(10V)输入时的频率	1～400Hz	50
39	20mA 时的输入频率	1～400Hz	50
41	频率到达动作范围	0～100%	10%
42	输出频率检测	0～400Hz	6Hz
43	反转时输出频率检测	0～400Hz，9999	9999
44	第二加减速时间	0～3600s/0～360s	5s/10s
45	第二减速时间	0～3600s/0～360s，9999	9999
46	第二转矩提升	0～30%，9999	9999
47	第二 V/F(基准频率)	0～400Hz，9999	9999
48	第二电子过电流保护	0～500A，9999	9999
52	操作面板/PU 主显示数据选择	0，23，100	0
55	频率监示基准	0～400Hz	50Hz
56	电流监示基准	0～500A	额定输出电流
57	再启动惯性运动时间	0～5s，9999	9999
58	再启动上升时间	0～60s	1.0s
59	遥控设定功能选择	0，1，2	0
60	最短加减速模式	0，1，2，11，12	0
61	基准电流	0～500A，9999	9999
62	加速时电流基准值	0～200%，9999	9999
63	减速时电流基准值	0～200%，9999	9999
65	再试选择	0，1，2，3	0
66	失速防止动作降低开始频率	0～400Hz	50Hz
67	报警发生时再试次数	0～10，101～110	0
68	再试等待时间	0.1～360s	1s
69	再试次数显示和消除	0	0
70	特殊再生制动使用率	0～30%	0
71	适用电动机	0，1，3，5，6，13，15，16，23，100，101，103，105，106，113，115，116，123	0
72	PWM 频率选择	0～15	1
73	0～5V/0～10V 选择	0，1	0
74	输入滤波器时间常数	0～8	1
75	复位选择/PU 脱离检测/PU 停止选择	0～3，14～17	14
77	参数写入禁止选择	0，1，2	0

续表

参数号	名　称	设定范围	出厂设定
78	反转防止选择	0：正转和反转均可 1：不可反转 2：不可正转	0
79	操作模式选择	0：外部操作模式，可用面板键切换 1：面板操作模式 2：外部操作模式 3：外部/面板组合操作模式1 4：外部/面板组合操作模式2 6：切换模式，外部/面板切换 7：外部操作模式(面板操作互锁) 8：切换到除外部操作模式以外的模式	0
80	电动机容量	0.2～7.5kW，9999	9999
82	电动机励磁电流	0～500A，9999	9999
83	电动机额定电压	0～1000V	200V/400V
84	电动机额定频率	50～120Hz	50Hz
90	电动机常数	0～50Ω，9999	9999
96	自动调整设定/状态	0，1	0
117	通信站号	0～31	0
118	通信速度	48，96，192	192
119	停止位长	0，1(数据长8)10，11(数据长7)	1
120	有无奇偶校验	0，1，2	2
121	通信再试次数	0～10，9999	1
122	通信校验时间间隔	0，0.1～999.8s，9999	9999
123	等待时间设定	0～150，9999	9999
124	有无CR，LF选择	0，1，2	1
128	PID动作选择	0，20，21	0
129	PID比例常数	0.1～1000%，9999	100%
130	PID积分时间	0.1～3600s，9999	1s
131	上限	0～100%，9999	9999
132	下限	0～100%，9999	9999
133	PU操作时的PID目标设定值	0～100%	0
134	PID微分时间	0.01～10.00s，9999	9999
145	选件(FR-PU04-CH)用参数		
146	厂家设定用参数，请不要设定		
150	输出电流检测水平	0～200%	150%
151	输出电流检测周期	0～10s	0
152	零电流检测水平	0～200.0%	5.0%

续表

参数号	名　称	设定范围	出厂设定
153	零电流检测周期	0.05～1s	0.5s
156	失速防止动作选择	0～31，100	0
158	AM 端子功能选择	0，1，2	0
160	用户参数组读选择	0，1，10，11	0
168	厂家设定用参数，请不要设定		
169			
171	实际运行时间清零	0	0
173	用户第一组参数注册	0～999	0
174	用户第一组参数删除	0～999，9999	0
175	用户第二组参数注册	0～999	0
176	用户第二组参数删除	0～999，9999	0
180	RL 端子功能选择	0：低速运行指令 1：中速运行指令 2：高速运行指令 4：AU 端，选择模拟电流信号输入时 ON 6：输出切断端子 8，16，18	0
181	RM 端子功能选择		1
182	RH 端子功能选择		2
183	MRS 端子功能选择		6
190	RUN 端子功能选择	变频器运行	0
191	FU 端子功能选择	输出频率监视	4
192	A、B、C 端子功能选择	报警输出	99
232	多段速度设定(8 速)	0～400Hz，9999	9999
233	多段速度设定(9 速)	0～400Hz，9999	9999
234	多段速度设定(10 速)	0～400Hz，9999	9999
235	多段速度设定(11 速)	0～400Hz，9999	9999
236	多段速度设定(12 速)	0～400Hz，9999	9999
237	多段速度设定(13 速)	0～400Hz，9999	9999
238	多段速度设定(14 速)	0～400Hz，9999	9999
239	多段速度设定(15 速)	0～400Hz，9999	9999
240	Soft-PWM 设定	0，1	1
244	冷却风扇动作选择	0，1	0
245	电机额定滑差	0～50%，9999	9999
246	滑差补正响应时间	0.01～10s	0.5s
247	恒定输出领域滑差补正选择	0，9999	9999

续表

参数号	名 称	设定范围		出厂设定	
250	停机方式选择	9999：当启动信号 OFF 时，电机减速停机； 0～100s：当启动信号 OFF 时，经过设定时间，电机自由停机； 8888：端子 STF、SFR 的功能变化如下 STF　STR　变频器输出 0　0　停止 0　1　停止 1　0　正转 1　1　反转		9999	
251	输出欠相保护选择	0，1		1	
342	E^2PROM 写入有无选择	0，1		0	
901	AM 端子校准	—		—	
902	频率设定电压偏置	0～10V	0～60Hz	0	0
903	频率设定电压增益	0～10V	1～400Hz	5V	50Hz
904	频率设定电流偏置	0～20mA	0～60Hz	4mA	0
905	频率设定电流增益	0～20mA	1～400Hz	20mA	50Hz
990	选件(FR-PU04-CH)参数				
991					

参　考　文　献

[1]　俞国亮．PLC原理与应用．北京：清华大学出版社，2006.
[2]　张运刚，宋小春，郭武强．从入门到精通—三菱FX2N PLC技术与应用．北京：人民邮电出版社，2007.